金属-二氧化碳电池原理及应用

李雪莲　著

CO2

Principles and Applications of Metal-Carbon Dioxide Batteries

CO2

化学工业出版社

·北京·

内容简介

本书深入探讨了金属-二氧化碳（M-CO_2）电池这一新兴能源存储技术的工作原理、性能优化及应用前景。全书共7章，第1章从宏观角度概述其发展历程、特点及面临的机遇与挑战，提供该领域的全景视角。第2章深入探讨工作原理，分析二氧化碳还原和氧化反应的关键步骤及影响因素。第3~5章聚焦正极催化剂、电解液及负极材料等关键部件，介绍最新研究进展与技术难题。第6章讨论产物的分析及表征技术，重点介绍反应路径分析方法。第7章介绍了金属-二氧化碳电池技术的未来发展方向与挑战，预测其在新能源、储能及碳减排中的应用前景。

本书不仅适合电池技术、能源存储及绿色能源领域的科研人员、工程技术人员阅读，也适合高等学校相关专业师生以及有志于从事新能源行业的读者阅读，旨在提供对金属-二氧化碳电池工作原理的深刻洞察，探讨其面临的挑战与未来发展潜力，为新能源体系的创新和发展提供重要的理论支持和技术指引。

图书在版编目（CIP）数据

金属-二氧化碳电池原理及应用 / 李雪莲著. 北京：化学工业出版社，2025. 7. -- ISBN 978-7-122-48765-0

Ⅰ. TM911. 41

中国国家版本馆 CIP 数据核字第 2025UY4063 号

责任编辑：卢萌萌　　文字编辑：郭丽芹
责任校对：宋　玮　　装帧设计：史利平

出版发行：化学工业出版社
（北京市东城区青年湖南街 13 号　邮政编码 100011）
印　　装：北京天宇星印刷厂
710mm×1000mm　1/16　印张 13　彩插 3　字数 244 千字
2026 年 4 月北京第 1 版第 1 次印刷

购书咨询：010-64518888　　售后服务：010-64518899
网　　址：http://www.cip.com.cn
凡购买本书，如有缺损质量问题，本社销售中心负责调换。

定　　价：128.00 元

前言

金属-二氧化碳电池体系，作为一种具有广泛应用前景的能源存储与转换技术，凭借高能量密度，以及对温室气体 CO_2 资源化转换利用的优势，被视为后锂离子电池时代的前沿选择，具有改变能源产业格局的潜力。经过多年的科研积累，金属-二氧化碳电池在储能机理、结构设计及关键部件（如电催化剂设计、电解液优化和负极保护）等方面取得了显著进展。这些成果得益于实时分析技术的应用，使得关键中间产物的捕捉和追踪、气态产物的分辨和监测成为可能。尤其值得关注的是，随着计算机算力的迭代更新和海量数据的存储可达，高通量机器学习技术逐渐渗透至金属-二氧化碳电池研究领域，涵盖了催化剂材料的开发、催化能力的评估以及反应过程的模拟计算，显著推动了这一技术的高速发展及其商业化应用进程。

本书深入探讨了金属-二氧化碳电池这一新兴能源存储技术的工作原理、性能优化及应用前景。本书由太原理工大学李雪莲著写。

借此机会，要感谢王斌教授和程建丽教授在学业及事业上的引领和指导；感谢学生时代的王转培博士、周静雯博士、杨杰博士、张俊祥博士、漆贵才博士的陪伴与鼓励；感谢入职高校后课题组研究生郭文奇、王雨琨、雷普瑛、王璇、曹志会、白冰、张倩倩、刘原、于俊美和高前辉，以及本科生张雨童、景茗协助实验室搭建和日常运行以及在资料收集和整理方面提供的支持。太原理工大学环境与生态学院的王建成院长和潘燕春书记也为本书的出版给予了宝贵的指导和建议。

在本书的编写过程中，参考并引用了相关课题组的科研成果，特此致谢。专著的编写得到了国家自然科学基金青年基金、山西省基础研究计划（青年科技）项目以及博士后面上基金的大力支持，在此一并感谢。

希望本专著的出版能够对相关领域的学者及从业者有所启发。书中如有疏漏与不妥之处，敬请广大读者批评指正。

李雪莲

于太原理工大学明向校区

目录

第1章 概述

近年来，随着世界经济的迅猛发展，全球对能源的需求量也随之攀升。加速的生产活动进一步加剧化石能源的枯竭，造成环境和生态的不可逆破坏，严重阻碍了人类社会的可持续发展。发展、资源、环境三者如若失衡，所造成的后果不堪设想。因此，推动能源产业转型升级，降低工业生产和日常生活对化石燃料的依赖，减少污染物的排放，开发并推广风能、太阳能、潮汐能、地热能和核能等高效清洁的新型可再生能源，逐步替代传统石油、煤炭、天然气等不可再生能源，已成为实现经济可持续发展的有效途径。但大多数可再生能源在时间和空间维度分布上不均衡，在数量和质量上存在差异，如何实现能源的有效收集、存储、传输及并网利用，成为限制可再生能源规模化开发和利用的关键性问题。

可充电电池作为一种新兴且高效的电化学能源存储与转化器件，自进入公众视野后就备受关注，在解决可再生能源跨时间、跨地域使用等问题上被寄予厚望。其经历了铅酸、镍镉、镍氢、锂离子电池的发展历程，现阶段进入锂硫、锂氧气/二氧化碳电池的研究热潮。在储能器件的发展进程中，金属离子电池凭借环境友好、能量密度高的特性，受到广泛关注，但与汽油等传统的化石能源相比，其能量密度远达不到理想效果，寻求更高功率密度和更大能量密度的储能体系，是能源发展的目标与方向。近十年来，金属-空气电池逐渐进入人们的视野，该电池因直接利用空气作为反应物质，具有非常高的理论比能量。其中，锂-空气电池理论比能量高达 3500Wh/kg，与汽油的比能量相近，比传统电池的能量密度高出几个数量级。然而，由于空气成分复杂、电池运行涉及的反应繁多等问题，从而衍生出了对单组分金属-气氛电池的研究，如氧气（O_2）、二氧化碳（CO_2）、氮气（N_2）及二氧化硫（SO_2）电池等。 Li-O_2/CO_2 电池就是在这样的研究背景下应运而生，其具有与汽油十分相近的理论比容量，在高耗能行业及领域极具应用前景，在业内备受青睐。同时期，开启了以 Li-CO_2 电池为代表的碱金属-二氧化碳（M-CO_2）电池体系的研究热潮。 CO_2 气体的利用受到业界广泛关注，例如，水系 Zn-CO_2 电池储能体系通过电化学还原消耗 CO_2，并将其定向转化为甲烷、甲酸和甲醇等燃料，同时释放电能，成为 CO_2 资源化利用的有效途径。

在努力实现“碳达峰”“碳中和”的背景下，我国面临巨大的碳减排压力。金属-二氧化碳电池可以实现 CO_2 的减量化和资源化利用，既缓解了能源危机，又可减缓温室效应。这一新技术的探索给新能源的发展以及温室气体、有害气体的治理与应用提供了新思路，具有重要的理论研究意义及潜在的应用前景。

金属-二氧化碳电池可利用环境中的 CO_2，在放电过程中，通过电化学还原，将化学能转化为电能，在充电时对产物进行氧化分解，并可逆生成 CO_2，电池运行的整个过程中，不再额外产生 CO_2，能够人为控制 CO_2 的循环，是实现 CO_2 减量化和能源化的最佳方式之一。在全球经济飞速发展、世界人口数量急剧增加、CO_2 排放量常年居高不下的当今，此技术对于实现“本世纪内全球温度上升幅度控制在 1.5℃内”的设想，缓解全球气温升高、冰川融化、海平面上升等一系列环境和生态问题意义重大。M-CO_2 作为新一代能量存储系统，具有超高的理论容量和较高的放电电压平台，有望在未来的实际应用中大放光彩。

1.1 金属-二氧化碳电池简介

1.1.1 发展历程

锂离子电池自 1991 年实现商业化后，一直被广泛应用，但受限于能量密度（150～200Wh/kg）、安全性能等，急需开发新型储能器件。1996 年，Abraham 首次提出锂空气电池（Li-air）的概念，发现此电池具备更高的能量密度及放电电压平台，有望成为新一代高性能储能电池；一直到 2006 年， P. G. Bruce 以 MnO_2 为催化剂首次报道了 Li-air 二次电池，开启了 Li-air 电池的研究热潮。Li-air 电池基于 Li_2O_2 沉积/分解反应，由于正极反应物直接从大气中获得，无须存储于电池内部，降低了电池的整体质量，进而提高了电池的质量能量密度，据计算其理论能量密度高达 3600Wh/kg。初期由于空气中成分复杂，不利于内部机理研究，故简化为对 Li-O_2 电池的研究。

2013 年，学者在研究 O_2/CO_2 混合气氛下电池的电化学行为时，偶然发现纯 CO_2 气体可以单独作为反应物参与电化学反应，电池表现出更高的放电容量，由此催生了 Li-CO_2 电池。然而，Li-CO_2 电池直接利用 CO_2 气体，受放电产物 Li_2CO_3 难分解的限制，初期以一次电池为主，或仅能循环几圈，后期随着高效催化剂电极的研发，二次电池以产物 Li_2CO_3 和 C 共分解，或 $Li_2C_2O_4$ 可逆生成/分解的方式实现化学能与电能的转换和存储，供能的同时不再增加碳排放，

兼顾 CO_2 的资源化利用，因此备受关注和青睐。

同时，随着锂离子电池市场的迅猛增长，对金属锂的需求亦呈现出爆炸性增长。然而，全球锂的储量仅为 1400 万吨，这导致提取锂的前驱体 Li_2CO_3 的价格自 2000 年以来持续攀升。因此，寻找锂的替代品，发展新型储能技术势在必行。同族金属钠和钾储量丰富（地壳和海洋中 K 资源的丰富度与 Na 相似），逐渐受到重视，相继被引入 M-CO_2 电池体系。2016 年，陈军介绍了可充放电的 Na-CO_2 二次电池。2020 年，戴黎明以 CNT 为催化剂，第一次真正意义上构建了可充放电的 K-CO_2 二次电池。王斌团队对 K 负极做原位保护，极大提高了 K-CO_2 电池的稳定性并利用原位测试技术对产物和反应路径进行了探索。

此外，火星表面大气层中 CO_2 含量高达约 95%，伴随火星探测的不断深入以及相关技术的日益成熟，储量丰富的 CO_2 作为一种潜在能源，有望在未来发挥重要作用。与传统碱金属电池体系相比，CO_2 气体作为 M-CO_2 电池关键反应物，其电化学还原/氧化反应发生在气-液-固三相界面。因此，深入研究 M-CO_2 电池的反应机理、设计高效催化电极、稳定金属负极、寻找耐高压的电解液，对推动下一代高性能金属-气体电池的研发具有重要意义。

1.1.2　电池结构

CO_2 电池与传统金属离子电池结构相近（如图 1-1），由电极（正、负极）、电解液、隔膜及外壳四部分构成。通常而言，电池反应发生在正极附近气-液-固三相界面，涉及 CO_2 的扩散溶解、催化剂催化活性的有效发挥、放电产物的堆积。由于 CO_2 气体参与反应，需要源源不断供给正极，故正极一侧需添加空气扩散层，方便 CO_2 存储和扩散，该侧电池外壳留有孔洞。独特的半开放体系对电池的稳定运行提出了新的挑战：①电解液易挥发，故隔膜采用吸液性强

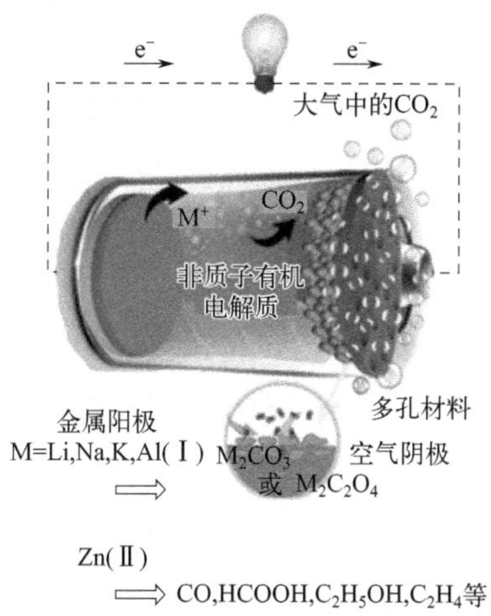

图 1-1　M-CO_2 电池结构示意

的玻璃纤维隔膜（型号为D）。②负极易被半开放环境中的CO_2及少量的H_2O污染而粉化。③产物M_2CO_3的分解电压高，电解液应满足耐高压的需求。因此，构筑稳定的M-CO_2电池需要从多方面进行考虑。

1.1.3 电池分类

本书从有机电解液和水系电解液两个方面介绍金属-二氧化碳（M-CO_2）电池技术路线和研究进展。有机体系和水系M-CO_2电池结构示意见图1-2。

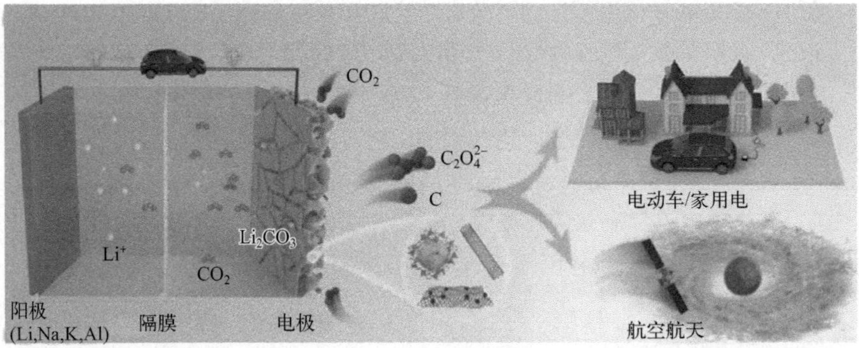

(a) 有机体系M-CO_2电池

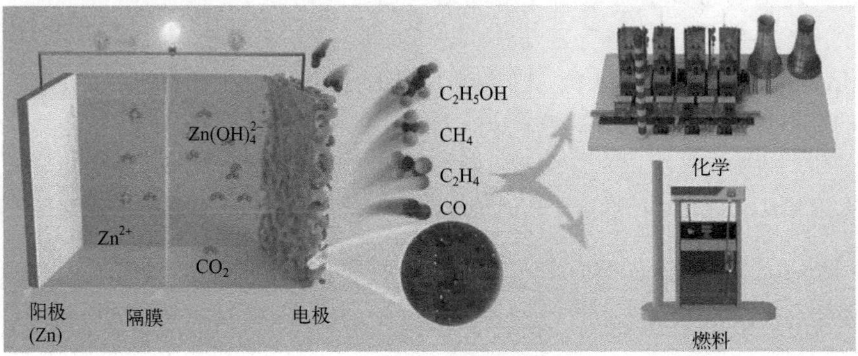

(b) 水系M-CO_2电池

图1-2 有机体系和水系M-CO_2电池结构示意

1.1.3.1 有机电解液体系

有机碱金属-二氧化碳电池（organic alkali metal-CO_2 battery）是一种新型的二氧化碳储能技术，结合了有机化学和碱金属电池的优势。与传统金属离子电池不同，二氧化碳在该电池中不仅作为反应物参与能量存储，还能够有效减缓温室气体的排放，有助于环境保护。该电池的基本工作原理是在气-液-固三相界面（即CO_2-电解液-催化剂正极）进行二氧化碳还原反应（CRR）和二氧化碳氧化反应（CER），通过电池内的电化学反应将二氧化碳转化为可利用的化学能。

有机碱金属-二氧化碳电池采用有机化合物作为电解质，采用碱金属（如锂、钠等）作为负极材料，具有较高的能量密度和较低的自放电率。此外，电池的设计和材料选择有助于提高电池的可循环性和稳定性，降低环境污染。尽管目前该电池仍处于研究阶段，面临产物稳定性差、反应动力学缓慢等挑战，但其在清洁能源存储和二氧化碳资源化方面，特别是在低碳和绿色能源技术领域，展现出巨大的应用潜力。

（1）锂-二氧化碳电池

Li-CO_2 电池是 2013 年 Archer 在研究 Li-O_2 电池在 O_2/CO_2 混合气氛中的电化学行为时偶然发现的。初期，在高纯 CO_2 气体气氛下，电池以生成 Li_2CO_3 的方式实现化学能-电能的转换，并表现出比 Li-O_2 电池更高的放电容量，但其仅在高温下才可实现电池再充电，且此时的 Li-CO_2 电池受催化剂催化活性的制约，电池容量低且可逆充放电的次数有限，多表现为一次电池。随着催化剂的开发、表征手段的发展及研究的深入，更多的放电产物如 C 及 $Li_2C_2O_4$ 被检测到，Li-CO_2 电池也由一次电池向二次电池迈进，反应路径及原理也得到丰富。Archer 等人分析反应机理为：

$$4Li+3CO_2 \longrightarrow 2Li_2CO_3+C\ (E^{\ominus}=2.80V\ vs.\ Li/Li^+) \tag{1-1}$$

同时，经原位差分电化学质谱（in-situ DEMS）检测，并未检测到 CO 的存在，但受碳正极的干扰，产物中是否生成 C 未能证实。李弘以科琴黑（KB）为正极，构建了可充放电的 Li-CO_2 二次电池，可充-放电循环 7 周。周震分别以石墨烯（graphene）和 CNT 为催化材料，实现电池 20 周和 29 周的可逆充-放电循环。研究人员逐渐认识到具有微米孔道、管壁由高分散催化剂纳米颗粒和介/微孔碳构成的三维复合材料是理想的空气正极，这样在便于放电产物存储的同时，既利于电解液的浸润和 CO_2 的扩散，也易于 Li^+ 和电子的传输。

在反应机理方面，也取得了重要突破，李弘、周震和陈军分别以不含碳的多孔 Au、Pt 金属网和 Ag 纳米线为催化剂，结合表面增强拉曼光谱法（SERS）和电子能量损失能谱（EELS）检测到产物无定形碳。李弘和周震均借助 X 射线衍射（XRD）观察到 Li_2CO_3 的生成和分解。王开学在透射电子显微镜（TEM）和高分辨率透射电镜（HRTEM）下更直观地观测到碳薄层和 Li_2CO_3 颗粒，用 in-situ DEMS 检测到电池充-放电过程伴随着 CO_2 的生成-消耗，但生成量和消耗量并不相等，故提出不可逆的氧化路径。何平、周豪慎等人进一步研究 Li-CO_2 电池充电过程（即放电产物的分解），在正极预填充 Li_2CO_3 和 C 的混合物，经 in-situ DEMS 发现，Li_2CO_3 的分解包含了两个过程，首先是 Li_2CO_3 分解生成

CO_2 和 O_2^-，随后 O_2^- 结合生成 O_2，同时会攻击并分解电解液。

(2) 钠-二氧化碳电池

Archer 团队报道 Na-O_2/CO_2 电池，发现在不同电解液下，放电产物也不同。离子液体中放电产物为 $Na_2C_2O_4$，而在四乙二醇二甲醚（TEGDME）电解液中放电产物为 Na_2CO_3 和 $Na_2C_2O_4$；采用加入纳米 SiO_2 的 SiO_2-IL-TFSI/PC-NaTFSI 混合物电解液时，检测到放电产物为 $NaHCO_3$。2016 年，陈军介绍可充放电的 Na-CO_2 二次电池，通过原位拉曼光谱（in-situ Raman）、非原位 X 射线衍射（ex-situ XRD）和 X 射线光电子能谱（XPS）证实 Na_2CO_3 的可逆生成和分解，用 Ag 纳米线催化剂证实放电产物中碳的存在。此外，借助 CO_2 分析仪对充/放电过程中逸出气体进行测量，验证了 CO_2 消耗和释放的可逆性，证实电池可逆反应为：

$$3CO_2+4Na \rightleftharpoons 2Na_2CO_3+C\ (E^{\ominus}=2.49V\ vs.\ Na^+/Na) \tag{1-2}$$

为验证 Na-CO_2 电池的充电机理，以导电炭黑/Al 为负极，在多壁 CNT 中预填充 Na_2CO_3 作正极，组装 Na-CO_2 电池。经拉曼光谱（Raman）、气相色谱仪（GC）、原位光学显微镜、核磁共振（NMR）等表征手段，证实式（1-2），且没有发生其他副反应，同时无枝晶金属钠沉积在导电炭黑/Al 负极上，为进一步开发利用 Na-CO_2 电池提供依据。

(3) 钾-二氧化碳电池

2018 年， Zhang 直接向球差校正环境透射电子显微镜（AC-ETEM）中通入 CO_2，用钨尖刻蚀金属 K 作为负极，金属 K 上自然生长的 K_2O 作为固态电解质，以 CNT 或 Ag 纳米线为正极催化剂进行充-放电反应，构建 K-CO_2 纳米电池。原位观察放电-充电过程，发现放电时 CNT 会形成大量的纳米气泡和 K_2CO_3 空心球，放电反应为式（1-3），充电时，K_2CO_3 与 CNT 结合分解为 K 和 CO_2，反应为式（1-4）：

$$2K+2CO_2 \longrightarrow K_2CO_3+CO \tag{1-3}$$

$$2K_2CO_3+C \longrightarrow 4K+3CO_2 \tag{1-4}$$

从此人们才对 K-CO_2 电池有了基本的认识。 2020 年，戴黎明以 CNT 为催化剂，第一次真正意义上构建了可充放电的 K-CO_2 二次电池，在 300mAh/g 的限定比容量下，重复循环近 1000h，对于后期构建 K-CO_2 二次电池具有指导意义。由于目前这方面的报道有限，对于测试条件及体系中是否存在其他反应路径仍缺乏深入的探究。

不同于传统电池的离子插层原理，气体电池的电化学反应伴随物相的生成。表 1-1 列出了已报道的金属-CO_2 电池的反应原理及性能比较。通常来说，CO_2

的催化电化学还原涵盖了三个关键步骤：①CO_2 分子在催化剂表面的吸附和解吸；②电子转移和质子迁移；③产物（M_2CO_3 或 $M_2C_2O_4$）的构型、重排和解吸。从热力学角度分析，在质子的配合下，2电子及4电子的 CO_2 还原过程发生在不同的放电电位，数目不同的质子、电子对参与反应，生成产物当然也不同，进而产物的氧化分解（充电过程）也存在差异。由于催化剂的种类、配位特性及催化能力的不同，其介导反应历程也不尽相同，最终表现出的电化学性能存在明显差异。

表1-1 金属-二氧化碳电池的反应原理及性能比较

类型	反应原理	平衡电位/V	理论比容量/(mAh/g)	能量密度/(Wh/kg)
Li-CO_2	$4Li+3CO_2 \longrightarrow 2Li_2CO_3+C$ $\Delta G_{AM}=-1081kJ/mol$ 或 $2Li+2CO_2 \longrightarrow Li_2CO_3+CO$ $\Delta G_{AM}=-480.6kJ/mol$	2.80 3.01	671.06 （3860gLi负极）	1878.97
Na-CO_2	$4Na+3CO_2 \rightleftharpoons 2Na_2CO_3+C$ $\Delta G_{AM}=-913.0kJ/mol$ 或 $2Na+2CO_2 \rightleftharpoons Na_2C_2O_4$ $\Delta G_{AM}=-449.4kJ/mol$	2.49	478.71 （1165gNa负极）	1192.00
K-CO_2	$4K+3CO_2 \rightleftharpoons 2K_2CO_3+C$ $\Delta G_{AM}=-943.8kJ/mol$	2.45	369.20 （685gK负极）	904.53
Al-CO_2	$2Al+6CO_2 \rightleftharpoons Al_2(C_2O_4)_3$ $4Al+9CO_2 \rightleftharpoons 2Al_2(CO_3)_3+3C$	1.40	638.00 （2980gAl负极）	893.20
Zn-CO_2	$Zn+CO_2+2H^++2OH^- \rightleftharpoons$ $ZnO+HCOOH+H_2O$	1.14	511.40 （825gZn负极）	583.00

注：ΔG_{AM} 表示反应的吉布斯自由能变化量。

（4）铝-二氧化碳电池

2018年，Ma提出并实现以铝箔为负极，离子液体为电解质，钯包覆多孔纳米金（NPG@Pd）为正极的可充电 Al-CO_2 电池，电池的充-放电电压差仅为0.091V，能效高达87.7%。利用拉曼光谱、XPS、傅里叶红外光谱（FTIR）和电子能量损失能谱（EELS）表征放电产物为 $Al_2(CO_3)_3$ 和C，充电时固体产物分解。

$$4Al+9CO_2 \rightleftharpoons 2Al_2(CO_3)_3+3C \tag{1-5}$$

1.1.3.2 水系电解液体系

由于 Li、Na 等碱金属常使用含毒有机电解液且二氧化碳还原反应（CRR）的固体产物导电性差，易堆积难分解，电化学过程动力学缓慢，电池应用需克服诸多技术壁垒。Zn 储量丰富、价格低廉，Zn-CO_2 电池的理论容量大、安全性高，且产物一氧化碳（CO）、甲酸（HCOOH）和一些碳氢化合物均为重要的燃料和化学品，因此 Zn-CO_2 电池是碱金属电池的理想替代品。

Zn-CO_2 电池中 Zn/Zn^{2+} 电极电势较低［－0.763V vs. 可逆氢电极（RHE）］，理论比容量为 820mAh/g（5855mAh/cm^3），该体系为 CO_2 电催化转化提供理想电解质——水，通过质子耦合、电子转移将 CO_2 还原成气态或液态产物，产物不会覆盖催化位点而导致催化剂失活。但 CRR 过程中表现出过电位高、催化选择性低、电流密度小等问题，电池性能方面存在循环稳定性差及比容量较低等缺陷。探究机理发现，反应过程中电池性能是由催化剂表面的反应物、中间体和产物的吸/脱附能力决定的，而吸附能力与催化剂的设计密切相关。因此，研发双功能催化剂以促进二氧化碳还原反应（CRR）、析氧反应（OER）或甲酸氧化反应（FAOR）是提高水系 Zn-CO_2 电池性能的关键。

1.1.3.3 其他衍生的气体电池

(1) 锂-氮气电池

中国科学院长春应用化学研究所张新波团队在 2017 年以多孔碳布为正极，金属锂箔为负极，含可溶性锂盐的导电介质（1mol/L $LiCF_3SO_3$/TEGDME）作为电解质构筑了首个 Li-N_2 电池，其开路电压为 0.54V，能量密度为 1248Wh/kg，与 Li-SO_2 和 Li-CO_2 电池相当。Li-N_2 电池基于 N_2/Li_3N 的可逆转化或 N_2 固定过程，如式（1-6）～式（1-8），实现二次电池，法拉第效率为 59%。作为一种新型电化学储能器件，如果能对空气中的氮气（氮气约占空气体积的 78.1%）加以利用，有望满足未来高容量和长循环寿命的性能需求，推动能量存储新技术的发展。为了显著提升氮气固化能效，该团队相继开发了 Ru-CC 及 ZrO_2-CC 复合正极。

负极：

$$6Li \rightleftharpoons 6Li^+ + 6e^- \tag{1-6}$$

正极：

$$6Li^+ + N_2 + 6e^- \rightleftharpoons 2Li_3N \tag{1-7}$$

总反应：

$$6Li + N_2 \rightleftharpoons 2Li_3N\ (0.44V\ vs.\ Li/Li^+) \tag{1-8}$$

郑州大学张彰研究发现，Li-N_2 电池可将 N_2 通过电化学反应固定为 Li_3N［见图 1-3(a)］，但是 Li_3N 的不稳定性和吸湿性易引发副反应，且强的非极性

N≡N 需要较高的电离能，导致 Li-N_2 电池的效率低、可逆性差。为此，他们在纯 N_2 气氛中，利用石墨烯纳米薄片原位生成 Li_3N 和 LiOH，加速离子输运并有效抑制副反应发生，显著提升了 Li-N_2 电池的循环稳定性和可充电性，证实 LiOH 有益于 Li-N_2 电池性能提升。中国石油大学孙辉在此基础上提出 H_2O 参与的 Li-N_2 电池反应机制，并在 Ru 纳米颗粒的催化作用下将 N_2 还原为高附加值的 NH_3。H_2O 不仅作为 H 源，也在正极表面生成 LiOH 保护层，促进正极-电解质界面的形成，在热力学上促进 Li 与 N_2 反应持续稳定地合成氨。在充电过程中，在正极上积累锂盐（如 LiOH）、失去电子并发生氧化反应，副产物 H_2O 和 O_2 离开正极，Li^+ 迁移至负极并被还原为金属 Li，形成循环。Li-N_2 电池体系中微量的 H_2O 作为 H 源参与充放电反应，在放电-充电循环中连续产氨，微量的 O_2 有利于正极膜的稳定。

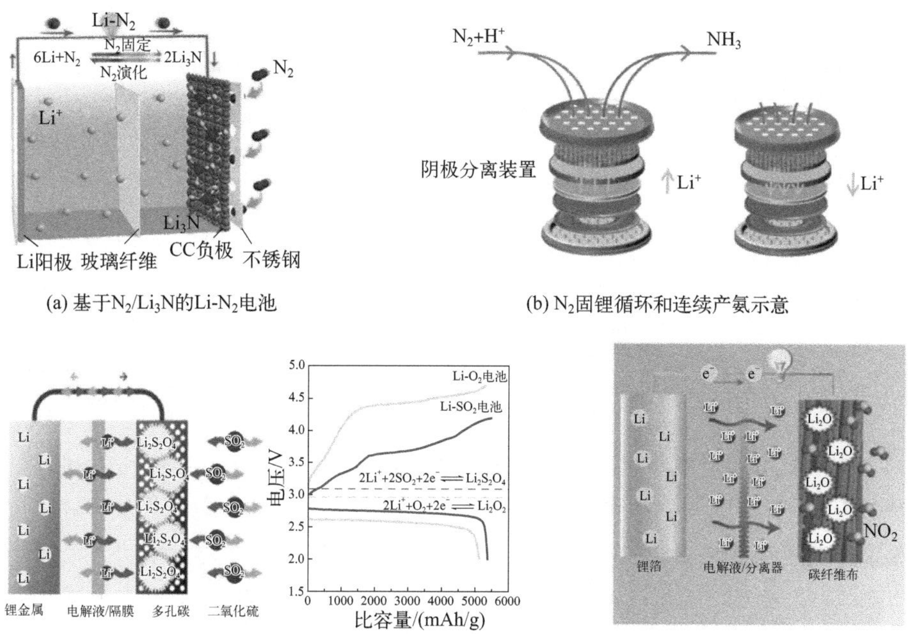

(a) 基于 N_2/Li_3N 的 Li-N_2 电池　(b) N_2 固锂循环和连续产氨示意

(c) Li-SO_2 电池　(d) Li-NO_2 电池

图 1-3　气体电池

研究发现，在非水系 Li-N_2 电池中，H_2O 起到促进剂的作用。通过将 N_2 和 H_2O 作为反应物同时通过正极，能够在放电-充电循环中连续生产氨。在放电过程中，H_2O 作为 H 供体产生氨，并在成膜反应中发挥额外的作用，揭示了放电后正极形貌的演变。此外，还观察到正极产物在充电后被部分分解并成功地回收了 Li，构成一个可接受 Li 的循环并易于连续产生氨，此研究为最佳 H 供体的多重作用和 Li-N_2 电池的新应用方向。

大多数文献报道的 $Li-N_2$ 电池实际放电电位为 0.9V，显著高于理论电位，引起了 Meng 的注意。他通过在电解液中引入微量水，利用原位红外光谱追踪到 Li-N 和—NH_2 的存在，同时运用密度泛函理论（DFT）计算得出各产物中间体（$^*Li$、$^*N_2$、$^*Li_3N$ 和 $^*LiNH_2$）在 Ru 掺杂 SnO_2 催化位点有很强的吸附能，认为 $Li-N_2$ 电池放电产生的 Li_3N［如式（1-8）］进一步和 H_2O 反应产生两种放电产物，即 $LiNH_2$ 和 LiOH，见式（1-9）。

$$Li_3N+2H_2O \longrightarrow 2LiOH+LiNH_2\ (0.44V\ vs.\ Li/Li^+) \tag{1-9}$$

新产物 $LiNH_2$ 将在后续充电过程中释放 N_2，实现可逆的电驱动 N_2 转化。$Li-N_2$ 电池目前尚处于初期研究阶段，$Li-N_2$ 电池的多电子反应动力学过程、物质演变规律等仍有待研究。

(2) 锂-二氧化硫电池

锂-二氧化硫（$Li-SO_2$）电池以锂为负极，正极 SO_2 参与反应，电池放电时，负极锂失去电子生成锂离子，正极 SO_2 被还原为连二亚硫酸根（$S_2O_4^{2-}$），生成的连二亚硫酸锂嵌入正极片中。反应过程在电池内部不可逆，因此，$Li-SO_2$ 电池是一种一次电池。

负极：

$$2Li \rightleftharpoons 2Li^+ +2e^- \tag{1-10}$$

正极：

$$2Li^+ +2SO_2+2e^- \rightleftharpoons Li_2S_2O_4 \tag{1-11}$$

总反应：

$$2Li+2SO_2 \rightleftharpoons Li_2S_2O_4 \tag{1-12}$$

$Li-SO_2$ 电池质量比能量、体积比能量达到 260Wh/kg 和 415Wh/L，工作温度范围为－60～70℃，正常工作电压在 2.6～2.9V 之间，放电电压较平稳，低温工作电压稍低，在 2.4～2.8V 之间。Dai 等人将离子液体电解质引入 $Li-SO_2$ 电池体系，发现 1-丁基-3-甲基咪唑硫氰酸盐（[BMIm][SCN]）具有高浓度的 SO_2 捕获能力、高导电性和合适黏度，与 $Li-SO_2$ 电池有较好的相容性。Kang 基于［BMIm][SCN］电解质开发可充电 $Li-SO_2$ 电池，正极采用多孔碳，电池放电比容量提升到 5400mAh/g（电流密度为 0.2mA/cm^2）。

$Li-SO_2$ 电池是将液态二氧化硫注入电解液，电解液在低温环境（－60℃）下不发生相变，继续提供电子通道，甚至能提供大电流放电的能力，这一特性赋予 $Li-SO_2$ 电池在宽温域内优异的电化学性能。其中，在－30℃环境下以大电流放电时，电池容量约为常温容量的 80%。$Li-SO_2$ 电池凭借高输出功率、高比能量、宽温域等特性，在水雷引信电源、航天器、水下航行器动力源等军事和民用工业领域广泛应用。

（3）锂-二氧化氮电池

2019 年，杨全红团队以锂为负极、玻璃纤维作隔膜、碳布作正极，首次构建可充电 Li-NO_2 电池，并在室温下将 NO_2 催化转化为 NO。电池以 50mA/g 的电流密度放电，比容量为 884mAh/g（能量密度为 666Wh/kg），法拉第效率为 67%。Li-NO_2 电池不仅提供了一种减少和回收 NO_2 的方法，还展示了氧化性空气污染物作为下一代电化学能源的潜力。

负极：

$$2Li \rightleftharpoons 2Li^{+} + 2e^{-} \tag{1-13}$$

正极：

$$2Li^{+} + NO_2 + 2e^{-} \rightleftharpoons Li_2O + NO \tag{1-14}$$

总反应：

$$2Li + NO_2 \rightleftharpoons Li_2O + NO \tag{1-15}$$

1.2 金属-二氧化碳电池的特点及应用

1.2.1 优缺点分析

1.2.1.1 金属-二氧化碳电池的优点

在能源危机与碳中和目标的双重背景下，金属-二氧化碳电池作为一种新兴的能源存储技术，凭借其优异的能量转换效率和环境适应性，正日益成为应对能源危机及推动碳中和目标的关键技术之一。与传统电池相比，该技术具备以下显著优势：

① 重量轻、体积小。可以大大减轻设备的重量，方便移动。

② 自放电率低。当电流输出较小时，电池放电量也较小，能够满足各种要求。

③ 高能量密度。可以提供较高的电流输出、较小的自放电量，使电池的使用寿命更长。

④ 安全性较高。正极可以在二氧化碳/空气环境中长期工作，无须担心漏液，也不会因充放电导致温度升高而引发安全事故。

金属-二氧化碳电池能够将二氧化碳转化为化学能，不仅能实现高效的能源存储，还在减少温室气体排放方面发挥重要作用，对缓解全球气候变化具有积极意义。这些特点使其在能源存储、可再生能源调度及新能源汽车等领域具有广泛应用前景。随着技术的进一步发展，金属-二氧化碳电池有望成为绿色低碳能源系统的重要组成部分，为实现全球碳中和目标提供有力支持。

金属-二氧化碳（$M-CO_2$）电池作为一种前沿的能源存储技术，展示出巨大的应用潜力。首先，其采用的材料对环境友好，且在充放电过程中既不释放有害物质，也不产生额外的二氧化碳排放，符合未来汽车动力系统的绿色环保要求。尤其是 $Li-CO_2$ 电池，其理论能量密度是传统锂电池的数倍，有望大幅提升电动汽车的续航能力，实现从加油到换电的时代变革。

此外，$M-CO_2$ 电池在火星探测领域同样具有广阔的应用空间。由于火星大气中 CO_2 浓度极高，约占 95%，这为 $M-CO_2$ 电池提供了丰富的原料来源。凭借其高能量密度和长循环寿命的特性，$M-CO_2$ 电池能够为火星探测任务中的无人飞行器、火星车及潜在的火星基地提供稳定可靠的电力支持。这使得 $M-CO_2$ 电池在未来的深空探索中具有重要的价值。

1.2.1.2 金属-二氧化碳电池的缺点

金属-二氧化碳电池作为一种可持续能源存储系统，近年来得到了广泛关注，其具有较高的理论电容量密度与工作电压，为电动汽车行业的发展提供了巨大机遇。然而，金属-二氧化碳电池在实际应用过程中仍存在循环寿命有限、金属负极形成枝晶及电解液挥发等问题。具体如下：

① 充电效率较低。充电时要花费较长的时间，会大大降低电池的实用性。

② 循环寿命有限。电池随着充放电循环的增加，电极材料表面反应位点失活，电解质在高充电电位被分解，或者碱金属负极在电解质的传输速率慢，电极表面产生浓度梯度，沉积形成枝晶，随着循环往复，枝晶不断生长，导致电池性能逐渐下降。

③ 电解液泄漏。金属-二氧化碳电池在充放电过程中，电解液可能会泄漏到电池外部，导致电池性能降低。电解液泄漏的原因包括电解质膜的破损、电极材料的溶解等。此外，随着充电次数的增加，电解液中的有害物质会逐渐积累，进一步影响电池性能。

④ 电极材料性能下降。在电池循环过程中，电极材料的性能也会逐渐下降。这是由于电极材料在反复的充放电过程中，活性物质会逐渐损失，同时电极材料表面被难分解产物覆盖导致其性能逐渐下降。

⑤ 金属负极气-固-液三相界面稳定性差，需设计良好的电池结构来解决该问题，增加了电池设计与制造的难度。

尽管金属-二氧化碳电池在可持续能源存储领域具有巨大潜力，但目前仍存在循环寿命有限、锂或钠离子形成枝晶及电解液泄漏等问题。为了解决这些问题，研究人员需要在材料选择、电池设计及制备工艺等方面进行深入研究。通过改进电极材料、优化电解质体系及制备工艺，提高金属-二氧化碳电池的整体性能，从而推动其在我国可持续能源存储领域的蓬勃发展。

1.2.2 失效原因分析

1.2.2.1 有机体系 M-CO_2 电池失效原因

由于 M-CO_2 电池独特的半开放体系，影响以 Li-CO_2 电池为代表的有机电解液体系 M-CO_2 电池性能的重要因素有正极催化剂、电解液和 Li 负极的衰减。

① 在复杂体系放电和充电过程中，正极催化剂、电解液和 Li 负极界面混合了固体、液体和气体多重反应，特别是电解液中溶解的 CO_2 和扩散到 Li 负极中的 CO_2 会与 Li 反应生成 Li_2CO_3，使 Li-CO_2 电池性能衰减。

② 虽然玻璃纤维隔膜会在一定程度上缓解锂枝晶带来的影响，但随着循环时间的延长，过多的锂枝晶会破坏电池内部整体结构造成短路，另外锂片也可能会与电解液中的某些成分发生副反应，影响电池性能，因此锂片失效的保护问题也是 Li-CO_2 电池研究需要考虑的方面。

③ 四电子反应路径的产物中均有无定形 C 生成，这些 C 在充电阶段可能并不会全部参与反应，因此随着 C 的积累，正极催化剂的活性位点会逐渐被覆盖，导致正极催化剂失效并进一步影响电池的整体性能。

1.2.2.2 水系 M-CO_2 电池失效原因

水系 Zn-CO_2 电池体系中局部腐蚀、枝晶形成、析氢反应（HER）副反应以及高浓度碱性电解液（6mol/L）钝化锌负极，大大降低 Zn-CO_2 电池的可充电性和循环稳定性。过量的 OH^- 形成 $Zn(OH)_4^{2-}$，而不是游离的 Zn^{2+}，充电达到饱和时，在 Zn 负极脱氢形成 $Zn(OH)_2$和 ZnO 钝化层。形成的钝化层、副产物和 HER 阻碍离子传递，加剧枝晶生长，导致更多 Zn 腐蚀和 HER 发生。

1.2.3 改进策略

在探讨电池失效原因的过程中，发现问题可归结为电极材料的劣化、电解质体系的不稳定及副反应的发生等。为此，开展以下几个方面的深入研究将有助于优化金属-二氧化碳电池的性能和稳定性。

(1) 电极材料优化

电极材料的选择对金属-二氧化碳电池的循环寿命和电化学性能至关重要。高导电性、良好电化学活性与稳定性是理想电极材料的基本要求，能够有效抵抗充放电过程中的结构变化与副反应。通过探索不同金属及其合金体系，可以显著提升电极的活性与稳定性。采用纳米结构和表面修饰技术，有助于降低内阻、减缓析出物积累及结构退化，从而延长电池的循环寿命。

（2）电解质体系研究

电解质在金属-二氧化碳电池中不仅起到导电作用，还直接影响电池的安全性和稳定性。电极表面枝晶的生长是电池失效的主要原因之一。为此，优化电解质体系，选用具有高稳定性和优异离子导电性的材料，能够有效抑制枝晶生长、降低电解液泄漏的风险。开发兼容性强且副反应较少的电解质，有助于提升电池的安全性和循环稳定性，确保其在长期使用中的高效运行。

综上所述，通过对电极材料和电解质体系的深入研究与优化，可以有效提升金属-二氧化碳电池的性能和稳定性，克服目前存在的失效问题，推动其在新能源汽车、可再生能源存储及深空探测等领域的广泛应用。

1.2.4 应用前景

1.2.4.1 宽温域金属-二氧化碳电池

（1）低温 $Li-CO_2$ 电池

彭慧胜团队采用 1,3-二氧戊环（DOL）作为电解质，凭借 DOL 凝固点（−95℃）低、黏度小、锂离子的溶剂化程度低的优异特性，并协同 Ir 基催化剂，构建出超低温 $Li-CO_2$ 电池，将工作环境向低温方向拓展到−60℃，电池在极寒环境下稳定运作，展现出高达 8976mAh/g 的放电比容量，拥有长达 150 次循环（1500h）的使用寿命。即便在−60℃的极端条件下，当电池以 500mAh/g 的截止比容量运行、电流密度从 50mA/g 增加到 500mA/g 时，放电平台并未观察到明显的电压下降，如图 1-4（a）。充分证明所构筑电池具备优秀的低温适应性和卓越的倍率性能。此外，研究还发现，随着温度的降低，电解液的稳定性得到了进一步提升，为超低温环境下电池的稳定运行提供了有利条件，电池循环寿命也从 37 次循环（0℃）增长到 69 次循环（−30℃），直至 150 次循环（−60℃）。深入研究发现，产物的形貌和尺寸也发生了变化，由 100～300nm 的纳米片变为 30～50nm 的纳米颗粒，小颗粒产物更易被可逆分解，有利于电池实现长循环寿命。

（2）高温 $Li-CO_2$ 电池

Baek 等人协同五元熔融盐电解质［$LiNO_3$、KNO_3、$CsNO_3$、$NaNO_3$ 和 $Ca(NO_3)_2$（15∶30∶30∶10∶15，物质的量之比）］和 Ru 纳米颗粒，赋能 $Li-CO_2$ 电池，如图 1-4（b），具有良好的高温稳定性和优异的倍率性能。电池功率密度可达 33.4mW/cm^2，并在 150℃高温和 20A/g 的大电流密度下稳定工作，在 10A/g 的电流密度和 1000mAh/g 截止比容量下可稳定循环 300 圈。

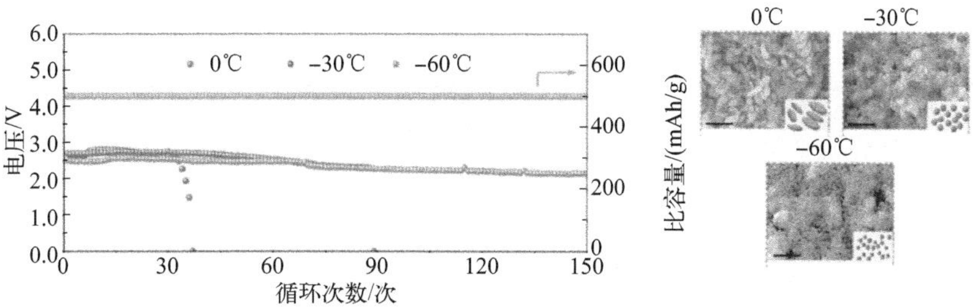

(a) 超低温(-60℃) Li-CO_2电池

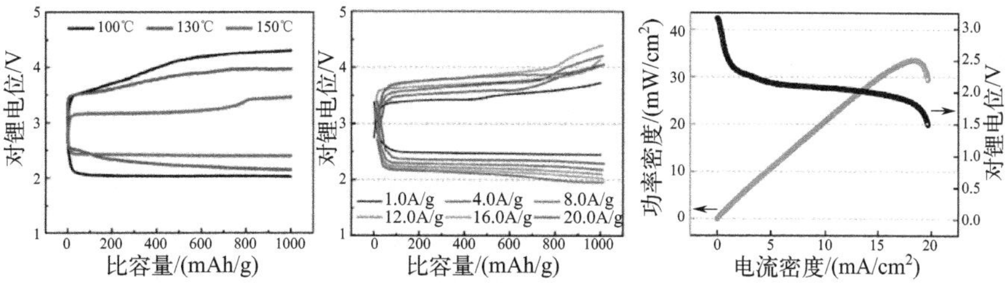

(b) 高温(150℃) Li-CO_2电池

图 1-4　宽温域 Li-CO_2 电池

他们推断高温下电池表现出优异的电化学性能，可能源于 CO_2 溶解度的增加。差分电化学质谱（DEMS）测试发现，基于熔融盐电解质的 Li-CO_2 电池，充电过程中 CO_2 的析出速率随着温度降低从 150℃的约 6.0e^-/CO_2 上升到 100℃的约 2.0e^-/CO_2。

(3) 宽温域 Li-CO_2 电池

吉林大学徐吉静团队构建 Au@TiO_2/$Li_{1.5}Al_{0.5}Ge_{1.5}(PO_4)_3$（LAGP）/LAGP（ATLL）双层结构框架的光辅助全固态 Li-CO_2 电池，如图 1-5 所示，克服传统液体电解质体系的分解问题，在太阳能的驱动下，极大地扩宽了工作温度范围（−73～150℃），从根本上提高了电池的稳定性。这一结果得益于 Au@TiO_2 异质结以及一体化双层 LAGP 电解质电池结构，Au@TiO_2/LAGP 层利用光电和光热效应，解决二氧化碳氧化/析出反应（CER/COR）动力学缓慢的问题。LAGP 层可避免光照下液体电解质分解的问题。集成的双层 LAGP 框架赋予整个系统热量和 Li^+ 的直接输送。光辅助全固态 Li-CO_2 电池在光照下实现 0.25V 的超低极化和 92.4%的高库仑效率。即使在−73℃的极低温度下，电池仍然可以转化太阳能来实现自热，提供 0.6V 的偏压。在 Au@TiO_2 和 Au/Au 界面可以观察到能量从金属转移到半导体增强空间电场，证实 Au 纳米颗粒与 TiO_2 外表面之间存在表面等离子体共振（SPR）效应和近场耦合，由于 SPR 效应，Au@TiO_2 可以获取并分层利用太阳光谱中的宽波，促进光热转换，实现电池连续自热和光电活性，加速 CRR/CER 动力学。此外，钠超离子导体（NASICON）结构的 LAGP 陶瓷具有极高的 Li^+ 电导率、优异的导热性和热稳定性，基于 Au@TiO_2 负载的多孔独立 LAGP 框架为 CRR/CER 暴露更多的三相边界，并通过反射增强体系的光吸收和光散射能力。

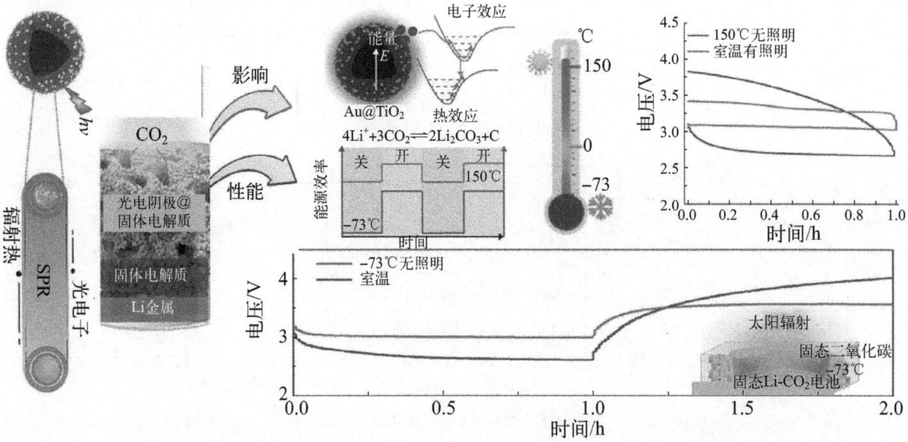

图 1-5　太阳能光热全固态宽温域 Li-CO_2 电池（−73～150℃）

1.2.4.2　光协同 Li-CO_2 电池

CRR/CER 动力学迟滞，导致电池循环性能差、库仑效率低，制约 Li-CO_2 电池发展。正极选择光催化材料是一种有效的解决方案，其协同 Li-CO_2 电池反应机理为：当光催化剂吸收能量等于或高于其带隙能量 E_g（也称为禁带隙）的入射光子时，价带（VB）中的电子被激发到导带（CB）中，在 VB 中留下空穴。CB 中的光电子参与还原反应，VB 中的空穴参与氧化反应。带隙和 CB/VB 位置分别决定了半导体的光吸收性能和氧化还原能力。光催化剂的 VB 电位应低于非水 Li-CO_2 电池的 CO_2/（Li_2CO_3＋C）氧化电位。相应地，在 CB 中激发的电子应表现出比金属-空气电池的平衡电位更高的化学势，即更强的还原活性。反应式如下：

放电：

$$4Li^+ + 3CO_2 + 4e^-_{h\nu} \longrightarrow 2Li_2CO_3 + C \tag{1-16}$$

充电：

$$2Li_2CO_3 + C + 4h^+_{h\nu} \longrightarrow 4Li^+ + 3CO_2 \tag{1-17}$$

目前金属-二氧化碳电池领域关于光热材料的报道有 Cu_2O/CNT、In_2S_3/CNT、CNT@C_3N_4、SiC/rGO（rGO 表示还原的氧化石墨烯）、Au@TiO_2/LAGP。彭慧胜团队将碳纳米管和富含 N 缺陷的 C_3N_4 组成异质结（CNT@

C_3N_4），富N缺陷的 C_3N_4 有助于光吸收边缘的红移，CNT@C_3N_4 加速电子-空穴对分离。Tauc 图谱和紫外光电子能谱（UPS）分析发现，CNT@C_3N_4 的导带和价带边缘电位分别为 1.81V 和 4.41V（vs. Li^+/Li），有利的边带位置使携带一定能量的光生电子参与到 CO_2 电化学还原反应中，同时，光生空穴与外电路的电子迅速中和。在充电过程中，光生空穴在外加电压下将放电产物释放为 Li^+ 和 CO_2，光电子从 C_3N_4 向 CNT 迁移，最后通过外部电路到达负极，将 Li^+ 还原为 Li。光生空穴产生的能量高于 Li_2CO_3 和 C 共分解、Li_2CO_3 自分解的热力学势能。电池性能方面，光照电池充放电过电位低、库仑效率高。所得的 Li-CO_2 电池实现了创纪录的 98.8%的往返效率、优异的循环稳定性和 100 次循环后 86.1%的高效率保持率和 15.77mAh/cm^2 的超高面积容量。

Li_2CO_3 + C 共分解反应如下:

$$2Li_2CO_3 + C \longrightarrow 4Li^+ + 3CO_2 + 4e^-, \ E^\ominus = 2.80V \ vs. \ Li^+/Li \quad (1\text{-}18)$$

Li_2CO_3 自分解反应如下:

$$2Li_2CO_3 \longrightarrow 2CO_2 + O_2 + 4Li^+ + 4e^-, \ E^\ominus = 2.80V \ vs. \ Li^+/Li \quad (1\text{-}19)$$

此外，SiC/rGO 异质结在 Li-CO_2 电池体系中也发挥了积极作用，光催化剂 SiC 的可见光导带边缘和价带边缘电位分别为 2.4V 和 1.6V（vs. Li^+/Li），rGO 参与 SiC 光生电子-空穴对的去局域化和电子传输过程，光生电子-空穴对有效驱动电化学反应，将 Li-CO_2 电池充电电压降低至 3.28V。

2020 年，等离子体增强光热空气电极被引入超低温全固态锂-空气电池，其由紧密堆积的 Ru 纳米颗粒（5～20nm）和碳纳米管组成，此电极可有效地收集从紫外到近红外范围的光能，并将光转化为热。正极表面的温度在光照下达到 70℃左右，即使在 −73℃ 的低温环境中也能达到。Ru 等离子体催化剂加速 Li-CO_2 电池放电过程中 C—O 键断裂和充电过程中 CO_2 释放，这一现象归因于局域表面等离子体的非辐射衰变产生的高能热载流子。

有研究报道将金、银等离子体金属纳米粒子与半导体光催化材料相结合，设计一种双场协同辅助正极，可以解决半导体光催化剂的固有局限性。在入射光作用下，等离子体金属纳米粒子中自由电子的集体振荡可以构建一个局域增强的电场，该电场对光电子和空穴施加相反的力来抑制不利的载流子重组。其中，局部表面等离子体共振（LSPR）效应对 TiO_2 光电化学性能的提升尤为显著，成为众多研究的焦点。Guan 在海胆状介孔锐钛矿 TiO_2 球（12nm）上通过等离子体沉积法负载金纳米颗粒，制备 Au@TiO_2 异质结，并构建 Au@TiO_2/$Li_{1.5}Al_{0.5}Ge_{1.5}(PO_4)_3$（LAGP）/LAGP（ATLL）双层框架光辅助全固态 Li-CO_2 电池。Au@TiO_2 异质结可以吸收整个太阳光谱的能量，得益于 Au 纳米颗粒（NPs）产生 LSPR 效应，该异质结将光子能量转化为电能和热能。此外，在光照和超高温条件下，光生载流子在改善还原和氧化动力学方面发挥关键作用。

Peng 以银纳米粒子修饰 TiO_2 纳米管阵列，利用光电效应与等离子体共振效应协同加速 CRR/CER。入射光激发 TiO_2 中的高能光电子/空穴以克服反应势垒，并在 Ag 纳米粒子周围诱导产生增强的电场，以实现光生载流子的有效分离/转移和热力学有利的反应途径。双场协同辅助 Li-CO_2 电池在 0.10mA/cm^2 下表现出 2.86V 的超低充电电压、良好的循环稳定性，100 次循环后的往返效率为 86.9%，倍率性能可达 2.0mA/cm^2。

1.2.4.3 可穿戴柔性 Li-CO_2 电池

随着可植入电子器件，以及可拉伸传感器、柔性显示屏和电子皮肤等可穿戴电子设备的快速发展，柔性/可拉伸储能设备成为关键组件。与传统刚性电池不同，柔性电池的功能组分（正极、负极、电解液、隔膜、集流体、封装材料等）需满足柔韧性、电化学性能、安全性和耐温性等高标准及具有良好的兼容性。MarketsandMarkets 报告显示， 2015～2020 年全球柔性电池市场以 53.68%的复合年上升率增长，柔性电池市场规模预计在 2025 年达到 2.8535 亿美元，到 2030 年将达到 9.69 亿美元，预测期内（2025～2030 年）的复合年增长率为 27.7%，市场需求巨大。

Li-CO_2 电池在可穿戴储能器件实际应用中拥有巨大的潜力。程建丽团队基于无黏结剂 CC@MoN 正极构筑柔性带状 Li-CO_2 电池［如图 1-6，宽度为 1.2cm，长度为 10cm］，开路电压可达 3.05V，整个带状电池的总面积质量密度达到 122.5mg/cm^2，在连续弯折角度或扭转状态下电能输出正常，图案亮度保持良好，没有明显的衰减，可持续点亮“ICM”图案（由 23 个红色 LED 组成）超过 144h。为了进一步减轻正极侧的质量，减少导电剂的使用，团队基于 Mo_3N_2 正极组装带状 Li-CO_2 软包电池（宽度为 1cm，长度为 5cm），内部各构件的质量见表 1-2，开路电压为 2.93V，全放电容量达到 36.87mAh，基于活性物质质量，最高能量密度可达到 6350.7Wh/kg；考虑其他组件的质量，带状软包电池能量密度达到 326.7Wh/kg，能实现 34 次的稳定循环寿命，平均能量效率保持在 77%左右。

表 1-2 带状 Li-CO_2 软包电池（规格：1cm×5cm）内部构件的质量及能量密度

内部构件名称	质量/kg	能量密度/(Wh/kg)
锂带	40.1	—
催化剂正极	25.2	6350.7
隔膜	10.8	—
电解液	164.7	—
封装部分及引线	50.8	—
整个带状 Li-CO_2 电池	291.6	326.7

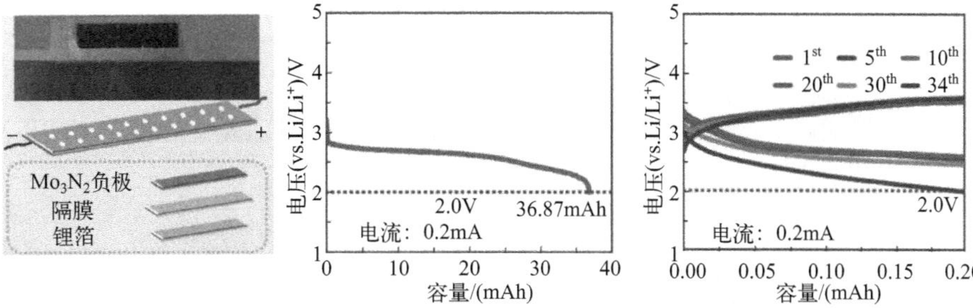

(a) 带状 $Li-CO_2$ 电池

(1st、5th、10th、20th、30th、34^{th}分别表示第1圈、第5圈、第10圈、第20圈、第30圈、第34圈恒流充放电曲线)

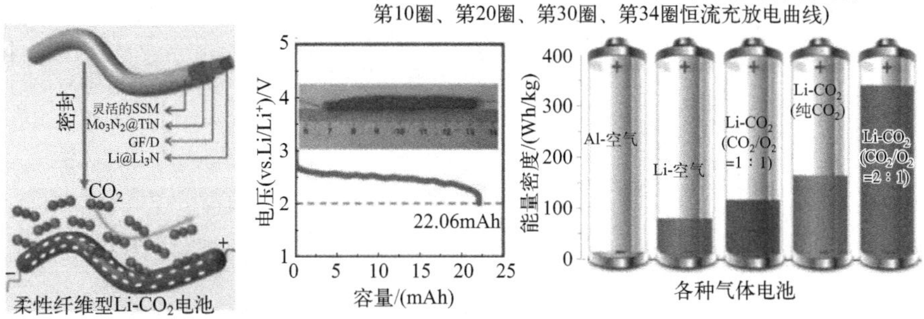

(b) 纤维状 $Li-CO_2$ 电池

(SSM表示自支撑膜；GF表示玻璃纤维隔膜；D表示型号)

图 1-6　柔性 $Li-CO_2$ 电池

为了更好地适应柔性电子设备的形变需求，团队将柔性电池由二维升级为一维，组装 Mo_3N_2@TiN||Li@Li_3N 柔性纤维状 $Li-CO_2$ 电池（如图 1-7，长度为 5cm），开路电压为 2.89V，全放电容量高达 22.06mAh，基于整个纤维状电池的能量密度为 340.8Wh/kg，显著高于已报道的器件，并可缝于织物上，佩戴于手腕作为柔性电源。还制备了竹节状碳纳米管（BCNT）电极柔性纤维状 $Li-CO_2$ 电池引入光能-电能转换、存储和响应应用一体化器件，在未来可穿戴器件领域显示出广阔的应用前景。

鉴于柔性可穿戴器件使用环境的特殊性，无水金属-气体电池电化学性能对水分的高度敏感性，以及在实际应用场景中使用的便利性、安全性，储能设备对疏水性和生物相容性封装提出了更高要求，这直接影响其功能性和安全性。希望其具备弯曲、可拉伸性能以适应一定程度的形变，具备防水防火等功能，如图 1-7。王斌团队在柔性功能化储能器件领域深耕多年，其将 $Li-CO_2$ 正负极设计成纤维同轴结构，纤维电极预拉伸成弹簧状，赋予电池器件优异的可拉伸性能，拉伸量可达 300%。用凝胶聚合物电解质隔开电池两极，规避液态电解质泄漏问题，并用生物相容性较好的聚二甲基硅氧烷（PDMS）弹性体封装，PDMS 不可燃，以确保所构建的电池在内部短路或外部突发情况下具有很高的安全性。成功将超柔性、可拉伸性和防水性、防火性引入高能量密度固态纤维 $Li-CO_2$ 电池中。

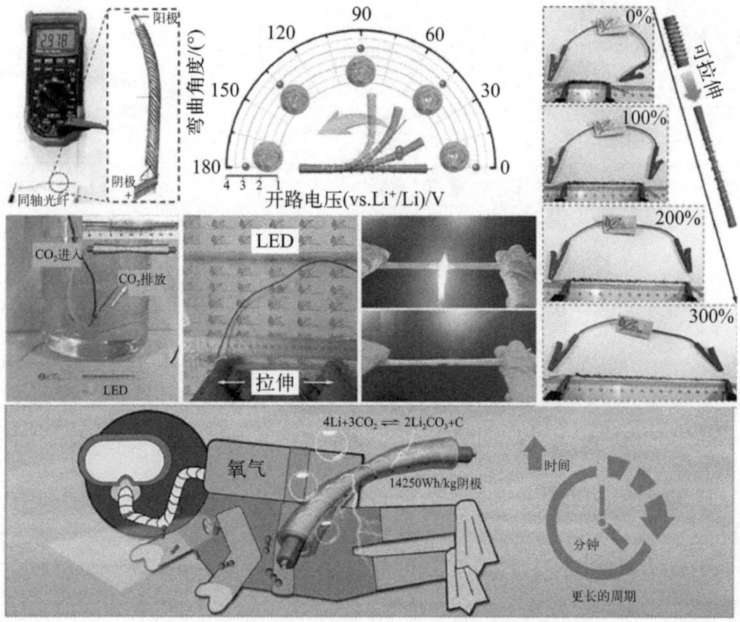

图 1-7 可防火防水的同轴纤维状 Li-CO_2 电池

1.3 金属-二氧化碳电池面临的机遇与挑战

1.3.1 有机系碱金属-二氧化碳电池的关键问题

M-CO_2 电池，区别于传统的金属离子电池体系，CO_2 气体参与发生在气-液-固三相界面（即 CO_2-电解液-催化剂正极）的反应，其转化与存储（CO_2 还原反应/氧化反应，即 CRR/CER）涵盖三个关键步骤：①CO_2 分子在催化剂表面的吸附和解吸；②电子迁移和质子扩散；③产物（M_2CO_3 或 $M_2C_2O_4$）的构型、重排和解析等。由于质子配合下的多电子参与 CRR/CER 的介导反应历程及产物不同，故电池性能存在差异。

目前 M-CO_2 电池性能尚不理想，就碳酸盐产物而言，其化学惰性高、导电性差、难分解，分解时需要克服较高的能量势垒，极易堆积覆盖催化剂电极的活性位点，导致 M-CO_2 电池充放电可逆性差、循环性能差、频繁发生电池突然“坏死”情况；而草酸盐产物稳定性差，极易继续被还原为碳酸盐，导致 M-CO_2 电池全放电容量低，低过电位运行寿命短。由此可见，反应动力学缓慢、产物热力学稳定性差是影响 M-CO_2 电池性能的本质原因。上述介导反应历程及产物很大程度上取决于催化剂的种类、配位特性及催化能力。故高活性催化剂的设计与优化成为电池良好运行的关键，为下一代高性能二次 M-CO_2 电池的开发与研究提供保障。如何设计高活性且稳定的催化剂正极、兼顾催化位点的数量及质量、加速反应动力学过程、提高产物热力学稳定性，是助力 M-CO_2 电池过程产物的可逆生成-分解、提高 M-CO_2 电池放电容量、延长循环寿命的主要思路。与此同时，利用现有表征手段分析探索 M-CO_2 电池运行过程中活性位点的价态变化、电极材料的形貌变化及产物的实时追踪与分析，是探索其反应机制和工作原理的主要技术路线。这对实现深层次、全方位新型能源体系的发展具有重要的意义。具体可以从以下方面开展深入研究。

（1）原位表征技术

尽管 M-CO_2 电池的充-放电反应原理已得到证实，但为了推动电池性能迭代升级，揭秘四电子或二电子反应详细路径具有重要意义。原位表征技术的使用以及多种原位技术联用，如原位 X 射线衍射、原位红外光谱、原位拉曼光谱等，能够实时监控电池反应过程、追踪产物及电极变化，为揭示电池反应机制提供有力支持。

（2）新型催化剂设计

在 M-CO_2 电池领域，仅少量材料被研究应用，新型多功能材料还有待开发。应寻找高效分解金属碳酸盐的催化剂，解决放电-充电动力学过程缓慢、过电位高、速率低、循环稳定性和能量效率差等问题。设计并构筑三维连通结构多位点催化剂具有广阔的前景，这种结构有利于放电产物均质沉积并在充电过程中轻松分解，避免阻塞正极表面。

（3）负极材料改性

在 M-CO_2 电池运行过程中，负极材料易发生非均质沉积-剥离，形成不利的枝晶，严重时甚至会刺穿隔膜引发短路；或在高分解电位被 O_2^- 攻击，形成氢氧化物或碳酸盐，甚至完全粉化导致电池失效。负极的预金属化和界面修饰是缓解上述问题的主要策略。

（4）电解质优化

电解质是电池发生化学反应的关键介质，不同电解质体系对反应路径有显著影响。提高电解质的稳定性，特别是耐高压性能和耐受 O_2^- 攻击能力，或者开发更稳定的离子液体和固态电解质替代品，也是提升电池性能的一个重要研究方向。

（5）外场辅助

M-CO_2 电池受实际工作环境影响很大，包括温度、湿度、光照、等离子场等因素，研究辅助场对电池实际运行性能的影响，能够拓宽电池工程应用领域。

1.3.2 水系金属-二氧化碳电池的关键问题

水系 Zn-CO_2 电池从太阳能驱动的 CO_2 分离电池发展到可充电装置，再到双模式和自驱动系统，最后发展到完全可逆系统，已取得显著进步。尽管如此，Zn-CO_2 的研究仍处于起步阶段，面临诸多亟待解决的问题。首先，CO_2 中 C═O 键的高稳定性（解离能高达 806kJ/mol）使得相关反应难以进行。其次，CRR 产物类型有限且选择性差，正极氧化反应电化学活性低，水系电解质电压窗口小，正极稳定性差，锌负极还存在自腐蚀或易生长枝晶等问题。具体而言，需从以下几方面展开研究。

(1) 多功能催化剂研发

当前，该领域缺乏高活性和高选择性的催化剂，放电产物种类有限，主要为 CO 和甲酸盐，很少生成 HCOOH，更没有甲醇、乙醇和乙烯等高附加值产物，且放电-充电过程不可逆。为了解决这些问题，合理设计催化剂结构至关重要，主要包括以下几个方面：①构建大比表面积、丰富孔隙结构的催化剂有利于活性位点载入，便于反应物和中间产物的运输与储存，防止电池运行过程中结构坍塌；②提高催化剂的导电性，加速电化学传质和质子-电子耦合效率，构筑晶格缺陷和异质结，调节催化位点内在活性及电荷分布；③提高原子利用率，调节配位数量和方式，解决运行过程中 *H、*COOH、*CO 和 *OCHO 竞争吸附，引导产物定向生成。多功能催化剂兼具高选择性和高稳定性对真正的可逆电池、衍生的太阳能驱动 Zn-CO_2 装置或多模式气体电池来说十分重要。

(2) 电解液优化

相较于有机电解质，水系电解质虽然具有许多优点，但也存在 CO_2 溶解度低、高温蒸发、金属负极不稳定等问题，导致水系 Zn-CO_2 电池表现出低循环稳定性。此外，碱性条件有利于锌的氧化/还原反应，而 CRR 在酸性/近中性电解液中反应效率更高。因此，设计兼容的新型电解质体系和改性原有电解质，改变锌的溶剂化结构以及锌和水分子之间的相互作用，能够提高锌负极在水溶液中的稳定性、抑制枝晶形成和减少寄生副反应。

大多数可充电 Zn-CO_2 电池基于 CRR 和析氧反应（OER），CRR 更易在酸性/中性溶液中进行，而 OER 适合在碱性环境中进行，平衡正极还原-氧化反应面临重大挑战。基于 CRR 和甲酸氧化反应（FAOR）的可逆 Zn-CO_2 电池，其反应发生在中性或微酸性电解质环境中，此环境易引发电化学腐蚀或其他副反应，大幅缩短电池寿命。

(3) 负极设计

金属锌负极目前面临的主要挑战有局部腐蚀、枝晶形成、HER副反应，以及在高浓度碱性电解液（6mol/L）中锌负极发生钝化，这些问题大大降低了Zn-CO_2电池的可充电性和循环稳定性。在高浓度碱性电解液中，过量的OH^-与锌反应生成$Zn(OH)_4^{2-}$，充电达到饱和时，$Zn(OH)_4^{2-}$在Zn负极脱氢生成$Zn(OH)_2$和ZnO钝化层。生成的钝化层、副产物和HER阻碍离子传递，加剧枝晶生长，导致更严重的Zn腐蚀和更多HER发生。针对这些问题，设计Zn负极的三维多孔纳米结构以及优化构建保护层成为减缓副反应、改善电池性能的有效策略。

(4) 性能提升

高过电位和低电流密度（$\leq 10mA/cm^2$）是限制Zn-CO_2电池功率和能量密度的主要因素，会导致能耗高、电池充放电可逆性差，给实际应用带来极大困难。

参考文献

[1] Hong S, Qvist S, Brook B W. Economic and environmental costs of replacing nuclear fission with solar and wind energy in Sweden [J]. Energy Policy, 2018, 112: 56-66.

[2] Goodenough J B. How we made the Li-ion rechargeable battery [J]. Nature Electronics, 2018, 1 (3): 204.

[3] Bruce P G, Freunberger S A, Hardwick L J, et al. Li-O_2 and Li-S batteries with high energy storage [J]. Nature Materials, 2012, 11 (1): 19-29.

[4] Wang L M, Chen W L, Zhang D D, et al. Surface strategies for catalytic CO_2 reduction: From two-dimensional materials to nanoclusters to single atoms [J]. Chemical Society Reviews, 2019, 48 (21): 5310-5349.

[5] Xie J F, Zhou Z, Wang Y B. Metal-CO_2 batteries at the crossroad to practical energy storage and CO_2 recycle [J]. Advanced Functional Materials, 2020, 30 (9): 1908285.

[6] Flandrois S, Simon B. Carbon materials for lithium-ion rechargeable batteries [J]. Carbon, 1999, 37 (2): 165-180.

[7] Allen C J, Mukerjee S, Plichta E J, et al. Oxygen electrode rechargeability in an ionic liquid for the Li-air battery [J]. The Journal of Physical Chemistry Letters, 2011, 2 (19): 2420-2424.

[8] Ogasawara T, Débart A, Holzapfel M, et al. Rechargeable Li_2O_2 electrode for lithium batteries [J]. Journal of the American Chemical Society, 2006, 128 (4): 1390-1393.

[9] Zhao Z W, Su Y W, Peng Z Q. Probing lithium carbonate formation in trace-O_2-assisted aprotic Li-CO_2 batteries using in situ surface-enhanced Raman spectroscopy [J]. The Journal of Physical Chemistry Letters, 2019, 10 (3): 322-328.

[10] Chen K, Huang G, Ma J L, et al. The stabilization effect of CO_2 in lithium-oxygen/CO_2 bat-

teries [J]. Angewandte Chemie International Edition, 2020, 59 (38): 16661-16667.

[11] Xu S M, Das S K, Archer L A. The Li-CO_2 battery: A novel method for CO_2 capture and utilization [J]. RSC Advances, 2013, 3 (18): 6656-6660.

[12] Xie Z, Zhang X, Zhang Z, et al. Metal-CO_2 batteries on the road: CO_2 from contamination gas to energy source [J]. Advanced Materials, 2017, 29 (15): 1605891.

[13] Das S K, Xu S M, Archer L A. Carbon dioxide assist for non-aqueous sodium-oxygen batteries [J]. Electrochemistry Communications, 2013, 27: 59-62.

[14] Hu X F, Sun J C, Li Z F, et al. Rechargeable room-temperature Na-CO_2 batteries [J]. Angewandte Chemie International Edition, 2016, 55 (22): 6482-6486.

[15] Zhang L Q, Tang Y S, Liu Q N, et al. Probing the charging and discharging behavior of K-CO_2 nanobatteries in an aberration corrected environmental transmission electron microscope [J]. Nano Energy, 2018, 53: 544-549.

[16] Zhang W C, Hu C G, Guo Z P, et al. High-performance K-CO_2 batteries based on metal-free carbon electrocatalysts [J]. Angewandte Chemie International Edition, 2020, 59 (9): 3470-3474.

[17] Li X L, Qi G C, Zhang J X, et al. Artificial solid-electrolyte interphase and bamboo-like N-doped carbon nanotube enabled highly rechargeable K-CO_2 batteries [J]. Advanced Functional Materials, 2022, 32 (2): 2105029.

[18] Chen K, Huang G, Zhang X B. Efforts towards practical and sustainable Li/Na-air batteries [J]. Chinese Journal of Chemistry, 2021, 39 (1): 32-42.

[19] Liu Y L, Wang R, Lyu Y C, et al. Rechargeable Li/CO_2-O_2 (2∶1) battery and Li/CO_2 battery [J]. Energy & Environmental Science, 2014, 7 (2): 677-681.

[20] Zhang Z, Zhang Q, Chen Y N, et al. The first introduction of graphene to rechargeable Li-CO_2 batteries [J]. Angewandte Chemie, 2015, 54 (22): 6550-6553.

[21] Zhang X, Zhang Q, Zhang Z, et al. Rechargeable Li-CO_2 batteries with carbon nanotubes as air cathodes [J]. Chemical Communications, 2015, 51 (78): 14636-14639.

[22] Xu S M, Ren Z C, Liu X, et al. Carbonate decomposition: Low-overpotential Li-CO_2 battery based on interlayer-confined monodisperse catalyst [J]. Energy Storage Materials, 2018, 15: 291-298.

[23] Das S K, Xu S M, Archer L A. Carbon dioxide assist for non-aqueous sodium-oxygen batteries [J]. Electrochemistry Communications, 2013, 27: 59-62.

[24] Xu S M, Lu Y Y, Wang H S, et al. A rechargeable Na-CO_2/O_2 battery enabled by stable nanoparticle hybrid electrolytes [J]. Journal of Materials Chemistry A, 2014, 2 (42): 17723-17729.

[25] Sun J C, Lu Y, Yang H, et al. Rechargeable Na-CO_2 batteries starting from cathode of Na_2CO_3 and carbon nanotubes [J]. Research, 2018, 2018: 6914626.

[26] Ma W Q, Liu X Z, Li C, et al. Rechargeable Al-CO_2 batteries for reversible utilization of CO_2 [J]. Advanced Materials, 2018, 30 (28): 1801152.

[27] Wang X Y, Xie J F, Ghausi M A, et al. Rechargeable Zn-CO_2 electrochemical cells mimicking two-step photosynthesis [J]. Advanced Materials, 2019, 31 (17): 1807807.

[28] Ma J L, Bao D, Shi M M, et al. Reversible nitrogen fixation based on a rechargeable lithium-nitrogen battery for energy storage [J]. Chem, 2017, 2 (4): 525-532.

[29] Zhang Z, Wu S S, Yang C, et al. Li-N_2 batteries: A reversible energy storage system? [J]. Angewandte Chemie International Edition, 2019, 58 (49): 17782-17787.

[30] Ma X Y, Li J, Zhou H J, et al. Continuous ammonia synthesis using Ru nanoparticles based on Li-N_2 battery [J]. Materials Today Energy, 2022, 29: 101113.

[31] Meng F B, Qin J Y, Xiong X Y, et al. Water plays a key role in the nitrogen conversion pathway in lithium-nitrogen batteries [J]. Cell Reports Physical Science, 2023, 4 (3): 101307.

[32] Goledzinowski M, Doré R J, Hill I R. Cyclic voltammetric and Raman spectroscopic studies of the Li/$LiAlCl_4$/SO_2 and Li/$LiGaCl_4$/SO_2 rechargeable systems [J]. Journal of Power Sources, 1995, 54 (2): 356-361.

[33] Xing H B, Liao C, Yang Q W, et al. Ambient lithium-SO_2 batteries with ionic liquids as electrolytes [J]. Angewandte Chemie, 2014, 53 (8): 2099-2103.

[34] Lim H D, Park H, Kim H, et al. A new perspective on Li-SO_2 batteries for rechargeable systems [J]. Angewandte Chemie International Edition, 2015, 54 (33): 9663-9667.

[35] Liang J C, Zhang C, Liu D H, et al. Room-temperature reduction of NO_2 in a Li-NO_2 battery: A proof of concept [J]. Science Bulletin, 2020, 65 (1): 55-61.

[36] Li J X, Wang L, Zhao Y, et al. Li-CO_2 batteries efficiently working at ultra-low temperatures [J]. Advanced Functional Materials, 2020, 30 (27): 2001619.

[37] Baek K, Jeon W C, Woo S, et al. Synergistic effect of quinary molten salts and ruthenium catalyst for high-power-density lithium-carbon dioxide cell [J]. Nature Communications, 2020, 11 (1): 456.

[38] Guan D H, Wang X X, Li F, et al. All-solid-state photo-assisted Li-CO_2 battery working at an ultra-wide operation temperature [J]. ACS Nano, 2022, 16 (8): 12364-12376.

[39] Li J X, Zhang K, Zhao Y, et al. High-efficiency and stable Li-CO_2 battery enabled by carbon nanotube/carbon nitride heterostructured photocathode [J]. Angewandte Chemie International Edition, 2022, 61 (4): e202114612.

[40] Li Z, Li M L, Wang X X, et al. In situ fabricated photo-electro-catalytic hybrid cathode for light-assisted lithium-CO_2 batteries [J]. Journal of Materials Chemistry A, 2020, 8 (29): 14799-14806.

[41] Li J X, Zhang K, Wang B J, et al. Light-assisted metal-air batteries: Progress, challenges, and perspectives [J]. Angewandte Chemie International Edition, 2022, 61 (51): e202213026.

[42] Zhang K, Li J, Zhai W, et al. Boosting cycling stability and rate capability of Li-CO_2 batteries via synergistic photoelectric effect and plasmonic interaction [J]. Angewandte Chemie International Edition, 2022, 61 (17): e202201718.

[43] Qi G C, Zhang J X, Chen L, et al. Binder-free MoN nanofibers catalysts for flexible 2-electron oxalate-based Li-CO_2 batteries with high energy efficiency [J]. Advanced Functional Materials, 2022, 32 (22): 2112501.

[44] Qi G C, Zhang J X, Cheng J L, et al. Freestanding Mo_3N_2 nanotubes for long-term stabilized $2e^-$ intermediate-based high energy efficiency Li-CO_2 batteries [J]. SusMat, 2023, 3 (2):

276-288.

[45] Qi G C, Zhang J X, Cheng J L, et al. Flexible Li-CO_2 batteries with boosted reaction kinetics and cyclelife enabled by heterostructured Mo_3N_2@TiN cathode and interface-protected Li anode [J]. Small, 2024, 20 (17): 2309064.

[46] Li X L, Zhou J W, Zhang J X, et al. Li-CO_2 batteries: Bamboo-like nitrogen-doped carbon nanotube forests as durable metal-free catalysts for self-powered flexible Li-CO_2 batteries (adv. mater. 39/2019) [J]. Advanced Materials, 2019, 31 (39): 1970279.

[47] Chen L, Zhou J W, Wang Y H, et al. Flexible, stretchable, water-/fire-proof fiber-shaped Li-CO_2 batteries with high energy density [J]. Advanced Energy Materials, 2023, 13 (1): 2202933.

[48] Wang F, Li Y, Xia X H, et al. Metal-CO_2 electrochemistry: From CO_2 recycling to energy storage [J]. Advanced Energy Materials, 2021, 11 (25): 2100667.

[49] Ma X Y, Li J, Zhou H J, et al. Continuous ammonia synthesis using Ru nanoparticles based on Li-N_2 battery [J]. Materials Today Energy, 2022, 29: 101113.

第 2 章 金属-二氧化碳电池工作原理

2.1 有机体系金属-二氧化碳电池工作原理

Li-CO_2 电池电化学反应复杂，涉及气体（CO_2）-液体（电解质）-固体（催化剂/产物）多相界面电荷转移过程。对 Li-CO_2 电池反应机制的深入研究，对于揭示电荷转移过程至关重要，是优化电池系统组成与设计的关键，更是发展新一代高性能储能体系的基石。

2.1.1 纯二氧化碳气氛下 Li-CO_2 电池放电机制

自 2013 年问世以来，Li-CO_2 电池在十余年间实现了对其电化学机制研究的重大突破。排除 O_2 干扰后，研究 Li-CO_2 电池的电化学机制变得相对简单。目前，基于 Li 与纯 CO_2 气体的反应主要存在两种反应路径：一是基于 Li_2CO_3 和 C、Li_2O 和 C 的四电子反应路径；二是基于 Li_2CO_3 和 CO、$Li_2C_2O_4$ 的二电子反应路径。本小节总结了已报道的四种主要反应机理（Ⅰ～Ⅳ），其中路径Ⅰ和Ⅱ为四电子反应，路径Ⅲ和Ⅳ为二电子反应。下面将分别就这四种主要的反应机理进行具体阐述。

路径Ⅰ（总反应）

$$4Li^+ + 3CO_2 + 4e^- \longrightarrow 2Li_2CO_3 + C \ (E_0 = 2.80V \text{ vs. } Li/Li^+) \quad (2\text{-}1)$$

该反应的理论放电平台为 2.8V，然而由于极化现象的存在，实际观察中大多数相关报道显示其放电平台约为 2.5V。 Zhou 课题组基于 Au 正极表征放电过程，除发现 2.5V 的放电平台外，还意外发现了一个位于 1.8V 的额外放电平台。经原位拉曼光谱分析后确认此平台对应 Li_2O 的形成。此外，通过运用第一性原理进行计算，推测这一反应遵循的是反应式（2-2）。

路径Ⅱ

$$4Li^+ + CO_2 + 4e^- \longrightarrow C + 2Li_2O\ (E_0 = 1.89V\ vs.\ Li/Li^+) \tag{2-2}$$

在初始低压充电阶段，通过DEMS监测到O_2生成，O_2生成量与电子消耗的定量关系为$O_2/4e^-$，因此放电过程中产物分解路径是按式（2-3）进行的。

$$2Li_2O \longrightarrow 4Li^+ + O_2 + 4e^- \tag{2-3}$$

基于Li_2CO_3和C这两种放电产物的四电子反应相关研究已广受关注。众多研究通过XRD、FTIR、拉曼光谱、DEMS等多种原位和非原位技术手段，证实了结晶Li_2CO_3和无定形C的可逆分解过程，从而维持了碳平衡，然而，关于这一反应的具体机理，学界仍存在较大争议。基于该机理，充电电压通常超过4.0V，而高电压则可能触发多种副反应。因此，开发高效的正极催化剂以降低充电过电位，从而提升Li-CO_2电池的性能，是未来研究的关键方向之一。

理论上，CO_2在Li-CO_2电池体系中能够被还原成不同价态的含碳化合物，如CO或$C_2O_4^{2-}$等。若能有效控制放电产物，避免其在催化剂表面积聚，则可促进正极材料达到最优催化效能。早在1983年，Margrave首次报道了Li和CO_2气体之间存在化学反应，持续研究发现Li能在室温条件下与CO_2反应生成$Li_2C_2O_4$，在更高温度下，$Li_2C_2O_4$进一步分解为Li_2CO_3和CO气体，这一过程遵循反应式（2-4）。

路径Ⅲ

$$2Li^+ + 2CO_2 + 2e^- \longrightarrow CO + Li_2CO_3 \tag{2-4}$$

2013年，Archer团队首次提出了Li-CO_2一次电池的概念，并假设Li和CO_2按照反应式（2-4）主导放电过程。然而，电池电压前期接近热力学平衡电位，但随后超过平衡电位，表明假定的反应机制可能仅部分正确。通过DEMS分析电池内部气相组成，发现CO并非典型反应产物。虽然Archer团队并未真正意义上构筑基于CO主要产物的Li-CO_2电池，但指出了Li-CO_2电池产生CO的可能性。随后，Wang团队利用三维多孔Zn材料，成功开发了首个以CO为主要产物且具备优异电催化活性和选择性的Li-CO_2电池体系，通过对气体和固体放电产物分析，正式验证了以CO为主要产物的反应机理，并证实了从Li-CO_2电池体系中开发碳基增值化学品和燃料的可行性。将发电技术与碳基增值化学品和燃料的生产相结合，不仅有助于全球的碳循环和能源转换/储存，而且为可持续能源解决方案提供了新视角。

在四电子反应路径中，产物均含有无定形C。充电阶段，这些C可能并不会全部参与反应。随着C的不断积累，催化剂的活性位点会逐渐被覆盖，导致催化剂失效，进而影响电池整体性能。Liu等人认为多数研究缺乏C形成的相关证据。此外，反应式（2-5）中CO_2的还原电位远低于常规2.6V的工作电位，且理论计算包含了一些不涉及电子转移的化学反应。基于此，他们认为计算的2.8V还原电位并不准确，并推测此前研究所提出的电池反应存在偏差。他们认为，最先观察到的高工作电压可能是因为 O_2 和 H_2O 参与了电化学反应。通过 X 射线吸收光谱检测发现 Li_2CO_3 是唯一固体放电产物。实际上，CO_2 的还原仅在 1.1V 的低电位和 100mA/g 的电流密度下发生，且放电产物是 CO 而不是 C。因此，在研究 Li-CO_2 电池体系时，需要考虑 O_2 和 H_2O 的影响，它们可能会对电化学反应过程产生干扰。

$$CO_2 + e^- \longrightarrow CO_2^- \ (E_0 = 1.10V \text{ vs. } Li/Li^+) \tag{2-5}$$

总体而言，目前针对基于 Li_2CO_3 和 CO 的二电子反应的相关研究报道较少，虽然 CO 是一种具有可利用价值的可燃气体，但 CO 分离在实际操作中存在较大难度。随着体系内 CO 含量逐渐增加，CO_2 气体的分压必然会相应降低，这一变化会对 Li-CO_2 电池后续的性能产生影响。无论是基于 Li_2CO_3/C 或 Li_2O/C 放电产物的四电子反应，还是基于 Li_2CO_3/CO 的二电子反应，依据当前的研究现状，这些反应产物并非全部参与充电过程。而对于正极催化剂来说，催化活性位点是一个极为关键的参数，它直接影响电池的使用寿命。这些产物的逐渐积累极有可能会覆盖催化剂的活性位点。因此，若能在一定程度上规避这些产物的生成，将有助于提升 Li-CO_2 电池性能。

相较于 O_2/O_2^{2-} 或 O_2/OH^- 转化，Németh 从理论上探讨了如何通过 $CO_2/C_2O_4^{2-}$ 转化，来提高可充电金属-空气电池的安全性和实用性。他指出，$CO_2/C_2O_4^{2-}$ 的可逆电化学转换能够提供高能量密度和相同的工作电压，同时避免了强氧化剂过氧化物的生成。他建议使用热稳定、非氧化且环境友好的草酸盐，以增强系统的安全性。Chen 则基于已报道的 Li-CO_2 电池放电歧化反应，提出了利用 Mo_2C 催化剂的新机理，其放电产物为 Li_2CO_3 和 C。他认为，在放电过程中，CO_2 经历了类似的歧化反应，并伴随 $C_2O_4^{2-}$ 中间体的产生，具体反应过程如式（2-5）～式（2-8）所示。此外，Chen 还构建了 Mo_2C/CNT 催化剂，发现 Li-CO_2 电池充电电位低于 3.5V，推测 Mo_2C 可以稳定 CO_2 的中间还原产物，避免绝缘的 Li_2CO_3 生成。与 Li_2CO_3 相比，非晶态的 $Li_2C_2O_4$-Mo_2C 放电产物可在 3.5V 以下进行充电分解，其反应过程如式（2-9）和式（2-10）所示。

$$C_2O_4^{2-} \longrightarrow CO_2^{2-} + CO_2 \tag{2-6}$$

$$C_2O_4^{2-} + CO_2^{2-} \longrightarrow 2CO_3^{2-} + C \tag{2-7}$$

$$2Li^+ + CO_3^{2-} \longrightarrow Li_2CO_3 \tag{2-8}$$

路径Ⅳ

$$2CO_2 + 2e^- \longrightarrow C_2O_4^{2-} \tag{2-9}$$

$$2Li^+ + C_2O_4^{2-} + Mo_2C \longrightarrow Li_2C_2O_4\text{-}Mo_2C \tag{2-10}$$

总反应

$$2CO_2 + 2e^- + 2Li^+ + Mo_2C \longrightarrow Li_2C_2O_4\text{-}Mo_2C \tag{2-11}$$

周豪慎团队在 50mmol/L 的 $LiClO_4$/DMSO 电解液中（其中 DMSO 为二甲亚

砜），使用 Au 正极以 5μA 电流进行恒电流测试，通过原位 Raman 光谱分析，发现在放电初始阶段存在 $C_2O_4^{2-}$，但随着放电过程的进行，这些物质迅速消失，C 和 CO_3^{2-} 则占据主导地位，从而验证了 $Li_2C_2O_4$ 为中间产物的机理。王斌团队则将超细 Mo_2C 纳米颗粒原位锚定在多孔碳纳米管碳布上，利用碳纳米管基底和 Mo_2C 的协同催化作用，并通过 Mo_2C 的配位电子转移稳定 $Li_2C_2O_4$ 中间产物，实现了低于 3.4V 的低充电电势和高达 80％的能量效率。进一步地，王斌联合郭坤琨团队利用密度泛函理论（DFT），研究了 Mo_2C 正极在 Li-CO_2 电池反应中的催化机制，系统探讨了 $Li_2C_2O_4$ 和 Li_2CO_3 成核过程中不同中间产物的吉布斯自由能变化。研究发现，Mo_2C 的三个晶面均能有效抑制 $Li_2C_2O_4$ 向 Li_2CO_3 的分解，从理论上证明了 $Li_2C_2O_4$ 可以作为最终放电产物被稳定下来。此外，通过 Barder 电荷分析揭示了 $Li_2C_2O_4$ 和 Mo_2C 之间存在电子转移现象。在 Li-CO_2 电池中，针对稳定中间放电产物 $Li_2C_2O_4$ 的正极材料的研究仍在不断深入，除了 Mo_2C 外，目前文献报道的催化剂还包括 CoPc 纳米片、锚定在氮掺杂碳纤维（N-CF）表面的超薄 Ir 纳米片、MoN、复合结构的 MoS_2-NS@MWNT/SWNT（MWNT/SWNT 表示多壁碳纳米管/单壁碳纳米管）、光照条件下的 In_2S_3@CNT/SS（SS 表示柔性基底）、Ir-Te 纳米线、移动催化剂 Ru-(bpy)$_3$$Cl_2$（bpy 表示 2，2′-联吡啶）等。这些催化剂在降低 Li-CO_2 电池过电位方面具有明显优势，表明基于 $Li_2C_2O_4$ 二电子路径的 Li-CO_2 电池具有重要的研究和应用前景。

2.1.2 纯二氧化碳气氛下 Li-CO_2 电池充电机制

Li-CO_2 二次电池通过四电子路径Ⅰ和二电子路径Ⅳ的充-放电过程被广泛认可，其产物可按照反应式（2-12）和式（2-13）进行可逆分解。

$$2Li_2CO_3 + C \longrightarrow 3CO_2 + 4Li^+ + 4e^- \tag{2-12}$$

$$Li_2C_2O_4 \longrightarrow 2CO_2 + 2e^- + 2Li^+ \tag{2-13}$$

但是 Li_2CO_3 在充电阶段的电化学分解机理尚未明晰，并引起了广泛的学术讨论，周豪慎团队专注于探索 Li_2CO_3 在非质子电解液中的电化学分解反应机制。他们利用原位气相色谱-质谱法和同位素示踪技术，对预充 Li_2CO_3 电极在充电过程中生成的气体成分进行了详尽的分析。研究证实 Li_2CO_3 分解产生了 CO_2、O_2^- 和溶解态的 O_2。值得注意的是，在整个过程中并未检测到 O_2 的逸出，这可能是因为生成的 O_2、O_2^- 与电解液发生了次级反应而被消耗掉。质谱和 FTIR 分析发现电解液在充电过程中由于 Li_2CO_3 分解产生的 O_2^- 而发生降解，基于这些实验结果，推测 Li_2CO_3 的可能分解途径如式（2-14）所示。

$$2Li_2CO_3 \longrightarrow 4Li^+ + 2CO_2 + O_2^- + 3e^- \text{（低电流密度）} \tag{2-14}$$

接着，团队利用 DEMS 技术探讨了不同充电电流密度下气体产生的效率。在较低的电流密度（500mA/g）下，仅观察到 CO_2 的生成而没有检测到 O_2 的存在，其 CO_2 生成原子数量与电子转移数量的比值接近 $2CO_2/3e^-$，这说明在此充电过程中 C 并未参与分解反应，只发生了 Li_2CO_3 的独立分解，反应过程符合方程式（2-14）。然而，当电流密度提高至 2000mA/g 时，在充电初始阶段同时发现了 CO_2 和 O_2 的产生，其生成原子数量与电子转移数量的比值分别为 $CO_2/2e^-$ 和 $O_2/4e^-$，表明在该条件下 Li_2CO_3 遵循方程式（2-15）进行分解。

$$2Li_2CO_3 \longrightarrow 4Li^+ + 2CO_2 + O_2 + 4e^-\text{（高电流密度）} \tag{2-15}$$

对于Ⅰ～Ⅳ四种反应机理，理论放电电压（E）和理论能量密度（EE）的计算方法如下所示：

$$E = \frac{|\Delta_r G_s|}{nF} \tag{2-16}$$

$$EE = \frac{5|\Delta_r G_s|}{18\sum M} \tag{2-17}$$

式中　$\Delta_r G_s$——标准反应吉布斯自由能；

n——电子转移数；

F——法拉第常数，F=96485C/mol；

$\sum M$——反应物的摩尔质量之和。

经过对四种不同机理的理论分析，得出了它们各自的放电电压和能量密度，详见图 2-1。尽管机理Ⅱ在理论上拥有最高的能量密度，但其放电电压低于 2.0V，若环境中存在水蒸气，Li_2O 会进一步转化为 Li_2CO_3，不利于电池的长期循环性能，因此其研究价值相对较低。机理Ⅲ虽然放电电压约 2.5V，但理论能量密度低，且产生的 CO 气体可能干扰 CO_2 分压，进而影响电池性能。当前广泛认可的是机理Ⅰ和Ⅳ，其中机理Ⅳ的理论放电电压约为 3.0V，略高于机理Ⅰ的 2.8V，理论能量密度达到 1583Wh/kg，接近机理Ⅰ（1876Wh/kg）的 84%。然而，机理Ⅰ在放电过程中会产生 Li_2CO_3 和 C，C 积累会覆盖部分正极催化剂活性位点，影响电池后期性能。Li_2CO_3 在充电过程中按式（2-14）或式（2-15）分解，理论分解电压为 3.8V，考虑到电池极化，实际充电电压往往高于 4.0V，极化现象可能会随着电池的使用而加剧，过高的充电电压会导致电解液分解，降低电池的使用寿命。相比之下，机理Ⅳ放电产物仅为 $Li_2C_2O_4$，该物质在充电过程中易被可逆分解，避免了放电产物积累的问题，且其理论分解电压也仅为 3.0V，因此在降低电池充电电压和提高能量效率方面具有显著优势。

基于目前提出的反应机理，可将 Li-CO_2 电池分为完全可逆电池、可充电电池和其他电池三类。电池容量和充-放电电压参照图 2-2。

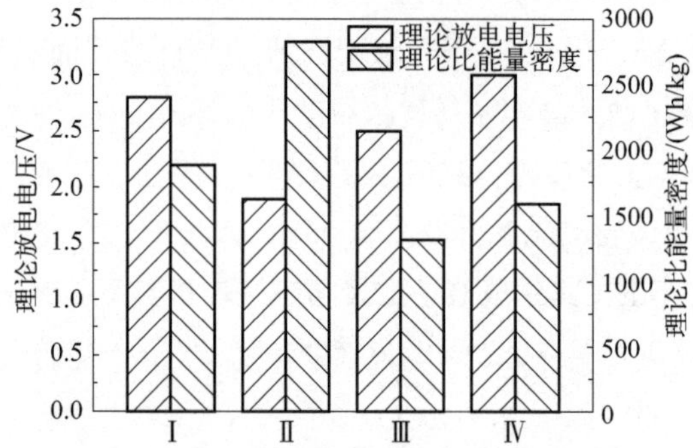

图 2-1 Li-CO_2 电池不同反应机理下参数比较

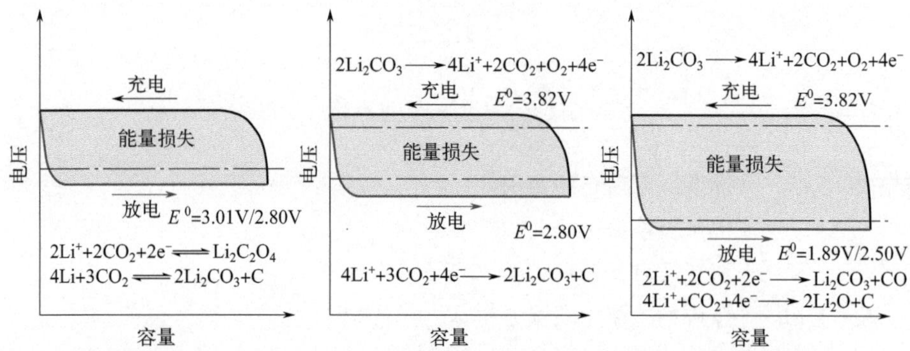

(a) 可逆电池 (b) 可充电电池 (c) 其他电池

图 2-2 Li-CO_2 电池反应机理

2.1.3 氧气参与的 Li-CO_2 电池充放电机制

2011 年 Takechi 利用 CO_2/O_2 混合气作为工作气体，碳酸亚乙酯/碳酸二乙酯为电解质溶剂，首次构筑 Li-CO_2/O_2 电池，这一研究早于传统 Li-CO_2 电池的构筑，并提出 O_2 以超氧基团（O_2^-）形式与 CO_2 反应生成 Li_2CO_3 的机制，该反应过程并非直接通过 Li_2O_2 与 CO_2 作用。当选用稳定性更高的乙二醇二甲醚（DME）作为电解质溶剂时，在 Li-CO_2/O_2 电池体系中观察到 Li_2O_2 的形成。基于这一现象，推测 Li_2CO_3 是由 Li_2O_2 与 CO_2 反应而得。尽管目前尚未有直接证据，但该现象至少说明，电解液对 Li-CO_2/O_2 电池的反应路径存在影响。

Kim 通过量子力学模拟和实验验证，针对电池基于不同电解质的反应机理展开研究，发现电解质溶剂化作用（介电强度）可以改善放电路径。具体而言，在电池反应过程中，O_2 首先还原为 $O_2^{\cdot-}$，如式（2-18）所示。在低介电强度的电解质（如 DME）中，$O_2^{\cdot-}$ 会先与 Li^+ 发生反应，优先生成 Li_2O_2，随后 Li_2O_2 再与 CO_2 发生化学反应，最终形成 Li_2CO_3，其反应过程见式（2-19）至式（2-21）；而在高介电强度的电解质（如 DMSO）中，$O_2^{\cdot -}$ 则优先与 CO_2 反应生成 $CO_4^{\cdot -}$，并最终形成 Li_2CO_3，相关反应见式（2-22）至式（2-25），反应过程如图 2-3。

$$4O_2 + 4e^- \longrightarrow 4O_2^{\cdot -} \tag{2-18}$$

表面化学反应途径

$$O_2^{\cdot -} + 2Li^+ + e^- \longrightarrow Li_2O_2 \tag{2-19}$$

$$2Li_2O_2 + 2CO_2 \longrightarrow 2Li_2CO_3 + O_2 \tag{2-20}$$

总反应：

$$4Li^+ + 2CO_2 + O_2 + 4e^- \longrightarrow 2Li_2CO_3 (E^{\ominus} = 3.82V) \tag{2-21}$$

电化学反应途径

$$O_2^{\cdot -} + CO_2 \longrightarrow CO_4^{\cdot -} \tag{2-22}$$

$$CO_4^{\cdot -} + CO_2 \longrightarrow C_2O_6^{\cdot -} \tag{2-23}$$

$$C_2O_6^{\cdot -} + O_2^{\cdot -} \longrightarrow C_2O_6^{2-} + O_2 \tag{2-24}$$

$$C_2O_6^{2-} + 2O_2^{\cdot -} + 4Li^+ \longrightarrow 2Li_2CO_3 + 2O_2 \tag{2-25}$$

2017 年，Grimaud 在介电强度相近但供体数不同的 DMSO 和乙腈（CH_3CN）溶剂中，观察到了类似现象，基于此，Grimaud 提出溶剂的供体数（DN）会影响电池的放电路径，从而否定了上述介电强度对放电路径影响的观点。供体数是评价溶剂路易斯碱度的一项指标，较高的供体数意味着溶剂更倾向于与阳离子发生配位作用，并促进盐中的离子对解离。经原位表面增强拉曼光谱法（SERS）分析表明，在低供体溶剂中，$O_2^{\cdot -}$ 会与 Li^+ 反应，首先形成 Li_2O_2。由于 Li_2O_2 热力学稳定性差，会通过“表面化学”途径与 CO_2 反应，进而形成热力学稳定性良好的 Li_2CO_3，具体反应过程见式（2-19）至式（2-21）。在此过程中，低供体溶剂中的 LiO_2 是关键中间体，如图 2-3 所示；而在高供体溶剂中，$O_2^{\cdot -}$ 则与 CO_2 反应生成 $CO_4^{\cdot -}$ 和 $C_2O_6^{2-}$，随后通过“电化学反应”途径形成 Li_2CO_3，相关反应见式（2-22）至式（2-25）。此外，少量 O_2 在高供体溶剂中发挥“助催化剂”作用，能够活化 CO_2 并提高电池的放电容量。这一观点逐渐获得了众多学者的接受与认可。

为了探索新反应路线，避免 Li_2CO_3 生成，研究选用离子液体 1-丁基-1-甲基吡咯双三氟甲磺酰亚胺盐（$Pyr_{14}TFSI$）作为电解质。在此体系中，离子液体优先对 Li^+ 进行溶剂化，通过歧化作用减缓 Li^+ 与亚稳态中间体直接反应，借助原位同步辐射环境压力 X 射线光电子能谱（APXPS）在 CO_2/O_2（体积比，余同）混合气体［压力 $p(CO_2 : O_2 = 2:1) = 5mbar$，$1bar = 10^5Pa$］环境下进行研究，如图 2-4 所示，发现 O_2 首先被还原为 $O_2^{\cdot -}$［反应式（2-18）］，随后 $O_2^{\cdot -}$ 以极快的速度［10^5（s·L）/mol］捕获 CO_2［反应式（2-22）］，这一过程显著

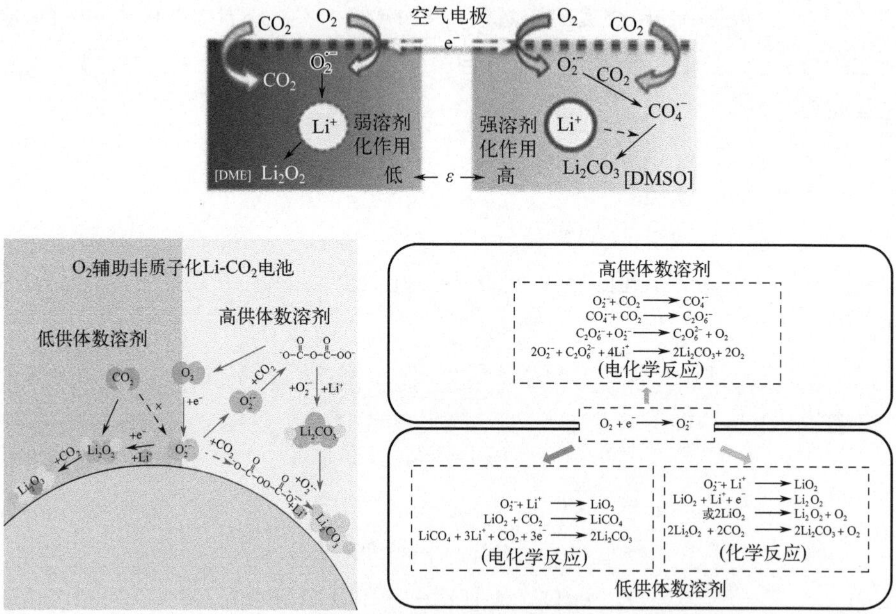

图 2-3　基于 DME 和 DMSO 电解质，不同供体数溶剂 Li-CO_2/O_2 电池反应路径（ε 表示溶剂化能）

加快了 CO_2 电荷转移动力学。此外，Li^+的强溶剂化作用不仅抑制了 Li^+ 和 CO_2 反应，还促进了 CO_2 捕获。电池从 2.8V 放电到 1.3V，产物中出现了非晶碳，以及 Li_2O_2 和 Li_2O。相较于常规气氛下的 CO_2/O_2（1∶100），在高含量的 CO_2/O_2（2∶1）环境中，CO_2 对 $O_2^{\cdot-}$ 的捕获速率显著提高，有效避免 $O_2^{\cdot-}$ 直接与 Li^+结合形成 Li_2O_2［反应式（2-19）］，进而避免 Li_2O_2 继续反应生成 Li_2O［反应式（2-26）］。基于此，研究还提出了 O_2 辅助 CRR 的路径，见反应式（2-27）。

$$Li_2O_2+2e^-+2Li^+ \longrightarrow 2Li_2O \qquad (2\text{-}26)$$

总反应:

$$O_2+CO_2+6Li^++6e^- \longrightarrow C+2Li_2O+Li_2O_2 \qquad (2\text{-}27)$$

$$(\Delta G^{\ominus}=1299.2\text{kJ/mol},\ E^{\ominus}=2.17\text{V})$$

在该反应体系中，大部分 CO_2 发生电化学还原反应生成无定形碳，而非传统的碳酸盐或羧酸盐。当电池从 4.4V 充电到 4.9V 时，Li_2O_2、Li_2O 和非晶碳会同步分解。充电结束后，可逆容量占比达 90%，这表明大部分产物能够被分解，体系具有较高的可逆性。在此过程中，并未检测到高活性的超氧自由基（$O_2^{\cdot-}$）和单重态氧（$^1O_2$），从而避免了它们对电解质或电极的攻击，使得整个体系相对稳定。

值得注意的是，APXPS 实验所采用的工作气体压力与常规 Li-CO_2 电池不

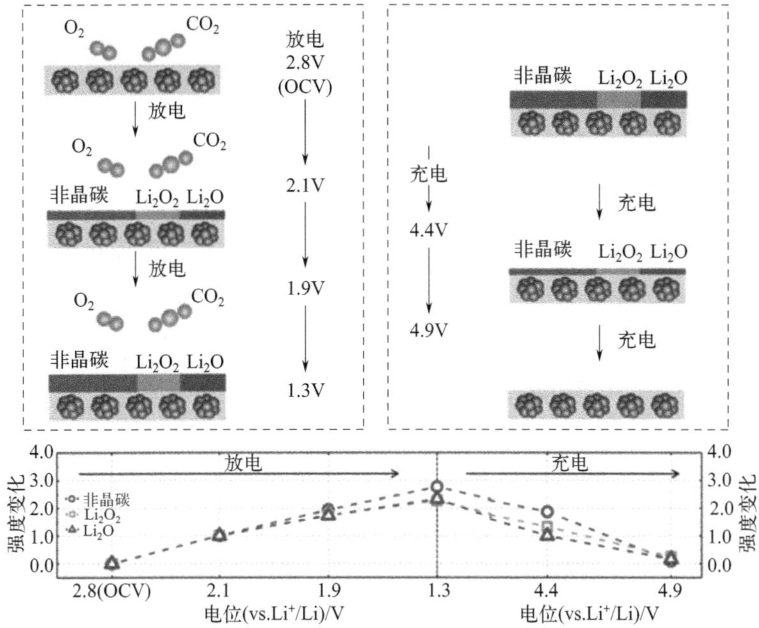

图 2-4　Li-CO_2/O_2 电池在 $p(CO_2:O_2=2:1)$=5mbar 条件下的 APXPS 数据（OCV 表示开路电压）

同，这可能会致使放电产物出现偏差。为进一步探究 Li-CO_2 电池的实际运行状况，研究在压力 $p(CO_2:O_2=2:1)$=1bar 的条件下进行分析，同样检测到了 Li_2O_2/Li_2O。然而，当电池放电至 2.67V 时，仍不可避免地生成 Li_2CO_3。Li_2CO_3 较高的分解电位易引发电解质分解以及电极副反应，进而导致 Li-CO_2 电池循环寿命差。

2.1.4　水参与的 Li-CO_2 电池充放电机制

在水溶液环境下，CO_2 会发生电化学还原反应。在此过程中，H_2O 作为质子供体，在 CRR 过程中发挥着至关重要的作用，它能够辅助 CO_2 还原为具有较高附加值的化学品和燃料，如 CH_3OH 和 CH_4。为了深入揭示 H_2O 在 CRR 中的具体作用，研究人员采用原位 APXPS 技术，将 H_2O 按照一定比例引入 CO_2 体系中［p（$CO_2:H_2O=2:1$）=5mbar］，具体情况如图 2-5。当电池从初始的 2.7V 放电至 1.7V 时，观察到类石墨无定形碳的生成。而当电池进一步放电至 1.2V 时，石墨无定形碳的量显著增加。并且，伴随着无定形碳的不断生长，后续有 LiOH 大量积累。

$$CO_2+2H_2O+4Li^++4e^- \longrightarrow C+4LiOH\ (\Delta G^{\ominus}=-904.3kJ/mol,\ E^{\ominus}=2.26V) \tag{2-28}$$

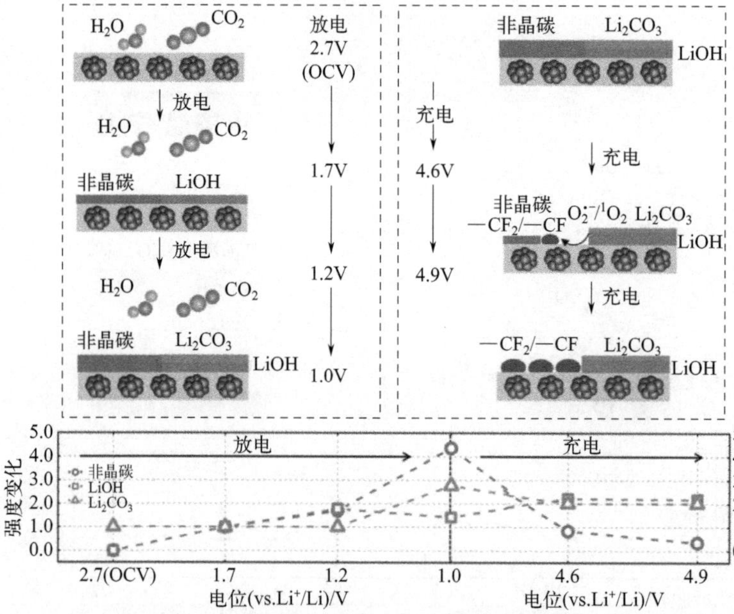

图 2-5 Li-CO_2 电池在 $p(CO_2:H_2O=2:1)=5$mbar 条件下的 APXPS 数据（OCV 表示开路电压）

当电池继续放电到 1.0V 时，无定形碳的量相较于之前增加了 260%，然而 LiOH 的量却出现减少，同时 Li_2CO_3 的量显著增多。无定形碳和 LiOH 呈现出的非对称生长态势，以及 Li_2CO_3 量的增加，表明 CO_2 和 LiOH 之间发生了化学反应，具体反应如式（2-29）。

$$CO_2+2LiOH \longrightarrow Li_2CO_3+H_2O \tag{2-29}$$

除式（2-28）反应外，析氢反应［如反应过程式（2-30）］也可能生成 OH^-。

$$2H_2O+2e^- \longrightarrow H_2+2OH^- \quad (E^{\ominus}=2.627V,\ pH=7) \tag{2-30}$$

当电池充电至 4.6V 时，无定形碳和 Li_2CO_3 的含量显著下降，由于 LiOH 比 Li_2CO_3 更难分解，此时 LiOH 的含量相对增加。当继续充电至 4.9V 后，随着无定形碳和碳酸盐发生氧化分解，出现了—CF_2—和—CF—的新峰，同时—SO_2—峰降低，这说明电解液中的［TFSI］$^-$ 发生了分解，［TFSI］$^-$ 的分解并非仅仅归因于高氧化电位，还有可能是碳酸盐依据式（2-14）、式（2-15）分解生成的 $O_2^{\cdot-}/^1O_2$，对［TFSI］$^-$ 进行了亲核攻击。即便充电电位高达 4.9V，电极表面依然存在残留的 Li_2CO_3 以及大量的 LiOH，这致使电池的充放电可逆性较差。

在非质子电解质体系下，H_2O 对 Li-CO_2 电池的 CRR 具有促进作用，该作用是通过 LiOH/Li_2CO_3 途径实现的，同时 H_2O 对电池容量也有所贡献。研究表明，当 H_2O 含量从 10μL/L 提升到 400μL/L 时，可为 Li-CO_2 电池贡献约 800mAh/g 的比容量，然而，这一变化却导致电池的充放电可逆性变差。此外，Kourosh Kalantar-Zadeh 团队研发出一种含铈液态金属催化剂，在由 2mol/L H_2O/二甲基甲酰胺（DMF）组成的电解质中，该催化剂能够在室温下将气态 CO_2 直接转化为含碳固体。这一成果为 H_2O 参与 CRR 并形成无定形碳产物提供了有力证据。

2.1.5　金属-二氧化碳电池性能研究及影响因素

图 2-6 显示碱金属-二氧化碳电池（以 Li-CO_2 电池为例）的理论能量密度可达传统锂离子电池的 5 倍以上，其实测比容量更是高达 9292.3mAh/g。在电池运行过程中，其放电产物与所涉及的电化学过程会受到诸多因素的影响，主要涵盖工作气体成分、温度、电流密度、放电深度、场致 Li^+ 浓度、外场环境等。

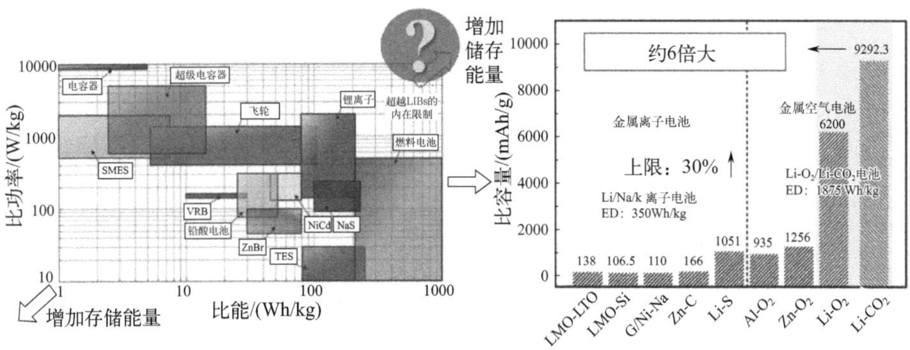

图 2-6　各类电池能量密度、比容量及功率特性比较

ED—电池能量密度；SMES—超导磁储能；VRB—全钒液流电池；

TES—热能储存；LIBs—锂离子电池

(1) 工作气体成分

当工作气体为纯净的 CO_2 时，电池发生的电化学反应遵循特定的热力学与动力学机制。然而，一旦混入 O_2 和 H_2O（以湿度表征其含量），体系中的氧化还原反应路径将发生显著改变。O_2 作为强氧化性物质，能够参与正极反应，促进放电产物的多样化；H_2O 则通过影响 CO_2 在电极/电解质界面的溶解、扩散过程，改变 CO_2 的有效反应浓度，进而影响电池的放电容量与产物分布。此外，在模拟火星大气组分（体积分数之比为 CO_2 ：N_2 ：Ar ：O_2 ：CO＝95.32%：2.7%：1.6%：0.13%：0.08%）的工况下，由于 N_2 和 Ar 的存在改变了 CO_2 的分压，进而影响 CO_2 在电极表面的吸附行为与反应活性。同时，体系中痕量的 O_2 和 CO 将参与复杂的电化学反应，干扰电池的固有放电进程，显著增加电池放电产物的复杂性，并对电池的容量产生明显的影响。

(2) 温度

与低温电池相比，室温下以活性炭为正极的 Li-CO_2 电池表现出更高的放电容量，约为低温电池放电容量的 3200 倍。电池的运行温度直接影响放电产物的成核-生长机制，升高温度能够提高放电电位和放电容量。具体而言，温度升高有助于加速电化学反应过程，促进反应物的有效利用，从而提高电池的整体性能。

(3) 电流密度

放电-充电速率直接影响放电产物的成核-生长-分解机制，进而影响产物的形貌及结晶度，这些因素与放电电位和容量密切相关。通常情况下，增加电流密度会导致电池的放电电位和放电容量下降。较高的电流密度加速了反应过程，可能导致电池内部的离子和电子传输不完全，使得能量效率下降、放电性能不佳。

(4) 放电深度

放电深度是决定 Li-CO_2 电池反应途径和放电产物种类的关键因素。在四电子路径放电的初期，产物主要为碳酸锂，随着放电深入，尤其是在放电平台降至 1.8V 时，其他产物（如 Li_2O）逐渐形成。这表明，放电深度不仅影响产物的种类，还与电池的能量输出和循环稳定性密切相关。

(5) 场致 Li^+ 浓度

传统上认为，CO_2 在正极的吸附/脱附及氧化还原反应受到缓慢动力学、高扩散势垒和高电荷电位的限制，成为制约 Li-CO_2 电池性能的主要因素。然而，近年来的研究发现 Li^+ 浓度的影响不容忽视。在饱和 CO_2 环境中，引入 Cu 锥尖后，局部电场效应促使 Li^+ 在锥尖附近聚集，这一现象与 COMSOL 模拟结果相一致（见图 2-7）。这种 Li^+ 浓度极化效应加速了 CO_2 向催化尖端的迁移，极大地促进了反应动力学进程，显著提升了电催化性能，降低了电池的过电位，从而改善了电池的整体性能。

(6) 外场环境

外场辅助是改善 Li-CO_2 电池反应动力学的常用策略之一。以光照辅助为例，光照下可以产生光生电子-空穴对，这些光生载流子作为媒介能够加速反应物的传质过程。在放电过程中，光生电子具有较强的还原性，能够迅速转移到电极表面，将 CO_2 还原为 $C_2O_4^{2-}$，并进一步反应生成 $Li_2C_2O_4$。与此同时，光生空穴因为高速的界面传输会迅速与外电路中的电子中和。在充电过程中，空穴会将产物氧化为 CO_2 和 Li^+，而光生电子则通过外电路将负极的 Li^+ 还原为 Li。等离子体效应也常与光电效应协同，形成双场辅助。通过在 Ag/Au 纳米粒子周围诱导增强电场，能够促进光生载流子的有效分离与转移，推动热力学上有利的反应途径，这为实现高性能 Li-CO_2 电池提供了一种新思路。

此外，电池正极催化剂、负极材料及电解质的选择对金属-二氧化碳电池的性能具有重要影响。我们将在后续的第 3 章、第 4 章和第 5 章中对这些因素进行详细分析。

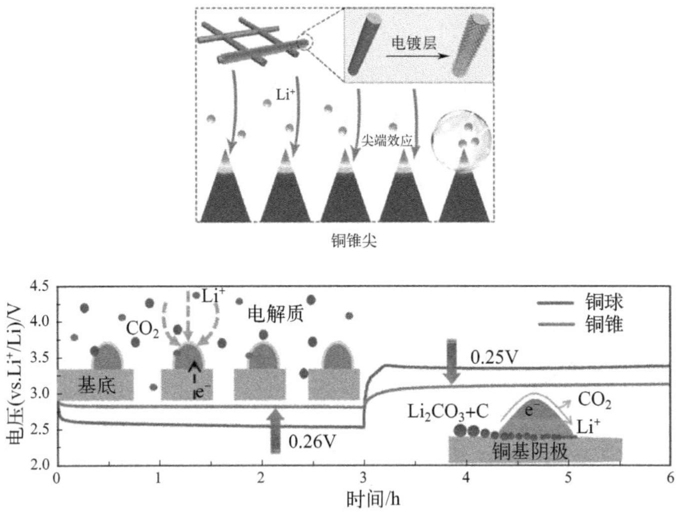

图 2-7　场致 Li^+ 浓度对 Li-CO_2 电池性能影响

2.2 水系金属-二氧化碳电池工作原理

M-CO_2 电池具有较高的比容量和能量密度。例如，锂-二氧化碳电池（Li-CO_2）的能量密度高达 1876Wh/kg，而锂离子电池（Li-ion）的能量密度仅为 387Wh/kg。然而，Li、Na 等碱金属电池使用的有机电解液具有毒性，且二氧化碳还原反应（CRR）中生成的固体产物具有较差的导电性，易于堆积且难以分解，导致电化学过程动力学较慢。因此，这些电池在实际应用中面临诸多技术挑战。

相比之下，锌（Zn）具有丰富的储量和低廉的价格，Zn-CO_2 电池在理论容量、安全性方面具有明显优势。Zn-CO_2 电池的放电产物包括一氧化碳（CO）、甲酸（HCOOH）及其他碳氢化合物，这些产物均为重要的燃料和化学品。因此，水系 Zn-CO_2 电池被视为碱金属电池的理想替代品，具有广阔的应用前景。

Zn-CO_2 电池中，Zn/Zn^{2+} 电极电势较低（−0.763V vs. RHE），理论比容量为 820mAh/g（5855mAh/cm^3）。该体系为 CO_2 电催化转化提供了理想的电解

质-水环境，通过质子耦合和电子转移机制将 CO_2 还原为气态或液态产物，且产物不会覆盖催化位点，从而避免催化剂失活。然而，在 CRR 过程中，电池表现出过电位较高、催化选择性差、电流密度小等问题，导致电池性能存在循环稳定性差和比容量较低等缺陷。

探究机理发现，电池性能的优劣关键取决于催化剂表面对反应物、中间体和产物的吸附能力，而吸附能力与催化剂的设计密切相关。因此，发展双功能催化剂以同时促进二氧化碳还原反应（CRR）、析氧反应（OER）和甲酸氧化反应（FAOR），成为提升水系 Zn-CO_2 电池性能的关键。通过优化催化剂的设计和增强其催化活性，可以有效改善电池的效率和稳定性。

2.2.1 电极反应机制

Zn-CO_2 电池的反应过程包括发生在负极的 Zn/Zn^{2+} 氧化还原反应，以及正极的 CO_2 还原反应，并通过电化学氧化耦合实现。以下反应机制详细描述了电池内部各部分的相互作用和转化过程。

（1）负极反应机制

对于 Zn-CO_2 电池系统，其负极反应机制主要基于 Zn/Zn^{2+} 氧化还原过程，而 Zn^{2+} 的存在状态受电解质 pH 值的影响。在接近中性的电解质环境中，Zn^{2+} 充当主要的电荷载体。然而，当电解质转变为碱性条件时，Zn^{2+} 最初以 $Zn(OH)_4^{2-}$ 的形式出现，并随后经历进一步的脱水反应转化为 ZnO。这一转化过程揭示了 Zn^{2+} 在不同电解质环境中的复杂行为，对于理解和优化 Zn-CO_2 电池的性能至关重要。

在中性电解质中：

$$Zn \rightleftharpoons Zn^{2+} + 2e^- \quad (E^{\ominus} = -0.76V \text{ vs. } Zn/Zn^{2+}) \tag{2-31}$$

在碱性电解质中：

$$Zn + 4OH^- - 2e^- \rightleftharpoons Zn(OH)_4^{2-} \quad (E^{\ominus} = -0.76V \text{ vs. } Zn/Zn^{2+}) \tag{2-32}$$

$$Zn(OH)_4^{2-} \rightleftharpoons ZnO + 2OH^- + H_2O \quad (E^{\ominus} = -0.76V \text{ vs. } Zn/Zn^{2+}) \tag{2-33}$$

（2）正极反应机制

1） CRR 机制

自 20 世纪 80 年代，Hori 开创 CRR 领域以来，相关研究持续不断。CO_2 分子中的 C═O 化学键稳定性较高，其解离能高达 806kJ/mol，很难直接转化成目标燃料或化学品。CRR 是一个复杂的过程，涵盖 CO_2 分子的吸附、质子转移以及多电子传输等步骤。根据电子传输数量和还原路径的不同，产物可能包括 CO、甲酸/甲酸盐（二电子产物）、甲醛（四电子产物）、甲醇（六电子产物）、甲烷（八电子产物）、乙烯和乙酸/醋酸盐（十二电子产物）等。催化剂的结构与性质会显著影响反应途径及其最终产物的种类。

在早期的 CRR 研究中，关于高选择性和高法拉第效率（FE＞90%）的催化剂的报道主要集中在贵金属上，如金、银和钯。这些研究的产物主要是 HCOOH 和 CO，均为二电子产物。随着研究深入，发现掺铜可促进 *CO 中间体的吸附，并进一步催化生成 CH_3OH 和 CH_4，分别对应六电子和八电子的产物。然而，这些产物已超出了 Zn-CO_2 电池研究范畴。

近年来的研究表明，HCOOH/甲酸盐和 CO 是 Zn-CO_2 电池中两步质子耦合-电子转移过程的主要产物。这两种产物的形成差异源于催化位点上的不同吸附模型：前者倾向于 O 端吸附（*OCHO），而后者倾向于 C 端吸附（*COOH）。如图 2-8 所示，若要构建可逆的 Zn-CO_2 电池，需要抑制 CO 的形成，以实现 CO_2 与 HCOOH 之间的闭环可逆反应。在合理设计 Zn-CO_2 电池时，需充分考虑 CRR 的反应机制，从而确定主要反应产物。这一过程中，中间体与催化剂之间的相互作用是调控的关键。不同的产物类型也会影响电池的类型，即可逆电池或二次电池。因此，深入研究 CRR 机制显得尤为重要。

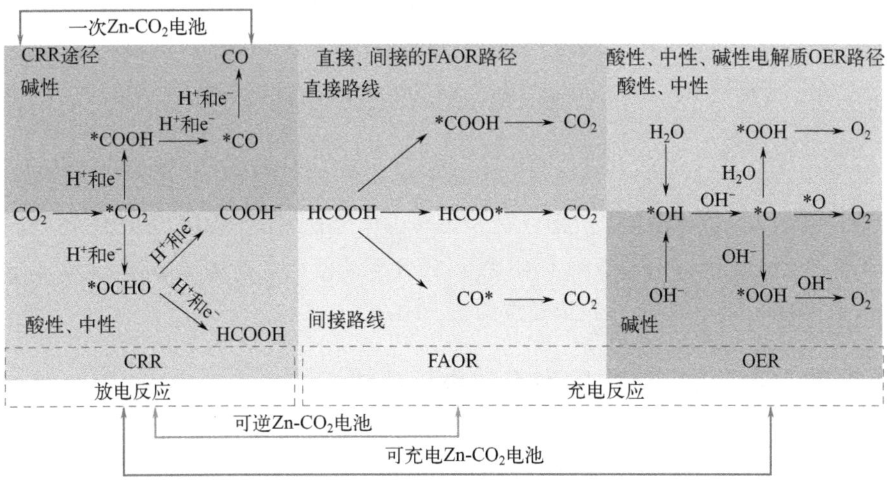

图 2-8　Zn-CO_2 电池正极反应机理（蓝色中间体的生成是反应决速步骤）

2）OER 机制

与 CRR 相比，OER 反应路径对电解液 pH 值的依赖性更为显著。本质上，氧气的生成源自酸性电解质中的水分子或碱性溶液中的羟基离子。鉴于产物之间的竞争关系，催化剂活性位点需有效抑制析氢反应（HER）。典型的 OER 反应机制如图 2-8 所示。

电解液的 pH 值对 *OH 第一步反应具有显著影响。随着质子耦合电子转移过程的推进，*O 中间体逐渐形成。两个 *O 可以直接结合产生 O_2，或者 *O 与

溶液中的 $^{*}OOH$ 中间体结合生成 O_2。在此过程中，若发生 $4e^-$ 转移，HER 竞争反应将产生羟基自由基（$^{*}OH$）和 H_2O_2 等副产物。

为调控水系 Zn-CO_2 二次电池中的反应产物选择性及过电位，需考虑多步反应的双重势垒，并耦合特定的 CRR 与 OER 反应路径。

3）FAOR 机制

FAOR 仅在还原产物为 HCOOH 的情况下发生。相对于产物为 CO 的 Zn-CO_2 电池，HCOOH 不会以气态形式逸出系统，因此在实际应用中无须不断补充 CO_2，从而展现出更广阔的应用前景。通常情况下， FAOR 可通过直接和间接两种途径进行。

直接途径：

$$HCOOH \rightleftharpoons CO_2 + 2H^+ + 2e^- \tag{2-34}$$

间接途径：

$$HCOOH \rightleftharpoons CO_{ads} + H_2O \longrightarrow CO_2 + 2H^+ + 2e^- \tag{2-35}$$

直接反应途径涉及甲酸脱氢反应，在脱氢过程中，C—H 键与 O—H 键发生断裂，进而将甲酸迅速且高效地转化为 CO_2，此过程在较低电位下更为有效。相比之下，间接途径则首先经历脱水反应，其中 C—O 键和 C—H 键断裂，生成吸附态的 CO_{ads}。随后，CO_{ads} 在较高电位下被氧化为 CO_2。然而，间接途径产生的 CO_{ads} 会占据促进 FAOR 的活性位点，从而降低催化剂的活性，发生所谓的“催化剂中毒”现象。

鉴于当前 CRR 过程产物选择性限制（多数情况下，Zn-CO_2 电池系统中 CO_2 还原产物为 CO 或甲酸盐），具有高 FAOR 催化活性的催化剂在 Zn-CO_2 电池领域鲜有报道。因此，开发兼具 CRR 和 FAOR 双功能活性的催化剂对于推动可逆 Zn-CO_2 电池的实际应用具有重要意义。

2.2.2 水系 Zn-CO_2 电池充放电反应机理

Zn-CO_2 二次电池的工作机制按产物（CO-$2e^-$、HCOOH-$2e^-$）以及电池反应是否完全可逆进行分类。在本书中，我们将二次 Zn-CO_2 电池简称为 Zn-CO_2 电池，可逆 Zn-CO_2 电池标记为可逆电池。

以 CO 为产物的 Zn-CO_2 电池通常在碱性电解液中完成充放电循环。在这一过程中，正极发生 CRR 和 OER，而在负极，反应则是完全可逆的。

(1) CO（碱性电解液）：二次电池

正极（0.5mol/L $KHCO_3$，饱和 CO_2，pH=7.2）：

放电过程（CRR）：

$$CO_2 + 2H^+ + 2e^- \longrightarrow CO + H_2O, \ E_{c1} = -0.531V \tag{2-36}$$

充电过程（OER）：

$$H_2O \longrightarrow \frac{1}{2}O_2 + 2H^+ + 2e^-，E_{c2} = 0.803V \quad (2\text{-}37)$$

负极［6.0mol/L KOH 和 0.02mol/L $Zn(CH_3COO)_2$］：

放电过程反应可逆：

$$Zn - 2e^- \rightleftharpoons Zn^{2+} \quad (2\text{-}38)$$

$$Zn^{2+} + 4OH^- \rightleftharpoons Zn(OH)_4^{2-}，E_a = -1.286V \quad (2\text{-}39)$$

充电过程反应可逆：

$$Zn(OH)_4^{2-} \rightleftharpoons Zn + 4OH^- - 2e^-，E_a = -1.286V \quad (2\text{-}40)$$

当 $Zn(OH)_4^{2-}$ 过饱和时会继续反应生成 ZnO，同理其溶解量过低时会发生逆反应：

充电过程反应可逆：

$$Zn(OH)_4^{2-} \rightleftharpoons ZnO + H_2O + 2OH^- \quad (2\text{-}41)$$

总放电反应：

$$Zn + CO_2 + 2H^+ + 4OH^- \longrightarrow Zn(OH)_4^{2-} + CO + H_2O，E_{theo} = E_{c1} - E_a = 0.755V \quad (2\text{-}42)$$

总充电反应：

$$Zn(OH)_4^{2-} + H_2O \longrightarrow Zn + \frac{1}{2}O_2 + 2H^+ + 4OH^-，E_{char} = 2.147V \quad (2\text{-}43)$$

（2）HCOOH：可逆电池

正极（1mol/L NaCl，0.1mol/L HCOONa，饱和 CO_2）：

$$CO_2 + 2H^+ + 2e^- \rightleftharpoons HCOOH，E_c = -0.294V \quad (2\text{-}44)$$

负极［1.0mol/L KOH 和 0.02mol/L $Zn(CH_3COO)_2$］：

$$Zn + 2OH^- \rightleftharpoons ZnO + H_2O，E_a = -1.249V \quad (2\text{-}45)$$

总反应：

$$Zn + CO_2 + 2OH^- + 2H^+ \rightleftharpoons ZnO + HCOOH + H_2O，E_{theo} = E_c - E_a = 0.955V \quad (2\text{-}46)$$

在酸性溶液环境下，正极材料的化学稳定性较低，导致其无法长期有效运作。因此，当将电解液转换为同类型的碱性 KOH 溶液后，电池内部的电极反应机制发生了显著变化。具体而言，在放电阶段，正极生成了 $HCOO^-$，而充电过程中则转变为 OER。与此同时，负极上的可逆充放电过程保持不变。

$HCOO^-$（碱性电解液）：二次电池

正极：［1.0mol/L KOH 和 0.02mol/L $Zn(CH_3COO)_2$］

放电过程:

$$CO_2+2e^-+H_2O\longrightarrow HCOO^-+OH^- \quad (2\text{-}47)$$

充电过程:

$$H_2O\longrightarrow \frac{1}{2}O_2+2H^++2e^- \quad (2\text{-}48)$$

负极: [1.0mol/L KOH 和 0.02mol/L $Zn(CH_3COO)_2$]

$$Zn+4OH^--2e^-\rightleftharpoons Zn(OH)_4^{2-} \quad (2\text{-}49)$$

总放电反应:

$$Zn+CO_2+3OH^-+H_2O\longrightarrow Zn(OH)_4^{2-}+HCOO^- \quad (2\text{-}50)$$

总充电反应:

$$Zn(OH)_4^{2-}+H_2O\longrightarrow Zn+4OH^-+\frac{1}{2}O_2+2H^+ \quad (2\text{-}51)$$

总体来看,催化剂的催化特性和电解质环境对电极反应机制具有重要影响。这一机制不仅决定了电池反应的产物及其状态,还直接影响了反应速率,从而对电池性能的提升起着决定性作用。深入研究反应机理为设计高效的催化剂提供了科学依据,进而促进了 Zn-CO_2 电池技术的进一步发展。

2.2.3 水系 Zn-CO_2 电池设计原则

水系 Zn-CO_2 电池的设计原则如下:

① 正极材料需要催化 CRR,增强产物选择性并提高放电电压,以缓解电池极化现象,同时抑制析氢反应(HER),这是构建 Zn-CO_2 一次电池的基本条件。

② 在构建 Zn-CO_2 二次电池时,不仅需要实现多次充放电循环,还必须要求正极催化剂能够有效促进电化学氧化过程,从而保证电池性能的持久稳定。

③ 构建 Zn-CO_2 可逆电池,核心在于使用具备双功能催化作用的正极材料,该材料能够在氧化过程中将 CRR 产物再度转化为 CO_2,从而抑制 OER,进而实现整个电化学反应的可逆性。

除上述设计原则外,CRR 产物的选择性在电池系统中也起着关键作用。在电池系统中,CRR 产物的选择性至关重要。理想的液态产物不仅避免了气体产物的流失导致反应物减少的问题,也防止了固态产物堆积而堵塞活性位点,进而降低催化效率的风险。其中,HCOOH 被视为一种理想的液态产物。大多数文献中报道的是只能实现单向转化,即 $CO_2\rightarrow HCOOH$(或 $HCOOH\rightarrow CO_2$)的单功能催化剂。然而,对能够在同一电解液环境中促进 CO_2 与 HCOOH 之间双向转换的双功能催化剂的研究相对较少。这种转换过程中存在的主要挑战在于中间体 $^*CO$ 和 $^*COOH$ 之间的竞争性吸附现象,这成为限制该领域进一步发展的关键因素之一。

参考文献

[1] Qiao Y, Yi J, Wu S C, et al. Li-CO_2 electrochemistry: A new strategy for CO_2 fixation and energy storage [J]. Joule, 2017, 1 (2): 359-370.

[2] Kafafi Z H, Hauge R H, Billups W E, et al. Carbon dioxide activation by lithium metal. 1. Infrared spectra of lithium carbon dioxide ($Li^+ CO_2^-$), lithium oxalate ($Li^+ C_2O_4^-$), and lithium carbon dioxide ($Li_2^{2+} CO_2^{2-}$) in inert-gas matrices [J]. Journal of the American Chemical Society, 1983, 105 (12): 3886-3893.

[3] Xu S M, Das S K, Archer L A. The Li-CO_2 battery: A novel method for CO_2 capture and utilization [J]. RSC Advances, 2013, 3 (18): 6656-6660.

[4] Xie J F, Liu Q, Huang Y Y, et al. A porous Zn cathode for Li-CO_2 batteries generating fuel-gas CO [J]. Journal of Materials Chemistry A, 2018, 6 (28): 13952-13958.

[5] Iputera K, Huang J Y, Haw S C, et al. Revealing the absence of carbon in aprotic Li-CO_2 batteries: A mechanism study toward CO_2 reduction under a pure CO_2 environment [J]. Journal of Materials Chemistry A, 2022, 10 (7): 3460-3468.

[6] Xiao X, Shang W X, Yu W T, et al. Toward the rational design of cathode and electrolyte materials for aprotic Li-CO_2 batteries: A numerical investigation [J]. International Journal of Energy Research, 2020, 44 (1): 496-507.

[7] Németh K, Srajer G. CO_2/oxalate cathodes as safe and efficient alternatives in high energy density metal-air type rechargeable batteries [J]. RSC Advances, 2014, 4 (4): 1879-1885.

[8] Hou Y Y, Wang J Z, Liu L L, et al. Mo_2C/CNT: An efficient catalyst for rechargeable Li-CO_2 batteries [J]. Advanced Functional Materials, 2017, 27 (27): 1700564.

[9] Lu Z H, Xiao M, Wang S J, et al. A rechargeable Li-CO_2 battery based on the preservation of dimethyl sulfoxide [J]. Journal of Materials Chemistry A, 2022, 10 (26): 13821-13828.

[10] Zhou J W, Li X L, Yang C, et al. A quasi-solid-state flexible fiber-shaped Li-CO_2 battery with low overpotential and high energy efficiency [J]. Advanced Materials, 2019, 31 (3): 1804439.

[11] Yang C, Guo K K, Yuan D W, et al. Unraveling reaction mechanisms of Mo_2C as cathode catalyst in a Li-CO_2 battery [J]. Journal of the American Chemical Society, 2020, 142 (15): 6983-6990.

[12] Goodarzi M, Nazari F, Illas F. Assessing the performance of cobalt phthalocyanine nanoflakes as molecular catalysts for Li-promoted oxalate formation in Li-CO_2-oxalate batteries [J]. The Journal of Physical Chemistry C, 2018, 122 (45): 25776-25784.

[13] Xing Y, Yang Y, Li D H, et al. Crumpled Ir nanosheets fully covered on porous carbon nanofibers for long-life rechargeable lithium-CO_2 batteries [J]. Advanced Materials, 2018, 30 (51): 1803124.

[14] Qi G C, Zhang J X, Chen L, et al. Binder-free MoN nanofibers catalysts for flexible 2-electron oxalate-based Li-CO_2 batteries with high energy efficiency [J]. Advanced Functional Materials, 2022, 32 (22): 2112501.

[15] Pipes R, He J R, Bhargav A, et al. Efficient Li-CO_2 batteries with molybdenum disulfide nanosheets on carbon nanotubes as a catalyst [J]. ACS Applied Energy Materials, 2019, 2 (12): 8685-8694.

[16] Guan D H, Wang X X, Li M L, et al. Light/electricity energy conversion and storage for a hierarchical porous In_2S_3@ CNT/SS cathode towards a flexible Li-CO_2 battery [J]. Angewandte Chemie International Edition, 2020, 59 (44): 19518-19524.

[17] Zhai Y J, Tong H, Deng J L, et al. Super-assembled atomic Ir catalysts on Te substrates with synergistic catalytic capability for Li-CO_2 batteries [J]. Energy Storage Materials, 2021, 43: 391-401.

[18] Zhang Z, Bai W L, Cai Z P, et al. Enhanced electrochemical performance of aprotic Li-CO_2 batteries with a ruthenium-complex-based mobile catalyst [J]. Angewandte Chemie, 2021, 133 (30): 16540-16544.

[19] Wang L J, Dai W R, Ma L P, et al. Monodispersed Ru nanoparticles functionalized graphene nanosheets as efficient cathode catalysts for O_2-assisted Li-CO_2 battery [J]. ACS Omega, 2017, 2 (12): 9280-9286.

[20] Takechi K, Shiga T, Asaoka T. A li-O_2/CO_2 battery [J]. Chemical Communications, 2011, 47 (12): 3463-3465.

[21] Wu M, Kim J Y, Park H, et al. Understanding reaction pathways in high dielectric electrolytes using β-Mo_2C as a catalyst for Li-CO_2 batteries [J]. ACS Applied Materials & Interfaces, 2020, 12 (29): 32633-32641.

[22] Lim H K, Lim H D, Park K Y, et al. Toward a lithium- "air" battery: The effect of CO_2 on the chemistry of a lithium-oxygen cell [J]. Journal of the American Chemical Society, 2013, 135 (26): 9733-9742.

[23] Gowda S R, Brunet A, Wallraff G M, et al. Implications of CO_2 contamination in rechargeable nonaqueous Li-O_2 batteries [J]. The Journal of Physical Chemistry Letters, 2013, 4 (2): 276-279.

[24] Yin W, Grimaud A, Azcarate I, et al. Electrochemical reduction of CO_2 mediated by quinone derivatives: Implication for Li-CO_2 battery [J]. The Journal of Physical Chemistry C, 2018, 122 (12): 6546-6554.

[25] Zhao Z W, Su Y W, Peng Z Q. Probing lithium carbonate formation in trace-O_2-assisted aprotic Li-CO_2 batteries using in situ surface-enhanced Raman spectroscopy [J]. The Journal of Physical Chemistry Letters, 2019, 10 (3): 322-328.

[26] Wang Y, Wang W W, Xie J, et al. Electrochemical reduction of CO_2 in ionic liquid: Mechanistic study of Li-CO_2 batteries via in situ ambient pressure X-ray photoelectron spectroscopy [J]. Nano Energy, 2021, 83: 105830.

[27] Meini S, Tsiouvaras N, Schwenke K U, et al. Rechargeability of Li-air cathodes pre-filled with discharge products using an ether-based electrolyte solution: implications for cycle-life of Li-air cells [J]. Physical Chemistry Chemical Physics, 2013, 15 (27): 11478-11493.

[28] Esrafilzadeh D, Zavabeti A, Jalili R, et al. Room temperature CO_2 reduction to solid carbon species on liquid metals featuring atomically thin ceria interfaces [J]. Nature Communications,

2019, 10: 865.

[29] Jin Y C, Hu C G, Dai Q B, et al. High-performance Li-CO_2 batteries based on metal-free carbon quantum dot/holey graphene composite catalysts [J]. Advanced Functional Materials, 2018, 28 (47): 1804630.

[30] Song L N, Zheng L J, Wang X X, et al. Unraveling the mechanism of field-induced Li^+ concentration for improved kinetics in rechargeable Li-CO_2 batteries [J]. ACS Applied Materials & Interfaces, 2022, 14 (47): 52907-52917.

[31] Zhao Z, Wang E, Wang J, et al. Kinetics of the CO_2 reduction reaction in aprotic Li-CO_2 batteries: A model study [J]. Journal of Materials Chemistry A, 2021, 9 (6): 3290-3296.

[32] Zhou Y W, Chen G B, Wang Q, et al. Fe-N-C electrocatalysts with densely accessible Fe-N_4 sites for efficient oxygen reduction reaction [J]. Advanced Functional Materials, 2021, 31 (34): 2102420.

[33] Wang Y C, Xu L, Zhan L S, et al. Electron accumulation enables Bi efficient CO_2 reduction for formate production to boost clean Zn-CO_2 batteries [J]. Nano Energy, 2022, 92: 106780.

[34] Wu M J, Zhang G X, Yang H M, et al. Aqueous Zn-based rechargeable batteries: Recent progress and future perspectives [J]. InfoMat, 2022, 4 (5): e12265.

[35] Zhong C, Liu B, Ding J, et al. Decoupling electrolytes towards stable and high-energy rechargeable aqueous zinc-manganese dioxide batteries [J]. Nature Energy, 2020, 5 (6): 440-449.

[36] Hori Y, Murata A, Kikuchi K, et al. Electrochemical reduction of carbon dioxides to carbon monoxide at a gold electrode in aqueous potassium hydrogen carbonate [J]. Journal of the Chemical Society, Chemical Communications, 1987 (10): 728-729.

[37] Yang H B, Hung S F, Liu S, et al. Atomically dispersed Ni(i) as the active site for electrochemical CO_2 reduction [J]. Nature Energy, 2018, 3 (2): 140-147.

[38] Li F W, Chen L, Knowles G P, et al. Hierarchical mesoporous SnO_2 nanosheets on carbon cloth: A robust and flexible electrocatalyst for CO_2 reduction with high efficiency and selectivity [J]. Angewandte Chemie International Edition, 2017, 56 (2): 505-509.

[39] Xie J F, Huang Y Y, Wu M X, et al. Electrochemical carbon dioxide splitting [J]. ChemElectroChem, 2019, 6 (6): 1587-1604.

[40] Xie J F, Zhao X T, Wu M X, et al. Metal-free fluorine-doped carbon electrocatalyst for CO_2 reduction outcompeting hydrogen evolution [J]. Angewandte Chemie International Edition, 2018, 57 (31): 9640-9644.

[41] Zhu Y P, Kuo T R, Li Y H, et al. Emerging dynamic structure of electrocatalysts unveiled by in situ X-ray diffraction/absorption spectroscopy [J]. Energy & Environmental Science, 2021, 14 (4): 1928-1958.

[42] Wang X, Hu J M, Hsing I M. Electrochemical investigation of formic acid electro-oxidation and its crossover through a Nafion® membrane [J]. Journal of Electroanalytical Chemistry, 2004, 562 (1): 73-80.

[43] Zhu Y H, Pan Y, Zhu Y H, et al. Efficient electrocatalytic formic acid oxidation over PdAu-manganese oxide/carbon [J]. Journal of Colloid and Interface Science, 2021, 593: 244-250.

[44] Liang M C, Xia T Y, Gao H, et al. Modulating reaction pathways of formic acid oxidation for

optimized electrocatalytic performance of PtAu/CoNC [J]. Nano Research，2022，15 (2)：1221-1229.

[45] Calderón-Cárdenas A，Hartl F W，Gallas J A C，et al. Modeling the triple-path electro-oxidation of formic acid on platinum：Cyclic voltammetry and oscillations [J]. Catalysis Today，2021，359：90-98.

[46] Pan Q，Ma X P，Wang H J，et al. Approaching splendid catalysts for Li-CO_2 battery from the theory to practical designing：A review [J]. Advanced Materials，2024，36 (38)：2406905.

[47] Li X，Yang S X，Feng N N，et al. Progress in research on Li-CO_2 batteries：Mechanism，catalyst and performance [J]. Chinese Journal of Catalysis，2016，37 (7)：1016-1024.

[48] Mu X W，Pan H，He P，et al. Li-CO_2 and Na-CO_2 batteries：Toward greener and sustainable electrical energy storage [J]. Advanced Materials，2020，32 (27)：1903790.

[49] Wang Y，Ruiz Diaz D F，Chen K S，et al. Materials，technological status，and fundamentals of PEM fuel cells—A review [J]. Materials Today，2020，32：178-203.

第3章 金属-二氧化碳电池正极催化剂材料

3.1 正极材料设计原则与注意事项

本书第 2 章介绍了 M-CO_2 电池的工作原理和反应机制，M-CO_2 电池和传统电池最大的区别在于其正极表面吸附和存储 CO_2，并进行电化学还原/氧化。这一过程涉及有机电解液碱金属-二氧化碳电池体系 M_2CO_3 及 $M_2C_2O_4$ 的生成与分解，以及水系 Zn-CO_2 电池体系中 CO/HCOOH/甲酸盐等化学品的生成。催化剂正极作为 M-CO_2 电池的核心组成部分，直接影响其电学性能、反应原理、产物类别及形貌特征。为保证 M-CO_2 电池性能，必须兼顾容量、过电位、循环寿命等因素，因此稳定的导电骨架不可或缺，同时高活性多位点催化剂仍需构筑与调控。

3.1.1 设计原则

金属-二氧化碳电池正极材料设计原则总结如下:

① 能够捕获、富集、活化 CO_2 并高效催化 CO_2 还原；三维连通网络能容纳更多的放电产物。

② 能实现快速离子传输，以及离子-电子耦合和转移；平衡反应中间体和产物的吸附-脱附；实现高效 CRR/CER 动力学。

③ 在快速放电-充电过程中具有良好的循环性能。

④ 基于基础实验研究和数据分析，建立清晰的结构-性能作用机制，指导新型催化剂的设计。

3.1.2 设计注意事项

金属-二氧化碳电池正极材料设计时要注意以下几个方面的问题:

(1) 正极结构设计

孔径和比表面积是影响催化性能的关键因素，尤其在金属-碳基催化剂中，这一影响尤为显著。活性位点的数量也依赖正极结构，例如分层多级孔结构提供了高比表面积，从而有利于提高活性位点的利用效率。此外，这种有效的结构还提供充足的空间，减缓或避免因不溶、绝缘放电产物碳酸盐不规则沉积引起的电极体积膨胀，提高 M-CO_2 电极结构稳定性。这种结构设计在提升催化剂性能和延长电极使用寿命方面展现出了巨大潜力。

(2) 尺寸控制

催化剂界面的电子转移与材料尺寸有很大关系，随着催化剂尺寸的减小，低配位原子逐步暴露且比例渐渐升高，显著改变催化材料活性中心的结构和比例，因此减小催化剂尺寸成为改善催化活性的重要策略之一。但当纳米颗粒粒径降至 1nm 时，表面原子处于高度活化状态，表现出强烈的表面效应而发生聚集，因此，选择恰当的载体使原子级催化剂高度分散，可促进催化活性的充分发挥。

(3) 电子结构和内在活性调节

采用杂原子掺杂、缺陷和应变调控策略调节表面元素的化学环境及位点的电子结构，可有效提升材料本征催化活性。

(4) 电子传导

降低电阻，提高催化剂导电性，或将石墨烯、碳纳米管等导电剂复合到催化材料上，可强化基底-活性位点的相互作用，加速电子转移。

此外，水系 Zn-CO_2 电池是将 CO_2 还原为 CO/HCOOH/甲酸盐，其中 CO 和甲酸盐是较为常见的产物，产物种类取决于反应中间体的形成路径：加速 *COOH 中间体形成更倾向于生成 CO，而降低 *OCHO 反应能垒则促使产物朝甲酸盐方向进行。通过调控催化位点的电子结构和化学环境，调节位点对中间产物的吸附能，可提高材料本征催化活性和产物的选择性。为了获得高附加值产物以及实现高产率，需要催化剂在较低的过电位下实现高倍率、高效率的电极反应。通过原子调控和结构优化制备高效双功能催化剂可以有效提升 Zn-CO_2 电池性能。除了上述的调控原则，还应注重提高产物选择性。由于催化位点在反应过程中对中间体 *COOH、*CO 的吸附能力不同，对产物具有各异的催化选择性，可以根据实际需求合理调控催化剂的原子组成，以满足产物多元化的需求。

有机电解质体系碱金属-二氧化碳电池和水系 Zn-CO_2 电池都是基于 CRR/

CER 电催化原理，正极催化剂一般可被划分为碳基催化剂、金属基催化剂和金属-碳基复合催化剂，以及新兴的单原子催化剂。根据反应机理和电池性能的差异，本章重点讨论以 Li-CO_2 电池为代表的有机电解质体系碱金属-二氧化碳电池和水系 Zn-CO_2 电池正极材料的发展。

3.2 碱金属-二氧化碳电池正极材料

碳基材料凭借其优异的比表面积、合适的传输通道及良好的导电性，在 CO_2 吸附、质子/电子传输及产物存储方面发挥重要作用，使 M-CO_2 电池的放电电位稳定在理论电位附近，提高放电容量及循环稳定性，但是其充电电位偏高，需要克服更多能垒以分解放电产物。为了稳定中间产物 $Li_2C_2O_4$、降低充电电位、摆脱对高分解电位的依赖和对电解液的高要求、降低能耗损失、提高电池放电-充电过程的可逆性及能量转换效率，过渡金属基催化剂被引入。过渡金属基催化剂具有独特的电子轨道，能级中存在未成对的电子，可与吸附的 CO_2 及 Li_2CO_3、$Li_2C_2O_4$ 的 s/p 电子配对，从而在表面暴露出丰富的缺陷、位点，提供高密度的吸附-反应活性中心，通过—M—O—C—的结合方式稳定 CRR 的终产物为二电子转移的草酸盐（$Li_2C_2O_4$）。尽管金属基催化剂（如过渡金属及其氧化物、碳化物、硫化物、氮化物及磷化物，Mo，Ir，Ru 等）表现出高效的催化活性，可显著降低分解电位，但其稳定性差，易过早地失去活性，即在低充电电位下，可逆充-放电寿命仅能维持数百小时。现阶段过渡金属催化剂（同性位点）在 CRR/CER 电催化过程中，易因自身的团聚/产物的堆积而失去活性，电池的充电电位未显著降低即极化严重，或维持低过电位运行时间短，难以维持高性能 Li-CO_2 电池运行，这是二次电池应尽量避免的。因此为保证 M-CO_2 电池高效稳定地工作，常将碳基和金属基催化剂复合使用，在协同作用下，充放电可逆循环延长至数千小时。基于此，由无机金属中心与有机配体桥联自组装而成的金属有机骨架材料（MOF）被引入 M-CO_2 电池体系，其周期性网状结构提供优良的导电网络，使锚定的金属中心发挥催化作用，进一步提高了 M-CO_2 电池的性能和稳定性。

3.2.1 碳基催化剂

碳材料由于具备高电导率、大比表面积、结构稳定、合适的孔隙空间分布、易被修饰而实现功能化的特点，便于反应物 CO_2 吸附/脱附，产物均相生成/分解，在 M-CO_2 电池体系中备受青睐。

3.2.1.1 商业化碳材料

研究初期，商用碳材料被用作催化剂，但是其电化学性能极差，即便在高温下放电容量仍很低，可逆容量不高，循环寿命有限。如导电炭黑，常温（25℃）放电比容量仅为25mAh/g，温度升高至100℃放电比容量仅提高至4000mAh/g，电池完全不可逆；而科琴黑室温下电池放电比容量为1032mAh/g，可循环7周。这类碳材料存在几个主要问题：首先，它们的比表面积小、活性位点有限，这限制了它们对 CO_2 的吸附和催化还原；其次，离子/电子输运通道易被产物 Li_2CO_3 覆盖甚至堵塞，影响了电池的充放电效率；再者，Li_2CO_3 导电性差致使反应可逆性降低，使得电池在充放电过程中性能衰减严重；最后，堆积的 Li_2CO_3 需在更高的电位（>4.5V）下被分解，易引发电解液分解和其他副反应，电池即便在高温下放电容量也很低，可逆性差，更倾向于一次电池。这些碳材料并非 Li-CO_2 电池理想正极催化剂，后来常被用作导电添加剂。

后期，商业化CNT和石墨烯凭借独特的结构和碳晶格边缘上丰富的活性位点，相继被引入 Li-CO_2 电池，如图3-1（a）和（b），加速反应过程中电子的转移、金属离子/CO_2 的吸附/脱附、产物 Li_2CO_3 的附着/分解，电池性能初步提升，由一次电池向二次电池逐渐发展，放电比容量分别达到8379mAh/g和14774mAh/g（电流密度：50mA/g），可分别稳定循环29圈和20圈。

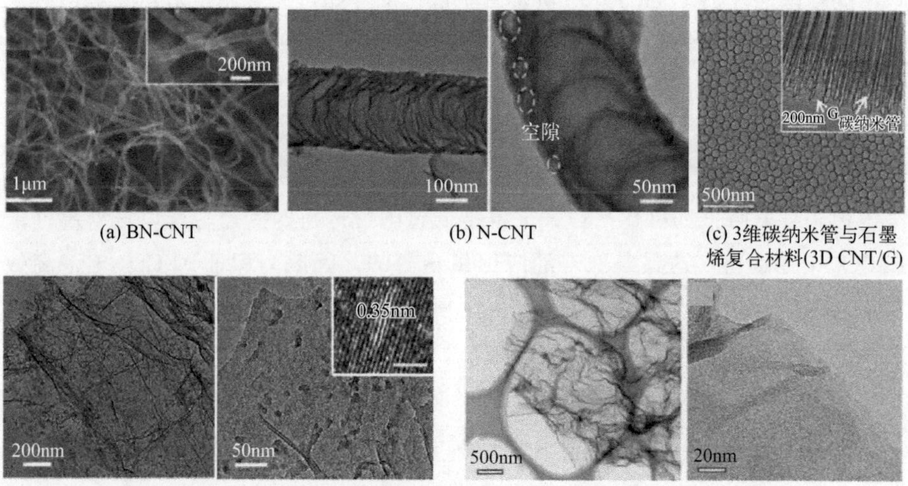

(a) BN-CNT (b) N-CNT (c) 3维碳纳米管与石墨烯复合材料(3D CNT/G)

(d) 碳量子点与多孔石墨烯复合材料(CQD/hG) (e) 富拓扑缺陷石墨烯(TDG)

图 3-1 Li-CO_2 电池的碳基催化剂

3.2.1.2 具有多孔结构的碳材料

Li-CO_2 电池在放电阶段，CO_2 被吸附在催化剂表面生成 Li_2CO_3，随着放电深入，Li_2CO_3 不断积累，受导电性差的影响，积累过量会严重覆盖催化位点，阻断电子转移而终止反应，此时电池放电容量及循环寿命较差。因此，催化位点有效的空间分布显得尤为重要，恰当的空间结构能够容纳更多绝缘产物的积累，从而可以显著提高放电容量、改善循环寿命。同时，良好的空间结构利于 CO_2 气体的吸附、存储和还原。表 3-1 探索了不同碳材料对电池性能的影响，包括导电炭黑、乙炔黑、聚丙烯腈碳纤维、还原氧化石墨烯、石墨烯气凝胶、活性炭、介孔碳以及无序介孔碳，发现具有二维层间微孔结构的还原氧化石墨烯可避免出现孔道堵塞现象，更适合产物的积累，全放电比容量能够达到 7514.0mAh/g。石墨烯经过造孔，制造碳量子点实现功能化，避免其片层间的堆叠，富缺陷石墨烯纳米片［CQD/hG，图 3-1（d）］具有更高的电子传输速率，从而将过电位降低至 1.02V，可逆比容量提升至 12300mAh/g（电流密度：100mA/g），以 500mAh/g 为截止比容量可稳定循环 235 圈。另外，研究发现铅笔划痕留下的碳材料［图 3-1（e）］也可以作为催化剂，它具有少层石墨化纳米片结构，CO_2 电池可稳定循环 45 圈。这些研究结果为 Li-CO_2 电池催化剂的设计提供了新的思路和方向。

表 3-1　几种碳材料比表面积、总孔体积、孔径-结构参数及全放电比容量

材料类型	比表面积 /(m^2/g)	总孔体积(V_t) /(cm^3/g)	平均孔径 /nm	孔形状	全放电比容量 /(mAh/g)
导电炭黑	1310	2.52	7.7	紧密堆积	5430.0
乙炔黑	57	0.16	11.0	松散堆积	1932.3
聚丙烯腈碳纤维					720.1
还原氧化石墨烯	360	0.94	10.4	二维层状	7514.0
石墨烯气凝胶	272	0.29	4.4	石墨层状	1938.0
活性炭	1722	0.92	2.2		1121.0
介孔碳	1057	1.30	4.9	圆柱形孔	1804.1
无序介孔碳	625	0.89	5.7	松散堆积	4148.6

为容纳更多绝缘产物的寄存，而进行的催化位点的空间结构设计及构筑，是影响产物可逆分解的关键，学者针对产物的存储/分解构造了具备复合结构的碳材料。如通过制造碳量子点对石墨烯造孔制备富含缺陷的石墨烯纳米片（CQD/hG），避免层间堆叠，提高材料的电子传输率。

3.2.1.3　杂原子掺杂碳材料

碳材料由于结构和组成单一，在驱动 CRR/CER 电催化上始终受动力学缓慢的困扰，采用杂原子掺杂（如 B、N、P、S 等）对碳材料进行功能化改性成为重要突破口。N、B与C原子大小相近，在不破坏石墨结构的情况下易被掺杂到石墨基体，N（3.04）电负性高于C（2.55），电子从C转移到N，N—C电荷重排，可作为主要的活性位点。相反，B（2.04）电负性低于C，电子从B转移到C并在B附近产生正电荷，成为主要的催化中心。此外， P和S等原子也可掺杂碳基底，由于原子大小不一，P原子尺寸大于C，P—C键长（1.77Å）大于C—C(1.40Å)，P—C掺杂会导致结构扭曲并产生局部曲率，P从石墨平面上伸出1.33Å，P—C_3呈金字塔形键合构型，此外，P—C位点的C sp^2杂化变为sp^3态，P(2.19)电负性低于C，同B—C键相似，P—C呈正电荷，其p轨道和第三层价电子的存在也使得P掺杂效果较明显；S原子尺寸大于C，S掺杂也会产生局部曲率，S—C键长（1.78Å）大于C—C(1.40Å)，会产生不同的掺杂构型，C和S的最外层轨道失配，会导致自旋密度的不均匀。

B、N、S等原子的掺杂，打破原始C平衡，引起电子态密度非均匀分布，进而提高电导率，伴随引入的缺陷和暴露的活性位点，产生有利的酸、碱位点，触发诱导Li^+及CO_2分子中缺电子的碳原子之间的电极化，电池过电位降低，极化减缓，放电容量及循环寿命明显改善。CNT可循环29圈，经N掺杂［图3-1（b）］，循环寿命延长至45圈，三维结构N-CNT/石墨烯复合材料使得Li-CO_2电池放电比容量达到17534.1mAh/g，库仑效率高达98.3%，实现180圈的稳定循环。

王斌课题组采用浮动催化剂气相沉积技术制备出表面富缺陷且高度褶皱的N-CNT，分析N—C各活性位点（吡啶氮、吡咯氮、石墨氮）在Li-CO_2电池中的作用。实验发现，吡啶氮在充放电前后变化明显，发生产物成核-堆积-分解现象，由于石墨氮电子参与π-π成键，提高电极整体导电性，吡啶氮带有未成键的电子，呈现电负性，对CO_2、Li^+、Li_2CO_3有较强的吸附能力，作为主要活性位点。相反，吡咯氮排斥以上物质，DFT计算验证了此论述。为了进一步提高催化性能，该团队进一步提高氮掺杂量，引入丰富的五边形碳环，产生局部曲率，形成竹节状碳纳米管丛（B-NCNT），这种结构表现出优异的催化性能，其构筑的电池及器件均具备出色的电化学性能。而成会明院士则在高温下用CO_2活化氮掺杂石墨烯（CA-NG/rGO），将吡啶氮和吡咯氮的含量提升至（72.65%），位点分布均匀且充足，使得产物Li_2CO_3呈薄层状，而不是常规的棒状和纳米片状，在1.2A/g大电流密度下，电位差仅为2.13V，在500mA/g下可进行170次循环。戴黎明院士采用热蚀刻技术处理掺氮石墨烯平面中的氮位点，合成富拓扑缺陷石墨烯（TDG），创造出新的拓扑缺陷构型，即五角碳环（C_5）、七角碳环（C_7）及其相邻构型（C_5+C_7），其中，缺陷附近带负电荷的C原子对CO_2分子的吸附和Li_2CO_3分解具有优越性。*CO是M-CO_2电池运行重要的中间体，其在活性位点的吸附能力直接影响CRR/CER。拓扑缺陷引起的芳环电荷再分配，使 C_5、C_7、C_5+C_7 吸附 $^*CO_2$，促进 Li_2CO_3 产物的生成/分解，特别是 C_5 对 $^*CO$ 的吸附能适中，过电位最小，为 1.01V，催化能力优于 N—C。Li-CO_2 电池呈现出前所未有的超高全放电比容量 69000mAh/g，即使在 2.0A/g 的高电流密度下，充放电电位差仅为 1.87V，在 1.0A/g 下可稳定循环 600h。

除了单个 N 掺杂外，多原子掺杂可以调节电子结构、耦合电荷转移和离子分离，是制备高效催化剂的方法之一。对石墨烯进行 B、N 共掺杂［图 3-1（a）］，其全放电比容量高达 16033mAh/g，是未掺杂多孔石墨烯的 2.4 倍，库仑效率高达 68.4%，即使在大电流密度 1.0A/g 下进行充电-放电循环，亦可稳定运行 200 次。Yang 将惰性氮化硼（h-BN）引入石墨烯构建范德华异质结（BN-G），h-BN 有效改变了石墨烯的电子性质，与石墨烯相比，可使过电位降低 700mV 以上，循环稳定性提高 3 倍。通过对 CNT 进行 S、N 共掺杂，构建准固态 Li-CO_2 电池，其放电比容量高达 23560mAh/g，库仑效率接近 100%，可稳定循环 538 圈（110 天）。

3.2.1.4　新型碳材料

石墨炔作为一种碳的新型同素异形体，具有由二炔键连接苯环组成的多孔平面网络结构和高度的 π-共轭结构，可以有效提升对 CO_2 分子的吸附和锂离子的扩散，促进放电产物 Li_2CO_3 在石墨炔表面均匀成核和可逆分解。王斌团队通过调控合成条件和设计前驱体分子结构，实现了对石墨炔的电子结构、能带间隙、气体吸附性质以及催化活性的精确调节，从而获得了高效稳定的石墨炔催化剂。通过炔基偶联反应在铜基底上合成富含 sp 杂化碳原子的石墨炔（GDY），并经硝酸氧化、高温还原为石墨炔纳米片层，保留石墨炔 sp 杂化碳原子的平面网络结构，呈现出大比表面积，快速锂离子输运的层间通道，为 CRR/CER 产物提供丰富的成核位点和生长空间，促进 Li-CO_2 电池中 CO_2 吸附、还原及产物分解的动力学，表现出优异的倍率性能和大电流密度下的循环稳定性，远远超过 sp^2 杂化的 CNT 和石墨烯等材料。电池在 2.0A/g 的大电流密度下放电，充电平台仅为 4.49V，放电比容量高达 11361mAh/g，其中，10546mAh/g 时充电可逆；在 1.0A/g 的大电流密度下，电池依然可以稳定工作 842h。此外，还合成了氢取代的石墨炔材料（HsGDY），并与 Mo_2N 复合制备了 HsGDY@Mo_2N 复合材料，极大地促进了 Li-CO_2 电池中 CO_2 还原和放电产物分解的动力学过程。Li-CO_2 电池在 2.0A/g 的大电流密度下仍然表现出约 2.58V 的高放电平台和约 4.21V 的低充电平台，在 200mA/g 电流密度下具有 37416mAh/g 的超高放电比容量和 33923mAh/g 的可逆充电比容量。为了避免 TEGDME 电解液在电池循环过程中挥发和泄漏，团队还合成了氟取代石墨炔碳材料（FGDY），并采用 1-丁基-3-甲基咪唑双（三氟甲磺酰亚胺）盐（BMImTFSI）离子液体作电解液。在

80℃高温下，Li-CO_2 电池表现出优异的倍率性能和循环稳定性。在 5.0A/g 的大电流密度下，电池仍然表现出约 2.39V 的高放电平台和约 4.45V 的低充电平台，在 80℃的高温、1.0A/g 电流密度、1000mAh/g 截止比容量下，电池稳定循环 240 圈。

3.2.2 金属催化剂

尽管功能化的碳基催化剂在性能上取得了进步，但受其本征催化能力的限制，CRR/CER 机理涉及 4 电子转移，难以稳定中间产物 $M_2C_2O_4$，产物以晶态 M_2CO_3 和无定形 C 为主，需施加高电位克服更多的能垒才能实现产物的可逆分解，但在高电位下又易引发电解液分解等副反应，能耗较高。为了解决这一问题，金属催化剂被引入。

3.2.2.1 贵金属及其复合催化剂

贵金属催化剂具有独特的电子结构和优异的催化性能，已被广泛应用于电化学催化领域。贵金属基材料具备良好的化学和电化学稳定性，其电子结构独特，d 电子轨道都未填满，表面易吸附反应物，且强度适中，利于形成中间“活性化合物”，具有较高的催化活性，广泛应用于几乎所有的电催化领域。同样地，贵金属基催化剂与关键反应中间体的优化相互作用可以降低 CRR 和 CER 决速步的能垒，使其在 Li-CO_2 电池中具有优异的电催化活性。

(1) 金属钌

钌（Ru）纳米微粒具有优异的催化活性。周豪慎团队将 Ru 纳米微粒（粒径 5～10nm）均匀分散在导电炭黑基体上，应用于 Li-CO_2 体系，实现 8229mAh/g 和 7093mAh/g 的高放电-充电比容量，反应高度可逆，库仑效率达到 86.2%，在 Ru 表面观察到放电产物晶态 Li_2CO_3 和无定形 C。电池充电时，产物 Li_2CO_3 与 C 被同步分解，充-放电路径可逆。研究发现 Ru 特定晶面在热力学上降低反应能垒，从而促进 CRR/CER 的可逆过程，而不像 Au 颗粒，表面仅发生 Li_2CO_3 自分解产生 O_2。更小粒径的 Ru 纳米颗粒（2nm）分散在石墨烯纳米片（GNSs）层（形成 Ru/GNSs），在低电位下， Ru/GNSs 表面的放电产物由紧密薄膜结构转变为片状聚集体，促进 Li_2CO_3 可逆电化学分解。

此外，Ru 的氧化物、磷化物和合金在促进 Li_2CO_3 分解、降低 Li-CO_2 电池充电电位方面有显著作用。基于 RuO_2/SWCNT 正极的全固态 Li-CO_2 电池的充电平台电压降至 4.2V，如图 3-2（a），CO_2 的可逆释放量达到 84.99%，但电池循环性能仍需提高。通过化学沉淀法和等离子体法将 RuO_{2-x} 颗粒修饰在非晶 $CoSnO_3$ 纳米盒（250nm）上合成 RuO_{2-x}@$CoSnO_3$，如图 3-2（b）。RuO_{2-x} 的氧空位提供更多的催化位点，降低反应能垒，提高催化效率和使用寿命。

$CoSnO_3$ 纳米盒的多孔结构具有高比表面积，提供更多离子和气体输运通道。RuO_{2-x}@$CoSnO_3$ 协同催化将 Li-CO_2 电池的过电位降低到 0.88V。将原子尺寸的 RuO_2 限域于 Co-Ti 双金属层状氧化物（LDO）夹层，构建出 RuO_2/LDO 纳米片复合分层多孔网络结构，LDO(003) 平面晶格层间距为 4.6Å，允许电解质扩散和物质的传输并将 CRR/CER 限制在片层间，放电产物为 Li_2CO_3 纳米片和非晶态 C 量子点，将 Li-CO_2 电池的充电平台降低至约 3.2V，产物在电化学催化过程中高度可逆。超细 Ru/RuO_2 纳米颗粒固定在多孔分级碳壳（Ru/RuO_2-HPC）催化 CRR，产物在 Ru/RuO_2-HPC 表面呈结构紧凑的花瓣状纳米片，全放电比容量高达 12398mAh/g，库仑效率接近 100%，如图 3-2（c）。更小更薄纳米片结构的放电产物在充电时可以更好地与活性位点接触，从而降低过电位至 1.22V。RuP_2 纳米颗粒分散在 N、P 共掺杂石墨碳膜（RuP_2/NPCF）引入 Li-CO_2 电池，可逆比容量高达 11951mAh/g，循环寿命延长至 200 圈，如图 3-2（d）。

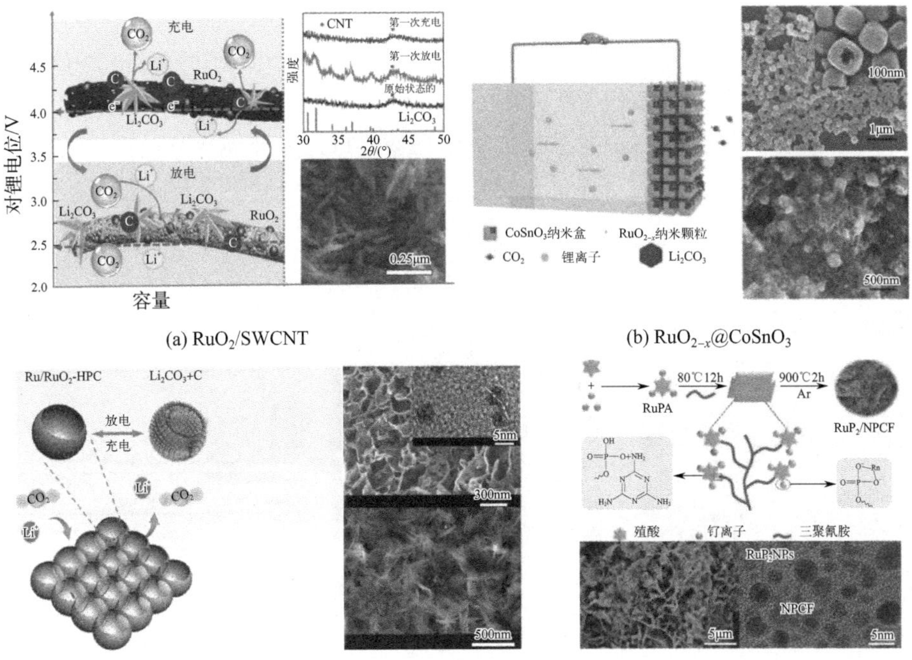

(a) RuO_2/SWCNT　(b) RuO_{2-x}@$CoSnO_3$　(c) Ru/RuO_2-HPC　(d) RuP_2/NPCF

图 3-2　金属钌基催化剂

由于成核速率快、表面能低，金属 Ru 多数呈现纳米颗粒（即 0D-Ru），0D-Ru 催化位点不足、活性有限，导致 CRR/CER 过电位高。相比之下，超薄 2D-Ru 具备量子尺寸效应、超大比表面积和丰富的表面低配位原子，在催化领域应用潜力巨大。此外，考虑到与其他金属元素合金化产生的配体、几何和电子效应，精细控制和合成超薄 2D-Ru 双金属纳米材料成为提高 Li-CO_2 电池电化学性能的突破口。以超薄三角形 RuRh 合金纳米片［如图 3-3（a）］为例， Rh 诱导 Rh-Ru 呈现 d-d 强相关，充分暴露 Ru(1100)、(1010)、(0110) 和 (0002) 晶面，激活 Ru 表面电子，平衡 Ru 位点与 CO_2 吸附，促进 CO_2 还原、Li_2CO_3 成核-生长-分解。 RuRh 共催化助力 Li-CO_2 电池稳定循环 180 圈，且保持电位差在 1.35～1.60V。为此，范战西教授合成超薄 2D Ru-M(M＝Co, Ni, Cu) 合金纳米片，其中 RuCo 纳米片具有低 Ru-Ru 配位和高 Ru-Co 配位，可增强 Li^+ 和 CO_2 吸附，提高 CRR 速率；丰富的平面内 RuCo 合金位点可加速放电产物的电子转移，如图 3-3（b），促进 CER 动力学进程。电池表现出 3.74V 的低充电电压、0.94V 的小过电位以及 75%的库仑效率。此外，晶格应变也是调整金属位点电子和几何构型的有效策略，进而调节位点与反应物的相互作用。通过应变效应调节 Ru 电子结构合成具有六方核壳结构的镍/钌纳米片（Ni/Ru HNPs），如图 3-3（c），Ru(1010) 和 (0002) 晶面压缩，晶体间距缩小，双轴晶格压缩率分别为 5.1%和 3.2%，Ru 表面电子结构改变导致 d 带中心下移，弱化 CO_2 分子在催化剂表面吸附，利于 Li_2CO_3 成核-分解，电池表现出极低的充电平台和电位差（3.75V/0.88V）以及长循环性能（120 圈）。

固态催化剂在深循环时由于固态放电产物不可逆分解而逐渐积累，触发电极/电解质界面的催化位点退化及失活，导致电池“死亡”。因此液态催化剂 $Ru(bpy)_3Cl_2$ 被引入 Li-CO_2 电池体系，如图 3-3（d），流动的 Ru 与溶解的 CO_2 络合，促进 CRR 二电子产物 $C_2O_4^{2-}$ 的形成，并与 $C_2O_4^{2-}$ 相互作用阻止向四电子产物歧化，有效提高能源效率。

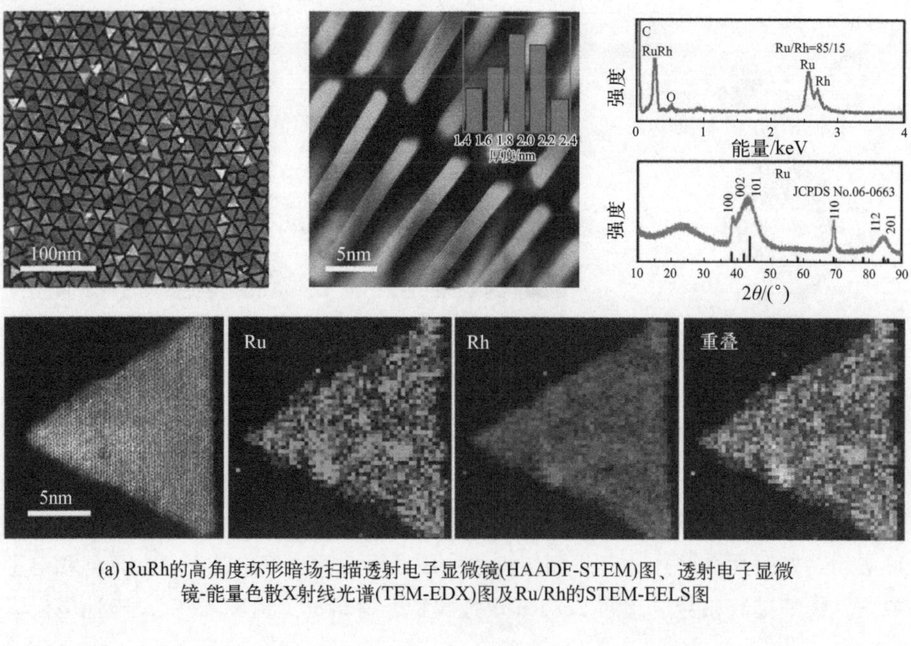

(a) RuRh的高角度环形暗场扫描透射电子显微镜(HAADF-STEM)图、透射电子显微镜-能量色散X射线光谱(TEM-EDX)图及Ru/Rh的STEM-EELS图

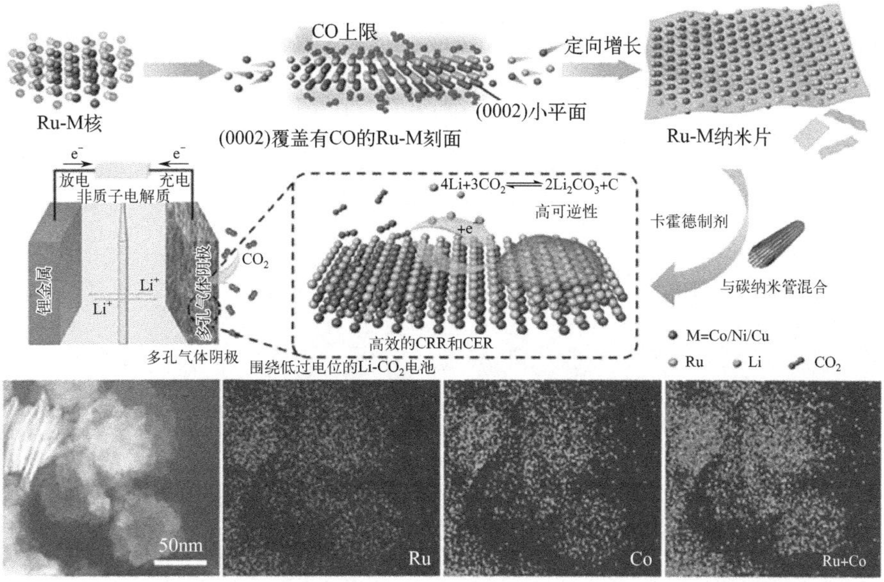

(b) 二维RuCo、RuNi和 RuCu 纳米片的合成示意图及 RuCo的HAADF-STEM图

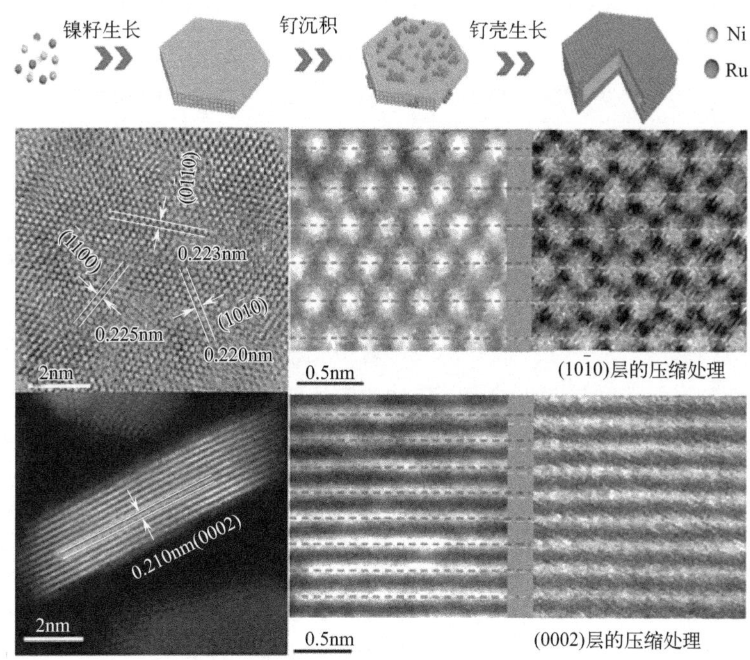

(c) Ni/Ru HNPs的形成过程示意图以及HAADF图

图 3-3

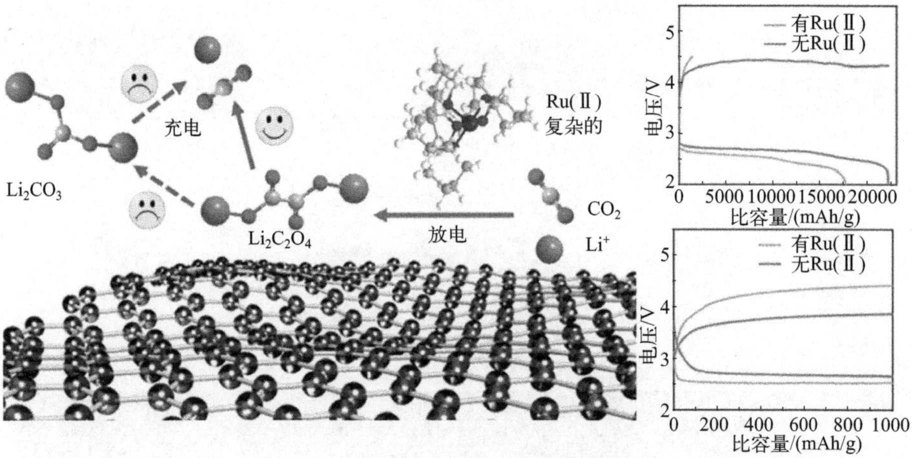

(d) $Ru(bpy)_3Cl_2$在$Li-CO_2$电化学中的作用说明

图 3-3　二维钌基催化剂

(2) 金属铱

铱（Ir）是元素周期表中与钌（Ru）位于对角线的元素，被引入 $Li-CO_2$ 电池，能显著降低 $Li-CO_2$ 电池的充电电位，表现出极大的应用潜力。在 Ir/B_4C 电极表面预填充 Li_2CO_3，在 4.37V 时被完全分解。郭少军团队将褶皱超薄 Ir 纳米片嵌入 N 掺杂碳纳米纤维（Ir/CNF），如图 3-4（a），$Li-CO_2$ 电池实现高比容量（$11.54mAh/cm^2$），在 $40\mu A$ 电流下放电，电位稳定在 2.8V。限制面积比容量为 $0.1mAh/cm^2$ 时，实现超长循环寿命，运行时间超 1500h。将超细 IrO_2 颗粒嵌入 N-CNT（IrO_2/N-CNT），如图 3-4（b），IrO_2 和 N—C 共催化，放电产物在其表面逐层沉积并堆叠，在低充电电压下被快速分解，$Li-CO_2$ 电池表现出高比容量（4634mAh/g）、低充电平台和过电位（3.95V/1.34V）、超长循环寿命（316 次循环，2500h）。IrO_2 超细颗粒负载于 $\delta-MnO_2$ 纳米片发挥协同催化作用，IrO_2 纳米颗粒为主催化位点，电池放电初期，产物主要在 IrO_2 位点成核-生长；随着放电的深入，$\delta-MnO_2$ 提供活性中心，促进产物进一步生成，最终产物呈现非晶态 Li_2CO_3 薄层，$Li-CO_2$ 电池表现出较好的可逆容量和长循环寿命（1890h），如图 3-4（c）。

提高贵金属催化效能的关键在于增加其表面暴露原子比例，这有助于最大化利用贵金属的催化活性。近十年来，研究人员致力于将贵金属粒径降低至纳米甚至原子级别，然而，小尺寸金属颗粒存在团聚或脱离基底的风险，这限制了其催化性能的稳定性和持久性。针对这一问题，设计具有高度开放结构的贵金属纳米框架成为潜在的解决方案。单晶碲纳米线（Te NWs）表面通过旋转水热技术被替换成非晶结构的 Ir 原子簇（层厚 3nm），形成 Ir@Te NWs，如图 3-5（a），

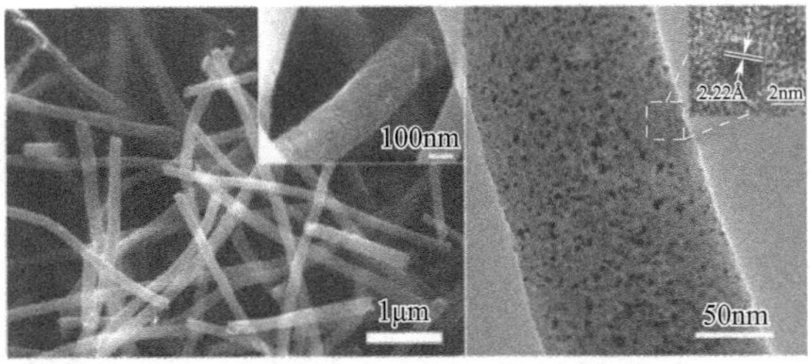

(a) Ir/CNF的SEM、TEM和HRTEM图像

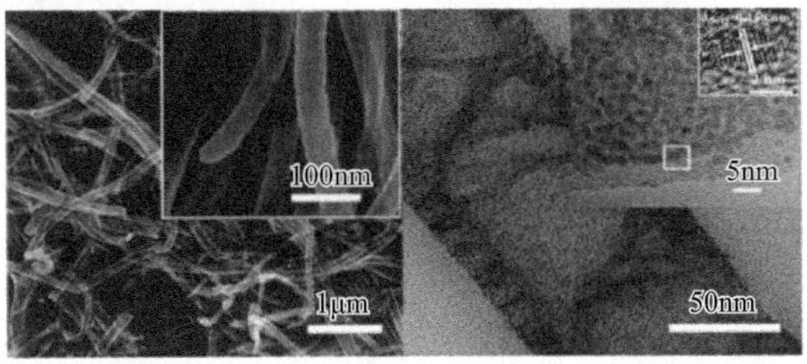

(b) IrO_2/N-CNT的SEM、TEM和HRTEM图像

(c) IrO_2@δ-MnO_2的SEM、TEM和HRTEM图像

图 3-4　金属铱基催化剂

其中 P 型基体 Te NWs 与活性位点 Ir 原子簇协同催化，不仅具备高效的电子接收能力与反应物的吸-脱附能力（排斥 CO_2、加速 CO_2 解吸），还能激活 Ir 催化活性并调控催化反应路径，稳定吸附 $Li_2C_2O_4$ 中间体，提高 CRR 反应动力学，获得优异的电化学性能，如 13247.1mAh/g 的高放电比容量，在 2A/g 的大电流密度下稳定循环超 200 次。 Zhou 在 4H/fcc Au 模板合成非常规相的 4H/fcc Ir（厚度为 5nm），如图 3-5（b），呈现不同暴露面，其中 4H/fcc Ir 纳米结构更有利于通过 Ir—O 耦合可逆形成非晶/低晶放电产物， 4H-Ir 比 fcc-Ir 更利于 Li_2CO_3 解离，在 CRR/CER 动力学方面表现优异，从而降低过电位，提高循环稳定性，实现＜3.61V 的低充电电压和 0.61V 的小放电-充电电位间隙，能量转换效率高达 83.8%。

(3) 金属金和银

除 Ru、Ir 外，Au 和 Ag 也拥有卓越的催化活性与选择性。基于 Au NPs/CNT

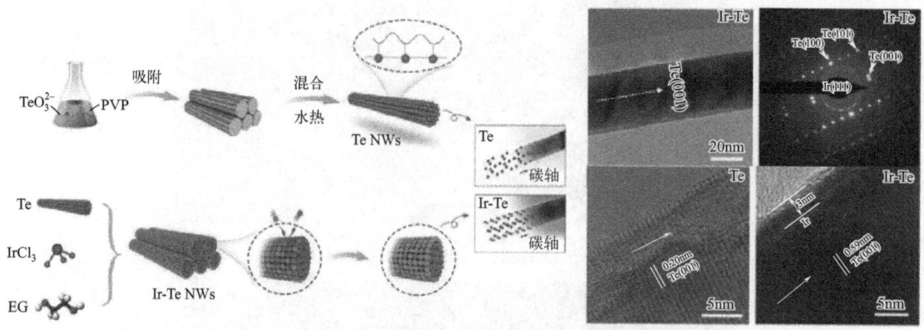

(a) Ir@Te NWs 的形成过程示意图、TEM、选区电子衍射(SAED)和HRTEM (插图)图像(PVP表示聚乙烯吡咯烷酮；EG表示乙二醇)

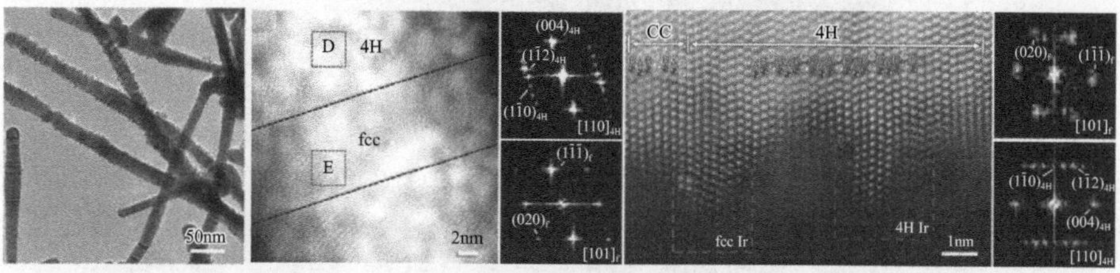

(b) 4H/fcc Ir 的TEM、HAADF-STEM以及快速傅里叶变换（FFT）衍射图

图 3-5 金属铱基催化剂

正极的 Li-CO_2 电池可稳定运行 46 次。值得注意的是，Ag 和 Au NPs 具备显著的高表面等离子体共振（SPR）效应，常被用于调节 TiO_2 电子结构，克服 TiO_2 宽带隙和高电荷复合率的弊端，提升其光电化学性能。基于复合 TiO_2 出色的化学稳定性和耐光腐蚀性，这类异质结材料被引入外场光辅助 Li-CO_2 电池，解决电池反应动力学迟缓的难题，大幅提升了电池的倍率性能和能量转化效率。

彭慧胜团队用 Ag NPs 修饰 TiO_2 纳米管阵列（TNA），光照下 TNA 表面响应产生大量光生电子-空穴，Ag NPs 的局部增强电场促进光生载流子的分离和转移，协同光电效应和等离子体效应加快 CRR/CER 动力学，如图 3-6（a），同时，增强电场驱动放电产物高效分解。DFT 分析在局部增强电场的作用下，$LiCO_2^*$ 更易从 TNA@Ag NPs 表面解吸并扩散到电解液中。从热力学角度分析， Li_2CO_3 在溶液中的形成能为－4.31eV，在光电-等离子体协同效应下，溶解的 Li_2CO_3 更易成核以颗粒形式沉积在正极表面。充电过程中，电子转移同时发生在 Li_2CO_3 中的 C—O 键和 TNA @Ag NPs 的 Ag—O 键，加速 Li_2CO_3 分解。双场协同 Li-CO_2 电池在 0.10mA/cm^2 下表现出 2.86V 的超低充电电压，100 次循环后的能量效率仍维持在 86.9%，倍率性能可达 2.0mA/cm^2。光辅助 Li-CO_2 电池不能忽略太阳能的热效应，Au@TiO_2 进行光收集、光电和光热转换以及电子-空穴分离，如图 3-6（b），电解液挥发和分解不可避免，为此引入 LAGP 层取代液态电解质，耦合光电-光热效应加速 CRR/CER 动力学，全固态光辅助 Li-CO_2 电池实现 0.25V 的超低极化和 92.4%的高能量效率。即使在极低温度（−73℃）下，该电池仍能利用太阳能转化的热量进行自加热，提供 0.6V 的电压补偿，这一突破标志着全固态光辅助气体电池向实际应用迈出了重要一步。

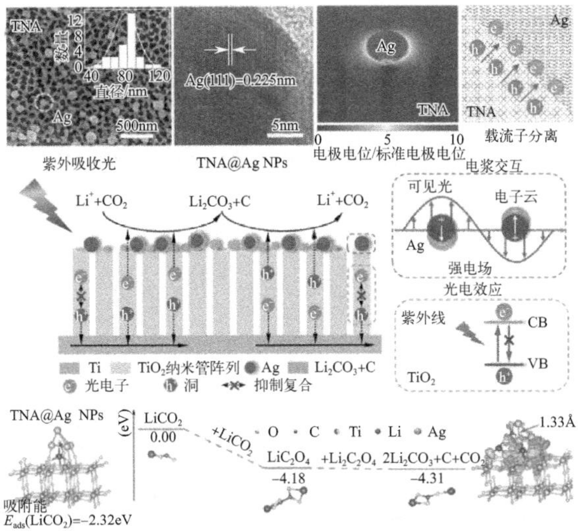

(a) 双场辅助锂-二氧化碳电池的工作原理，TNA@Ag NPs 电极的特性，吸附能量，溶液介导反应路径的吉布斯自由能图片以及电荷密度差异

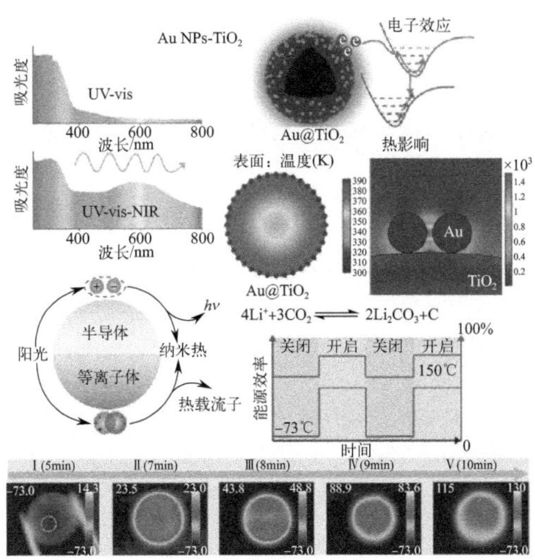

(b) Au纳米粒子在TiO_2基底上受到光照激发后，电磁场与热场增强的二维分布图（UV-vis表示紫外-可见光谱；UV-vis-NIR表示紫外-可见-近红外光谱）

图 3-6　外场光辅助 Li-CO_2 电池

3.2.2.2 非贵金属催化剂

贵金属表现出优异的电催化性能，然而高价格和低储量极大地限制了其大规模应用。开发廉价、储量丰富的非贵金属催化剂是实现低成本、高性能 Li-CO_2 电池的主要目标。过渡金属具有类似贵金属的外电子构型，多变的电子价态，提供空轨道作亲电位点，或提供孤对电子充当亲核位点，以稳定中间产物，降低反应活化能，促进反应动力学。同时，过渡金属拥有高电子迁移率、丰富的缺陷和边缘位点，为 CRR/CER 提供有利的反应空间。过渡金属元素如 Mn、Ni、Cu、 Fe、Co、Ti、Zn、Mo 及其氧化物，碳化物，氮化物，硫化物等在 Li-CO_2 电池领域得到广泛应用，已报道 Li-CO_2 电池正极中过渡金属元素出现频率见图 3-7。

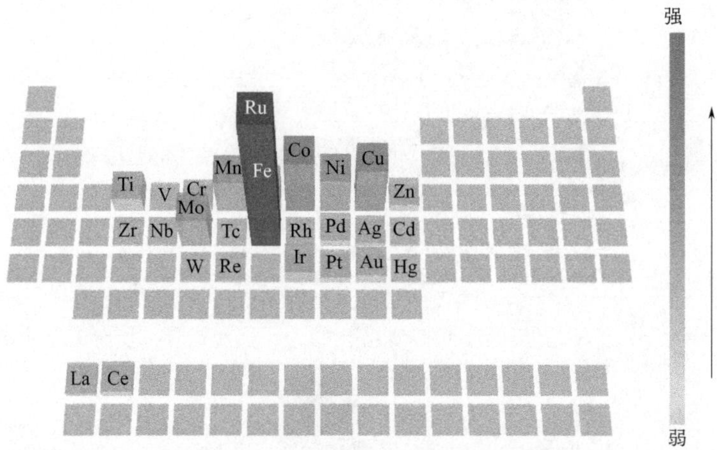

图 3-7 已报道 Li-CO_2 电池正极中过渡金属元素出现频率等高线图（截至 2024 年 8 月）

(1) 过渡金属氧化物

过渡金属氧化物（TMOs）因成本低廉、制备简单以及耦合金属协同作用等优势而备受电催化领域关注。锰的氧化物拥有多种价态，结构可控，如 α-MnO_2、δ-MnO_2、Mn_2O_3 和 MnO 等相继被引入 Li-CO_2 体系。如 Freunberger 将产物 Li_2CO_3 预填充到 α-MnO_2/C 正极，充电电位降到 4.0V 左右。Mn_2O_3 具有多孔结构，Li-CO_2 电池以 50mA/g 的电流密度进行充放电，电位差为 1.4V，可循环 2000h，放电产物为晶态 Li_2CO_3 和非晶态 C，Mn_2O_3 上积累的 C 呈现出高度石墨化。Xie 将 δ-MnO_2 催化剂附着于碳布作正极，在 100mA/g 的电流密度下放电比容量为 3819mAh/g。随着研究的深入，结晶结构、化学成分和微观物理参数对锰系氧化物催化活性的影响成为研究的重点。

锐钛矿型 TiO_2 具备良好的催化性能，特别是在对 CO_2 捕集/吸附以及还原反应中体现出良好的性能优势，TiO_2 纳米颗粒/碳纳米管/碳纳米纤维（TiO_2

NP@CNT/CNF）复合膜电极可保障 Li-CO_2 电池循环 20 次，放电电压始终保持在 2.8V。TiO_2 具备光响应特性，常协同等离子体激元应用于外场光辅助 Li-CO_2 电池体系。

镍（Ni）纳米颗粒均匀分散在三维多孔氮掺杂石墨烯（N-GO）中，充分暴露（111）和（200）晶面，与 Li^+ 和 CO_2 有很强的结合能，可提升电池放电比容量至 17625mAh/g，循环次数超过 100 次。利用 3D 打印技术将超细 Ni 粒子点缀于三维多孔 rGO，构建扩散通道，可减缓 Li-CO_2 电池极化问题，充-放电电位差降为 2.10V（电流密度为 1A/g）。基于 NiO@CNT 正极的 Li-CO_2 电池库仑效率达到 97.8%，可稳定循环 40 次，成本低廉、合成简便，但催化性能仍需提升。在 NiO 纳米片上通过缺陷调控策略制造富氧空位（NiO-Vo@CC），NiO-Vo 形成路易斯碱位点，向 CO_2 提供电子激活反应；氧空位能缩小 NiO 带隙，改善导电能力，使电池电位差低至 1.0V（100mA/g）。

铜纳米颗粒同样具备良好的催化性能，将其均匀分散在氮掺杂石墨烯薄片上生成 Cu/N-G，优先暴露热力学稳定的（111）晶面和一些高指数晶面，形成配位键，降低 CO_2 分子与 Li^+ 的反应活化能，降低 CRR 能垒。这使得 Li-CO_2 电池首次充-放电电位差低于 0.77V，循环 50 圈后电位差也仅为 1.26V，极化显著降低，优于大多数非贵金属催化剂。实验发现电池运行一段时间后，纳米 Cu 表面发生氧化形成 CuO 薄层，可能是在充电过程中 Li_2CO_3 自分解产生 O_2^{*-}，氧化 Cu 而形成稳定的 CuO 保护层，保证 Cu/N-G 后续稳定循环并且有助于产物无定形碳的分解，这时的催化过程可能和 CuO 膜有关，也可能和 Cu 核-CuO 壳之间的电子转移有关。四（4-羧基苯基）卟啉铜（Cu-TCPP）协同了用于 CO_2 还原活性的 Cu 位点和用于 CO_2 捕获的卟啉分子（分子结构中的 π—π 共轭键），被引入 Li-CO_2 电池，可促进放电产物 Li_2CO_3 均匀成核并推动其分解。电池以 100mA/g 运行放电比容量高达 20393mAh/g，以 500mA/g 运行循环寿命长达 123 次，以 2000mA/g 运行极化电压仅为 1.86V。DFT 理论分析发现卟啉基团与 CO_2 分子之间有很强的相互作用，当 CO_2 被吸附在 Cu-TCPP 表面时，大量电子从 CO_2 转移到卟啉分子上，与其他形式的 Cu 相比，电子更集中于 Cu-TCPP 中的 Cu-N_4 位点，促进 CRR/CER 的热力学和动力学进程。TCPP 孔壁上的 N 原子与 CO_2 分子之间存在酸碱作用和偶极-四极相互作用，提高对 CO_2 选择性吸附能力。

液态 Cu（Ⅰ）RM（RM 表示氧化还原介体）介导的 Li-CO_2 电化学反应机制如下，Cu（Ⅰ）RM 直接与 CO_2 发生化学反应生成 Cu（Ⅱ）-C_2O_4 加合物，通过电化学还原生成产物 $Li_2C_2O_4$ 和 Cu（Ⅰ）RM，显著提高电池放电容量，直到正极被足够多的固体产物 $Li_2C_2O_4$ 覆盖，而不是惰性更大的 Li_2CO_3，充电平台相对较低。

但是传统的可溶性 RM 存在浓度极化，在 Li-CO_2 电池引发穿梭效应，大电流下动力学迟缓问题。周豪慎合成由金属 Cu^{2+} 和有机配体（苯-1,3,5-三羧酸，BTC）组成的微孔 MOF［Cu(Ⅱ)-BTC］，具有 9Å 孔隙，可捕获大量 CO_2，将 Cu(Ⅱ)-BTC 固态氧化还原介质锚定在 CNT 表面，电池放电首先被还原成 Cu(Ⅰ)-BTC，继而与吸附的 CO_2 反应，通过可逆的 Cu(Ⅱ)/Cu(Ⅰ)氧化还原偶联催化，生成 $C_2O_4^{2-}$ 和 RM(Ⅱ)-BTC 以及最终产物 $Li_2C_2O_4$，电池放电电压为 2.8V，充电电位仅为 3.7V，可循环超过 400 次。

除单质镍和铜，其氧化物如 NiO、CuO 纳米片也被用于 Li-CO_2 电池催化。不同于 Li-O_2 电池，产物 Li_2O_2 和 NiO(CuO) 正极材料的 *a*-和 *b*-晶格参数高度相似，易在六方 NiO(CuO) 表面成核和生长。在 Li-CO_2 体系中，Li_2CO_3 的晶格和 NiO(CuO) 完全不匹配，反应机制可能与晶体结构、晶面类型与反应物及中间产物的相互作用有关。对比三种构型（长方体 *Cb*、八面体 *Oh* 和菱形十二面体 *Rd*）的 Cu_2O 晶体，菱形十二面体 Cu_2O-Rd 更多呈现（110）和（111）晶面，电池放电容量和倍率性能优于立方体和八面体 Cu_2O。

金属之间的强协同效应提升催化性能，被更广泛用作 Li-CO_2 电池的催化剂。在碳纳米纤维上均匀分散 RuCo 纳米合金（RuCo/CNF），最佳比例的超细纳米颗粒 $Ru_{82}Co_{18}$ 提供丰富的活性位点，其充电电压显著降低至 3.75V，并稳定循环超过 90 次。

PdCu 修饰的氮掺杂碳纳米纤维（PdCu/N-CNF）中 Cu 对 CO_2 有很强的吸收作用，但 Cu 容易氧化形成稳定的界面，导致活性位点减少，引入 Pb 强烈抑制 Cu 在放电/充电过程中的氧化，使催化性能得以稳定和持续。同时提供更多的活性位点，优化放电产物从块状发育为纳米片状，易于充电再分解，循环性能提高到 250 次。此外，在石墨烯上复合高度共分散的钌-铜纳米颗粒（RuCu-G），Ru 促进 Cu 分散，减缓晶体生长，合适晶面和高分散的 Ru 与 Cu 交织在一起改变 RuCu-G 表面的电子云密度，协同催化 CRR/CER，调节放电产物的生成，在低过电位（<0.88V）稳定循环 100 个周期，远远优于 Cu-G 和 Ru-G。

使用生物材料作为电池的催化剂，是绿色高效催化剂的发展方向之一。Kim 提出一种可持续、可生物降解的生物催化剂，血红蛋白溶液在毛细作用下嵌入 N-CNT 纳米级空隙，形成 Fe NPs@N-CNTs(Fe NPs$<$5nm)，充电时，Fe NPs 处于束缚状态，形成 Fe—O—C 键，放电时， Fe—O—C 键作为 CRR 的有效催化剂参与电化学反应。铁元素处于金属状态，以 0 价 Fe 单质形态存在。

其他过渡金属如 Co、Ti、Mn、Ni、Cu 等也已被广泛报道。对普鲁士蓝类似物进行退火合成 Co 包埋的 N-CNT(Co-N-CNT)，作为 Li-CO_2 电池的正极催化剂。发现 N-CNT 比 Co-N-CNT 具有更好的放电容量，作者认为这一结果的核心原因是 N-CNT 的密度较低。然而，N-CNT 具有较差的可逆性。此时，极化率较低的 Co-N-CNT 的优势显著凸显。Co 具有优异催化性能的原因是 Co 纳米颗粒通过电子转移增强催化活性，导致碳局域表面的功函数降低。因此，实现了基于 Co-N-CNT 的 Li-CO_2 电池的优异循环性能（90 次循环）。

（2）过渡金属碳化物

过渡金属碳化物（TMCs）是由碳原子填隙式嵌入过渡金属的晶格中形成的一种金属间填充型化合物，在费米能级上具有很强的 d 电子云密度，并且其表面性质和催化活性类似于 Pt 等贵金属，被誉为“准铂金催化剂”，目前已成为一种催化剂新材料的研究热点，在多个领域受到广泛关注。Mo_2C 最先被报道用于 Li-CO_2 电池正极催化剂，在 Mo_2C 表面形成 Mo—O 键，与中间产物薄膜状的非晶态 $Li_2C_2O_4$ 稳定结合，形成 $Li_2C_2O_4$-Mo_2C，阻止亚稳态 $Li_2C_2O_4$ 被进一步还原为热力学稳定的晶态 Li_2CO_3。非晶态 $Li_2C_2O_4$ 的离子电导率和导电性比晶态 Li_2CO_3 高得多，故其分解所需电压较低，实验也发现非晶态的 $Li_2C_2O_4$ 在 3.5V 以下电位就能被分解，从而提高电池的可逆性（实现 40 周的可逆循环），提高充放电效率。

另外，Jung 课题组在石墨烯纳米片复合 β-Mo_2C（GNPs/β-Mo_2C）的研究中，首次证实 Li-CO_2 电池放电反应路径受电解液介电常数的影响。并发现，在低介电常数的电解液中，如四乙二醇二甲醚（TEGDME），$C_2O_4^{2-}$ 在 Mo_2C 的吸附能为 −0.028eV，而在高介电常数的电解液中，如 *N*,*N*-二甲基乙酰胺（DMA），$C_2O_4^{2-}$ 在 Mo_2C 的吸附能为 1.168eV，在高介电常数的 DMA 电解液下 $Li_2C_2O_4$ 不稳定，对 Li_2CO_3 作为放电产物的形成是有利的，该研究证实了电解液的介电性对放电产物的生成起着重要作用，对于匹配 Li-CO_2 电池电解液以调控反应路径有着现实指导意义。除了 Mo_2C 外，MoC 在 Li-CO_2 电池中也有所应用，如图 3-8（a）所示，MoC 纳米颗粒嵌入富 N 碳壳-多壁 CNT 核的多功能纳米纤维，富 N 碳壳增强 CO_2 和 Li_2CO_3 的吸附能力，MoC 纳米颗粒提高 CRR 和 CER 催化活性，CNT 核为电子传输提供有效的网络通道，协同增强 Li-CO_2 电池的电化学性能，在 250mA/g 电流密度及 1000mAh/g 截止比容量下以低于 1.5V 的过电位稳定循环超过 150 次。同理，W_2C 纳米颗粒嵌入 CNT 壁（W_2C-CNTs），见图 3-8（b），富电子的 W 原子通过 W—O 键打破 CO_3^{2-} 的稳定三角形结构使放电产物在充电时更易可逆分解，其 Li-CO_2 电池呈现出 3.2V 的超低充电电压和 90.1%的高能量效率，DFT 分析证明 W_2C 表面和 Li_2CO_3 之间确实存在电子转移，导致 W_2C 衬底上 Li_2CO_3 的低分解能垒。

（3）过渡金属氮化物

过渡金属氮化物（TMNs）是氮原子嵌入过渡金属晶格中，为填隙式结构，综合了非金属的 s-p 轨道和金属的 s-p-d 轨道，所以 s-p 轨道电子总数增加，由于

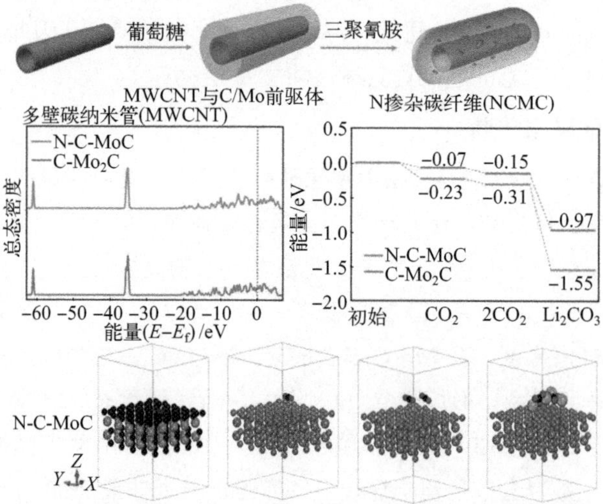

(a) N-C-MoC的制备过程示意图，C-Mo_2C和N-C-MoC的总态密度、对CO_2和Li_2CO_3的吸收能与吸收位的构型

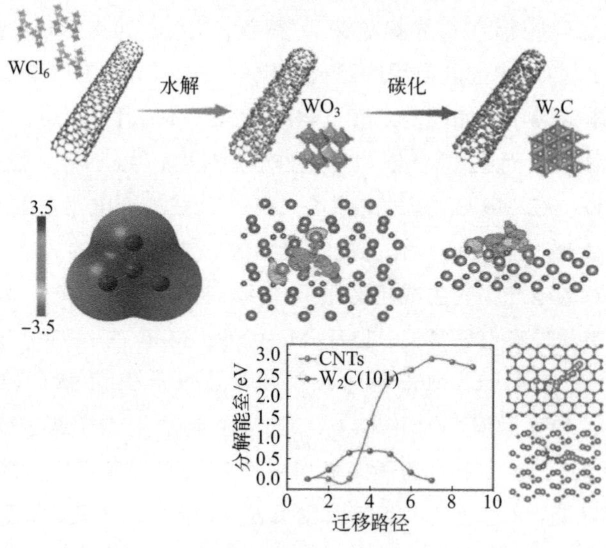

(b) W_2C的制备过程示意图

图 3-8 过渡金属碳化物

d 轨道相互重叠而具有特殊的物化特性，通常具有超过 10^6 S/m 的超高电导率，在电化学催化剂和金属-气体电池中有广阔的应用前景。在众多过渡金属氮化物中，Mo 的价电子呈半满填充的状态，使其容易得到和失去电子，具备从低氧化态到高氧化态的多种可变价态，N 的引入有助于调节 d 电子结构，如图 3-9(a)，促进富含丰富 Mo—N 键催化剂的催化活性。如 MoN，电子导电性为

4.55×10^6 S/m，价电子的半填充壳层为 $4d^55s^1$，王斌团队制备 CC@MoN NFs 柔性电极，MoN 对 CO_2 和 Li 表现出较强的捕获能力，N 和 Mo 的外层价电子构型分别为 $2s^22p^3$ 和 $4d^55s^1$，初始 MoN 中 Mo 的平均价态约为＋3，但 MoN 中 Mo 原子仍有三个孤电子，CO_2 中 O 原子的电负性强于 N 原子，使 O 原子成为极好的电子受体，因此，MoN 中 Mo 原子中的孤电子在放电过程转移到强电子受体上（即 CO_2 中的 O 原子），然后再转移到 CO_2 中的 C 原子上，产物 $Li_2C_2O_4$ 被 MoN 中低价 Mo 原子的离域电子稳定，形成 Mo—O 耦合桥，促进了电池反应动力学。电池具有较高的全放电比容量（6542.9μAh/cm^2）、较低的充电电压平台（约 3.19V）、超过 88% 的能量效率和良好的循环性能（86 次）。与 MoN 类似，Mo_3N_2 中 Mo 的平均化合价为＋2，与 N 成键后每个 Mo^{2+} 平均占据四个价

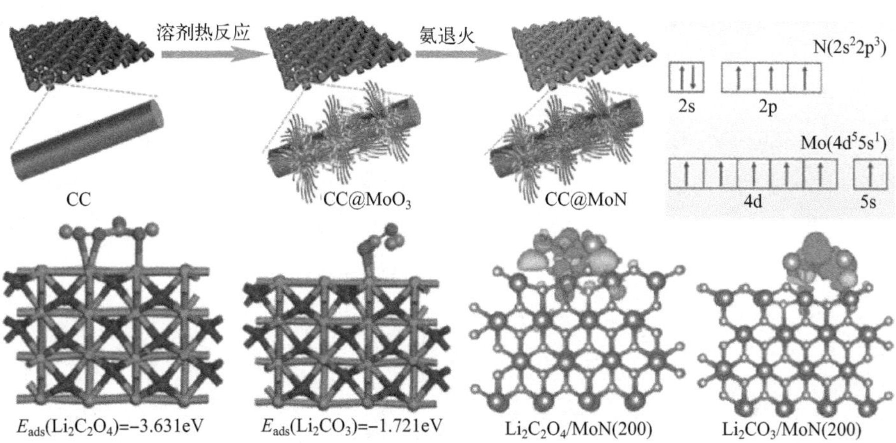

(a) MoN的制备过程示意图、电子结构、材料表面上物质的吸附情况(E_{ads}表示吸附能)

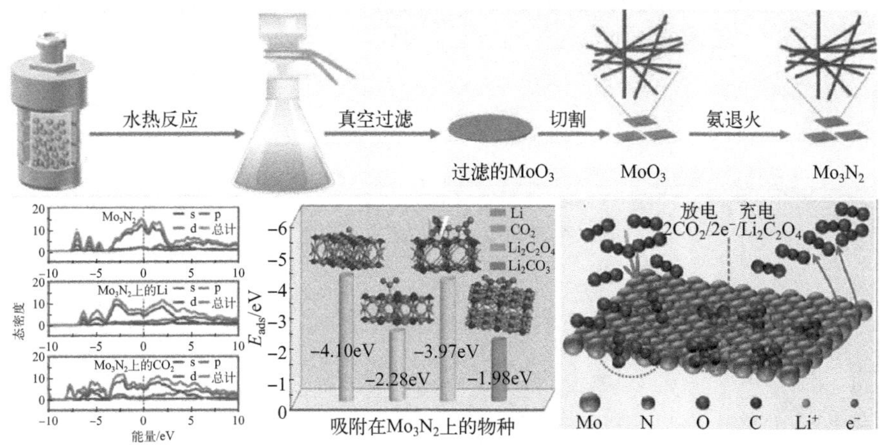

(b) Mo_3N_2的制备过程示意图、表面费米能级、表面吸附能(E_{ads})及Li-CO_2电池用Mo_3N_2阴极反应机理示意图

图 3-9　过渡金属氮化物

电子，因此具备更丰富的离域电子密度，如图 3-9（b）所示，Mo^{2+} 在放电和充电过程中发挥着“电子桥”的作用，在 Mo—N 和 Mo—O 键之间来回穿梭变化，以促进 Mo_3N_2 和 CO_2 之间的电子转移并稳定放电产物 $Li_2C_2O_4$，从而提高 CRR 和 CER 动力学并降低过电位。电池在 20μA/cm² 的电流密度下，Mo_3N_2 正极的全放电比容量达到 8361μAh/cm²，能量效率高达 80.46%，充电中值电压低至 3.28V，即使在 100μA/cm² 的大电流密度下 Mo_3N_2 仍能以较低充电电位可逆循环约 800 小时。

（4）过渡金属硫化物

过渡金属硫化物（TMSs）的成本低、过电位低、稳定性高，且具有与贵金属相媲美的催化活性，也是一种理想的替代贵金属的 Li-CO_2 电池催化剂材料。Salehi-Khojin 首次以 MoS_2 纳米片为正极，如图 3-10（a），以离子液体/DMSO 电解液构筑 Li-CO_2 电池，在 500mAh/g 固定比容量下以 500mA/g 电流密度可逆循环 500 次，并且在 100mA/g 电流密度下具有 60000mAh/g 的超高放电比容量，但其充电电位较高（>4.0V）。MoS_2/CNT 复合电极的最大放电比容量为 8551mAh/g，库仑效率为 96.7%，在 100mA/g 的电流密度下可稳定循环 142 次。自支撑 MoS_2-多壁、单壁 CNT 复合电极，其 Li-CO_2 电池以低过电位（<1.0V）实现 50 次循环，放电比容量提高约 50%。

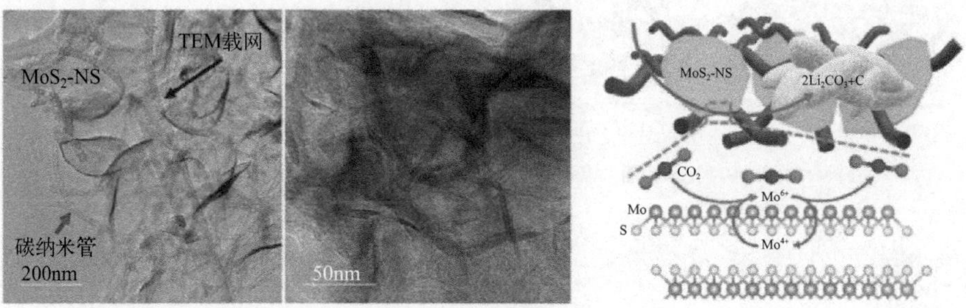

(a) MoS_2的TEM图及Li-CO_2电池反应机理图

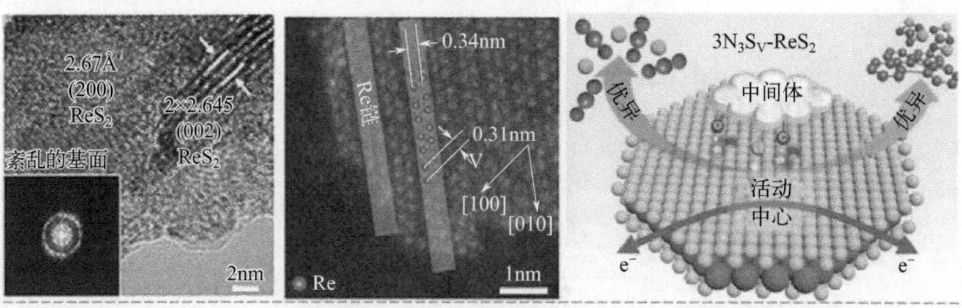

(b) $3N_3S_V$-ReS_2的TEM及快速傅里叶变换(FFT)衍射图

图 3-10　过渡金属硫化物

除 MoS_2 外，Zn、Ni、Fe、Cu、Re 等元素的硫化物亦被研究报道。Wei 团队合成 ZnS 量子点/石墨烯异质结（ZnS QDs/N-rGO），这一复合材料通过界面相互作用增强 ZnS QDs/N-rGO 催化活性，并诱导放电产物成核，从而形成具有优异电子传输和高电化学活性的均匀 Li_2CO_3/C 薄层，构筑的电池在电流密度为 200mA/g 时平均过电位为 1.21V，在 400mA/g 的恒电流密度下（截止比容量 1000mAh/g）稳定循环超过 190 次。

MS_2 中的 S 亲电空位可显著促进 CO_2 及中间体的吸附，MS_2 基面的 S 空位有利于 CO_2 的吸附和解离。MS_2 基面和边缘位点都具备活性，由于基面对 CO_2 和由 C、O 原子组成的中间体的吸附能力较差，其活性不及边缘活性高，因此边缘催化剂的设计显得尤为重要。目前，表面缺陷和掺杂工程是常用的修饰二维材料表面的技术方法。Cheng 在 ReS_2 平面引入 S 空位和 N 掺杂中心对的双官能团，如图 3-10（b），DFT 计算发现 ReS_2 平面中的亲核 N 掺杂剂和亲电子 S 空位分别调整了中间体中 Li 原子和 C/O 原子的相互作用，亲电和亲核双中心在电池充-放电阶段涵盖了所有中间体的合适吸附，从而为决速步产生了较小的能垒，优选的 ReS_2 催化剂在 20μA/cm^2 下实现了 0.66V 的低过电位和 81.1%的高能量效率。

Wang 在 N、S 共掺杂石墨烯气凝胶（N，S-GO AG）上构建空心 NiS_2/FeS_2 纳米异质结界面，有效促进电子转移并调控催化剂的电子结构，N，S-GO AG 提供的分层多孔结构有利于传质，协同效应使 Li-CO_2 电池在 0.1A/g 的电流密度下具备 1.10V 的极化电位，并可以在 1A/g 的电流密度下稳定循环 127 次。王斌课题组制备了一种半导体非贵金属硫化物 $CuInS_2$，由于双金属价键和配位电子转移的协同效应，该硫化物表现出较高的全放电比容量、优异的速率能力和循环稳定性。

在 Li-CO_2 电池研究中，不同正极催化剂对充电电压影响显著。如图 3-11 所示，多种正极催化剂体系在电压维度呈现不同分布。非贵金属在 Li-CO_2 电池正极催化剂中的应用形式多样，除了上述报道较多的过渡金属氧化物（TMOs）、过渡金属碳化物（TMCs）、过渡金属氮化物（TMNs）和过渡金属硫化物（TMSs）外，还有单原子、分散金属纳米颗粒、合金、酞菁有机金属类化合物、MXene、磷化物、层状双金属氢氧化物、层状双金属氧化物、层状复合氧化物、羟基氧化物、钙钛矿型结构化合物等，利用这些正极催化剂所构筑的 Li-CO_2 电池电化学性能在一定程度上均得到提升，充分展示了非贵金属在 Li-CO_2 电池正极催化剂上具备较大的开发价值。

MXene 作为一种快速发展的新型二维层状材料，由过渡金属元素与碳或氮交错排列而成，与石墨烯类似，具有较大的比表面积。由于大量金属位点暴露在外，MXene 具有高导电性和高效的电荷传输能力，良好的 CRR/COR 催化性能，

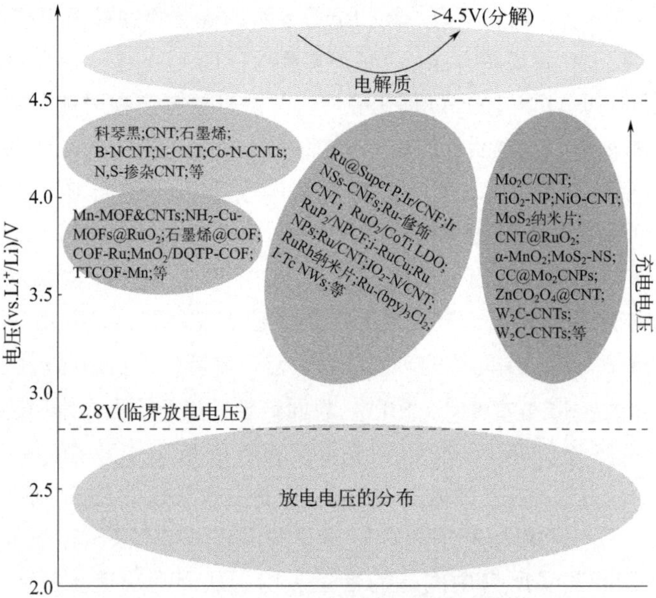

图 3-11　Li-CO_2 电池不同正极催化剂的充电电压

被应用到 Li-CO_2 电池。MXene/GO 滴涂在泡沫镍上充当正极，电池过电位为 2.4V，全放电比容量达到 18326mAh/g，17772mAh/g 时的容量可逆，库仑效率达到 97%，循环 43 次（430h）后放电电位只增加 0.2V。无黏结剂的 MXene-$x$$MnO_2$ 膜电极凭借多孔结构和高导电性，加快充-放电过程载流子输运，Ti 取代 Mn 增加对 Li^+ 的吸附，加速放电产物解离；MXene 薄膜与 MnO_2 协同催化，提供丰富的活性位点，提高电池的全放电比容量，在 100mA/g 电流密度下全放电比容量为 5722mAh/g。Ti_3C_2-0.1MnO_2 膜电极循环 10 次过电位仅为 0.89V，并稳定运行 220 个循环。对 $Ti_3C_2T_x$ MXene 纳米片进一步乙醇热处理，其表面热力学亚稳态 Ti 原子作为成核位点，原位生长氧空位-TiO_2 纳米颗粒，合成 O_v-TiO_2/MXene 材料。该材料对 CER/CRR 的促进作用体现在：①克服 CO_2 中 C═O 键的高离解能，从而降低 CRR 的活化能垒；②降低催化剂的键态，增加催化剂的反键态，增强对 CO_2 的吸附；③具有弱束缚电子，可作为捕获 CO_2 的阱位。此 Li-CO_2 电池在电流密度为 100mA/g 时，放电比容量达到 18042.5mAh/g，远高于 TiO_2（148mAh/g）和 MXene（6781.4mAh/g），具有优异的循环稳定性（158 次）；在电流密度为 100mA/g 时充电电位仅为 3.37V，过电位低至 0.54V。

Shi 根据 CRR/CER 关键参数及反应机理，通过理论分析筛选出适用于 Li-CO_2 电池的 MXene 材料。在 MXene 家族中，考虑到稳定性和双功能催化 CRR/CER 活性，M_2C 构型的材料是首选，M_2CO_2 构型材料催化性能最差，但在对 MXene 修饰过程中不可避免地引入 O 基团，因此通过在 M_2CO_2 构型

MXene表面负载3d过渡金属单原子（SA）（如Mn、Fe和Zn），其性能可提高12.2%～68.1%，选用具有较高稳定性和可合成性的M_2CO_2作为目标材料，计算发现Zn SAs@Mo_2CO_2表现最为优异，优于石墨烯及其他材料。单原子金属促进中间产物的吸附与负电荷中心的形成，助力CRR/CER。该团队还揭示了吉布斯自由能与CRR/CER过电位间的火山型关系。兼顾4d和5d金属元素，依赖SA电子填充反键轨道及SA—O/C成键的能力，提出一个易于计算的吸附参数ξ用于快速评价SA改性CRR/CER催化剂的双功能活性，便于快速筛选双功能SA催化剂。采用自牺牲模板法制备二维$Ti_3C_2T_x$ MXene-碳异质结组装成平行排列的管状结构（MNT）。MNT经独特的异质结和纳米管形态的协同作用，展现出极高的催化效能和卓越的稳定性。管状结构利于CO_2气体、电解质与电极的接触，反应动力学得到进一步改善，避免Li_2CO_3团聚。在500mA/g电流密度下，MNT放电比容量达11458mAh/g远高于MXene纳米片（MNS）的7386mAh/g，在50mA/g低电流密度下， MNT的极化电压为1.31，低于MNS（1.45V）和CNT（1.78V）。当电流密度增加时，MNT具有更高的倍率性能，在2000mA/g的超高电流密度下，MNT基电池的终端放电电压仍为2.52V，对应的终端电压差为1.89V。

3.2.3 金属有机骨架、共价有机骨架催化剂及其衍生物

M-CO_2电池受限于最终产物M_2CO_3的绝缘性，电子很难从正极表面转移至M_2CO_3产物或邻近的放电产物/电解质界面，如果过度积累M_2CO_3，会覆盖活性位点，填充扩散通道，直至电池永久失效。因此需设计并构建恰当的多孔结构，构建有效的传输通道，增大比表面积，加快CO_2分子扩散、M^+/电子传输，提供相对充足的空间，缓解产物过度累积。有机框架材料是一种具有丰富结构多样性和功能可调性的多孔材料，包括金属有机框架（MOF）和共价有机框架（COF），其有序的孔隙为气体储存和分离提供通道，是一种理想的Li-CO_2电池催化剂材料。

（1）金属有机骨架化合物及其衍生物

MOF是由无机金属中心（通常为金属离子或金属簇）与有机配体桥联自组装而成，具有周期性网状结构。 MOF具有丰富、规则、稳定的孔隙结构，用作Li-CO_2电池催化剂有以下优势：①MOF对CO_2的吸附能力强；②MOF中周期性排列所产生的微孔纳米空间有利于Li_2CO_3早期成核，并导向特定的、具有单一方向特征的纳米形貌；③MOF分散的金属颗粒作为催化中心，促进CO_2化学转化和Li_2CO_3分解；④MOF-CO_2的偶极-四极作用为CO_2化学转化提供活性位点和反应空间。北京理工大学王波团队比较了六种过渡金属中心MOF在Li-CO_2

电池体系的性能，发现孔隙结构有利于 CO_2 分子的吸附，筛选出金属 Mn(Ⅱ) 有利于 CO_2 分子的捕获以及电催化还原，2,5-二氯代-1,4-苯二甲酸锰［Mn_2(dobdc)］具备更大的比表面积（$1019m^2/g$），CO_2 分子更易从 Mn_2(dobdc)（孔径约 11Å）中脱附，实现 18022mAh/g 的放电比容量，500h 的循环寿命，充电电位在 4.02V。值得注意的是，Li_2CO_3 成核-生长都优先发生在 Mn_2(dobdc) 的孔道中，纳米颗粒产物逐渐形成薄层。

然而，MOF 材料导电性差仍然是制约电池倍率性能及循环寿命的关键因素。王波团队将 Mn-MOF 和氧化石墨烯混合，经过高温煅烧后，MnO 超细纳米颗粒（5～10nm）被均匀分散在八面体氮掺杂碳骨架上，并和石墨烯薄片相互交联，形成多位点 MnO@NC-G 催化剂，兼顾 Mn(Ⅱ) 高活性位点、八面体框架结构和优异的导电性等优势，将放电比容量提高至 25021mAh/g，循环性能累计可达 382 圈（1A/g），过电位降低到 0.88V，电流密度提高到 1000mA/g，电位差仅为 1.99V，呈现出良好的倍率性能。

此外，Mn 配位的吡唑位点可以促进 Li_2CO_3 的有效分解，而 Mn-卟啉位点有助于 CO_2 的活化。卟啉-Mn(MOF) 将放电比容量提高至 14025mAh/g，循环性能累计可达 90 圈，过电位降低到 1.05V。只有卟啉-Mn 组装的电池是可逆的，并且可以在深度放电过程后通过完全充电复原，其中，卟啉-Mn 位点在激活充电反应中起着关键作用。

Xu 利用溶热法制备铜-四（4-羧基苯基）卟啉（Cu-TCPP）MOF，并用于 Li-CO_2 电池。Cu-TCPP MOF 中 Cu-N_4 活性位点周围的电子密度高于其他 Cu 位点，能增强对 CO_2 和 Li_2CO_3 的吸附能力，同时，MOF 孔壁上的 N 原子与 CO_2 分子之间的酸碱和偶极-四极相互作用促进 CO_2 选择性吸附、捕获。当 CO_2 吸附在 Cu-TCPP 上，大量电子从 CO_2 转移到 TCPP，导致 TCPP 与 CO_2 之间产生强烈相互作用， TCPP 配体与 Cu 原子协同催化 CRR/CER，提高热力学和动力学性能。 TCPP 与 Cu-TCPP 催化 Li-CO_2 电池的全放电比容量分别为 15979mAh/g 和 20393mAh/g，在 1000mA/g 电流密度下过电位为 2.02V 和 1.80V，分别循环 40 圈和 123 圈（500h）。

Han 及其团队将 RuO_2 NPs 封装在氨基功能化 MOF 中，制备 NH_2-Cu-MOFs@RuO_2 复合催化剂，孔壁的氨基有助于高效捕获 CO_2，MOF 的有序孔为 CO_2 和 Li^+ 的扩散提供传输通道，Cu 和 RuO_2 的协同加速 CO_2 分子转化，相应的 Li-CO_2 电池在 $50\mu A/cm^2$ 电流密度下放电比容量为 $2903\mu Ah/cm^2$，过电位为 1.21V。Zhan 基于阴离子交换 MOF 设计的超细 Ru-Cu 纳米合金（Ru-Cu@NPC），表现出优异的 CRR/CER 活性，Li-CO_2 电池在 100mA/g 下过电位低至 0.93V，循环超过 400 圈，该研究为 Li-CO_2 电池阳离子 MOF 衍生双金属催化剂的研究提供参考。

(2) 共价有机骨架化合物及其衍生物

COF 是一种新型的多孔晶体聚合物，由特定分子结构单元（如肼）通过强共价键周期性连接和延伸而成。其具有高稳定性、通道开放和易于功能化的特点。其主要优势为：①COF 的通道可设计/调控以适应 Li^+ 和 CO_2 扩散；②COF 可被各类官能团或金属中心功能化以有效捕获或活化 CO_2；③COF 可与其他材料进行杂化，得到具有协同作用的功能复合材料，为 Li-CO_2 电池的性能改善提供可能。此外，其清晰的晶体结构为 Li-CO_2 电池的机理研究提供了理想的平台。中山大学孟跃中团队提出利用 COF 稳定的一维通道充当 CO_2 扩散和 Li^+ 输运路径，将 CO_2 捕获、富集限制在纳米尺度，来改善电化学反应动力学。Li-CO_2 电池的放电电压取决于 CO_2 的局域浓度，在正极催化剂富集 CO_2 可提高电池性能，但是 CO_2 过量富集会生成大尺寸 Li_2CO_3 绝缘颗粒，电池的极化程度较高，充放电可逆性差。在石墨烯上通过 1,3,5-三（4-氨基苯基）苯和对苯二甲醛的希夫碱反应原位生长亚胺共价有机骨架薄片（I-COF）构筑 G@I-COF 异质结，G@I-COF 继承石墨烯的高比表面积和亚胺 COF 的微孔结构和 C ═N 基团，将 CO_2 吸附量从 COF 的 2.5cm^3/g 提高到 42cm^3/g 并控制 CO_2 局部浓度，显著稳定开路电压，65h 开路电位仅下降 22mV（石墨烯下降 54mV）；并且可以将 Li-CO_2 电池的全放电比容量从石墨烯的 13443mAh/g 提升到 27833mAh/g（电流密度为 75mA/g，截止电压为 1.8V）。此外，由于 Li^+ 与 CO_2 反应被限制在 G@I-COF 微孔中，放电产物粒度从石墨烯的 10μm 显著降低到 500nm，以 500mA/g 大电流密度可循环 56 次，过电位仍维持在较低水平（1.08～1.70V），末圈循环充电终压仍低于 3.54V，而石墨烯电池循环 39 次充电终压已超过 5.0V。

将 COF 与高活性催化材料如单原子 Ru、Mn 以及 MnO_2 等制备复合材料，其中，COF 可促进 CO_2 气体和离子的扩散并调节气体浓度，高活性材料则负责催化 CRR/CER。Loh 团队将苯-1,3,5-三甲醛（Tf）和 2,5-二丙氧基对邻苯二甲酰肼（DHzOPr）合成基于肼分子单元的 COF（Tf-DHzOPr COF），其边缘用酮氧和亚胺氮官能团修饰，与 Ru@CNT 中的 Ru 原子配位复合成 Ru@CNT@COF，可实现 27348mAh/g 的高放电比容量，其中 93%的容量在 2.4V 以上，优于 Ru@CNT（9836mAh/g）、COF@CNT（25163mAh/g）和 CNT（9045mAh/g）。该电池在 4.27V 下全放电比容量 100%可逆，在电流密度高达 1000mA/g 时，电位差仅为 1.24V，同样优于 Ru@CNT（1.47V）、COF@CNT（1.81V）和 CNT（1.97V），可持续循环 200 次。COF 开放通道可优化对 CO_2 的吸附，高活性表面可提升 CO_2 还原反应速率，实现高全放电比容量。COF 捕获 CO_2 气体，并为 CO_2 和 Li^+ 提供快捷的扩散通道，送达 Ru 催化活性位点。Nyquist 图在低频下呈现扩散过程控制的线性增长特征，证实 COF 对离子扩散有积极影响。Ru@CNT@COF 的 Warburg 系数（表征电化学反应中扩散阻抗）为 64.64，其扩散速率较 Ru@CNT 高 11 倍（Ru@CNT 的 Warburg 系数为 214.31）。与 Ru@CNT 相比，COF 提供的一维通道具有更长的使用寿命，而 Ru@CNT 常规通道易被放电产物堵塞。

南京师范大学兰亚乾团队用 $KMnO_4$ 对块状醌-COF 进行化学剥离，剥离成厚度仅为 1.87nm、宽度达到 500nm 的薄片状材料（DQTP-COF NSs），同时 $KMnO_4$ 还原为 MnO_2，形成 MnO_2/DQTP-COF NSs。研究表明：① MnO_2 暴露出（111）晶面加速 CRR/CER 动力学。②醌结构有助于电子转移和 CO_2 活化，DQTP-COF 的醌基团先得到电子转化为中间还原态，后与 CO_2 相互作用，形成稳定的醌-CO_2，其自由能（$\Delta G=9.5$kcal/mol）比 CO_2 直接接受电子转化为 CO_2^- 的自由能（$\Delta G=18.5$kcal/mol）低得多。③多孔纳米片形态能够富集反应物、稳定过渡态，并通过改变内表面吸附势实现纳米限域功能，缩短 CO_2 分子间扩散路径，保证产物均匀分散，避免大颗粒 Li_2CO_3 晶体紧密堆积。对比块体催化剂 MnO_2/DQTP-COF，产物颗粒直径由 250nm 降低为 100nm，从而增强电子和 Li^+ 的导电能力。该材料赋予 Li-CO_2 电池 42802mAh/g 的超高放电比容量，电流密度为 200mA/g 时电位差仅为 1.46V。该团队还报道了具有单个金属位点的卟啉基共价有机骨架材料（TTCOF-Mn），电池在 100mA/g 下表现出 1.07V 的低过电位，并且在 300mA/g 下具有优异的循环稳定性，TTCOF-Mn 具备均匀的单 Mn(Ⅱ)位点、快速的 Li^+ 传输路径和高电子转移效率等独特特征，有助于 Li-CO_2 电池中 CO_2 的高效还原和 Li_2CO_3 的快速分解。

传统单金属 MOF 材料包含与有机框架配位的不同金属中心，MOF 的改性主要分为金属端和有机端两种路径。在有机端改性方面，通过掺杂杂原子、构建缺陷或更换配体等方式，改变其周围电子密度并提升导电性，以产生协同效应。这有助于分别形成优化的活性位点及电子转移路径，从而加速反应动力学并降低电池过电位。而金属端通过引入其他金属中心构建单金属、多金属 MOF 材料，防止材料结块，保证金属原子的分散。总的来讲，有机框架系列催化剂在降低 Li-CO_2 电池过电位方面较碳基材料有明显的优势，然而该催化剂的制备工艺繁琐，不利于扩大生产，成本偏高，在 Li-CO_2 电池的未来应用方面潜力不足。

3.2.4 单原子催化剂与新型催化剂体系

(1) 单原子催化剂

相较于贵金属因高成本及高密度而带来的低比容量问题，以及过渡金属和碳基非金属材料催化效率较低的局限性，单原子催化剂将单个金属原子高度分散在载体上，凭借独特的电子结构和低配位环境而备受关注。单原子催化剂中金属原子的载量通常<2%，原子的活性位点相距很远，因此其相互作用常被忽视，理想状况下，金属原子利用率无限接近 100%，表现出类似均相催化剂的极佳催化活性。

合成高金属载量的单原子催化剂能够减缓单个活性位点的分离，发挥相邻单原子的协同作用进而提高催化性能。乔世彰教授在氧化石墨烯上高负载单钴原子（相邻的 Co/GO），载量高达 5.3%，Co 原子仍保持高度分散，相邻 Co-Co 距离约为 1.79Å，Co 原子定向分散并为催化反应提供连续的活性位点，相邻 Co 原子发挥协同作用。与单一 Co/GO 和 Co 纳米簇/GO 相比，相邻的 Co/GO 创造连续的活性位点，对 Li_2CO_3 放电产物进行强吸附和可逆分解，放电比容量达到 17358mAh/g。

除了局部配位环境，基底环境也会对电催化性能产生影响。戴黎明团队将单个铁原子嵌入 N、S 共掺杂的孔状石墨烯（Fe-ISA/N，S-HG）中。其中，多孔石墨烯相互桥联，为物质传递提供高效通道，为反应产物储存创建空间，实现高比容量。N 掺杂提供富吡啶氮位点并锚定金属离子，形成丰富的边缘“$Fe-N_4$”单原子位点，利于 CO_2 吸附与活化。S 元素将非原子铁杂质转化为易被去除的硫化铁。原子分辨率扫描透射电镜（STEM）观察到 Fe 单原子直径约为 0.2nm，K-edge X 射线吸收近边结构（XANES）和拓展 X 射线吸收精细结构（EXAFS）没有发现 Fe-Fe 的特征峰，证实 Fe 为单原子状态。基于 Fe-ISA/N，S-HG 的电池放电产物 Li_2CO_3 颗粒的粒径小于 10nm，显著小于多数文献报道的 50nm 直径，有助于产物被完全氧化分解，因此电池比容量高达 23174mAh/g，库仑效率达到 92.9%，循环超过 200 个周期。刘清朝教授将 Ru 单原子分散在 Co_3O_4 上制备（$Ru-Co_3O_4$）双功能催化剂，SARu 作为驱动力中心，促进关键中间体（$Li_2C_2O_4$）的吸附，并优化放电产物的生长路径、改变产物形态和分布、有效降低充电过电位。

周光敏和成会明院士以氮掺杂石墨烯为基底合成单原子催化剂（SAM@NG，图 3-12），并采用密度泛函理论（DFT）从 Cr、Mn、Fe、Co、Ni、Cu 六种非贵金属中筛选出 Cr 作为最佳活性位点。 SACr 具有弱电负性，更易与亲电的氧成键，呈现出优异的 CO_2 吸附、Li_2CO_3 分解能力，是高性能 $Li-CO_2$ 电池的潜在催化剂。根据反应路径的推断，生成 $^*CO_3$ 和 $^*C$ 是 CRR 决速步骤，SACr@NG 的吉布斯自由能为 2.79eV，远低于 NG 催化剂的 8.14eV。由于催化剂表面的电荷分布差异，NG 更倾向于优先吸附 Li，SACr@NG 则优先吸附 CO_2，但是关于反应路径的推断缺少中间产物的表征，并未得到进一步的证实。

此外，CuPPc 作为一种共价有机聚合物，具有共轭结构和金属大环配合物形成的单原子位点，其中 $Cu-N_4$ 作为活性中心，共轭结构配体稳定催化位点。

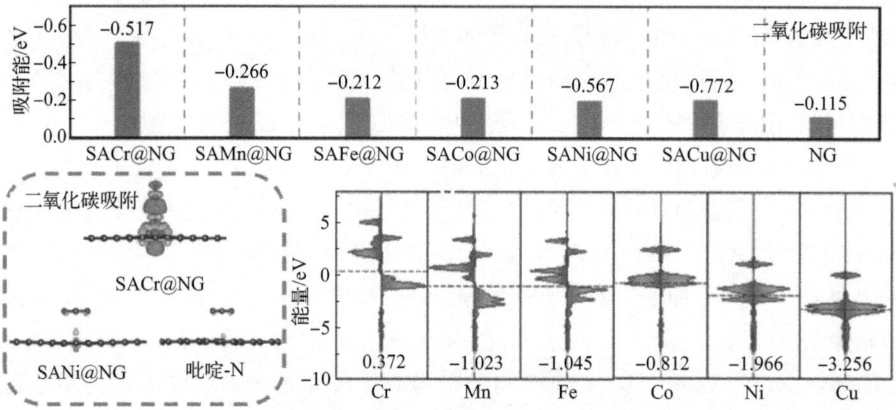

(a) CO_2在SAM@NG和NG表面的吸附能，SAM@NG的分波态密度(M=Cr,Mn,Fe,Co,Ni,Cu)

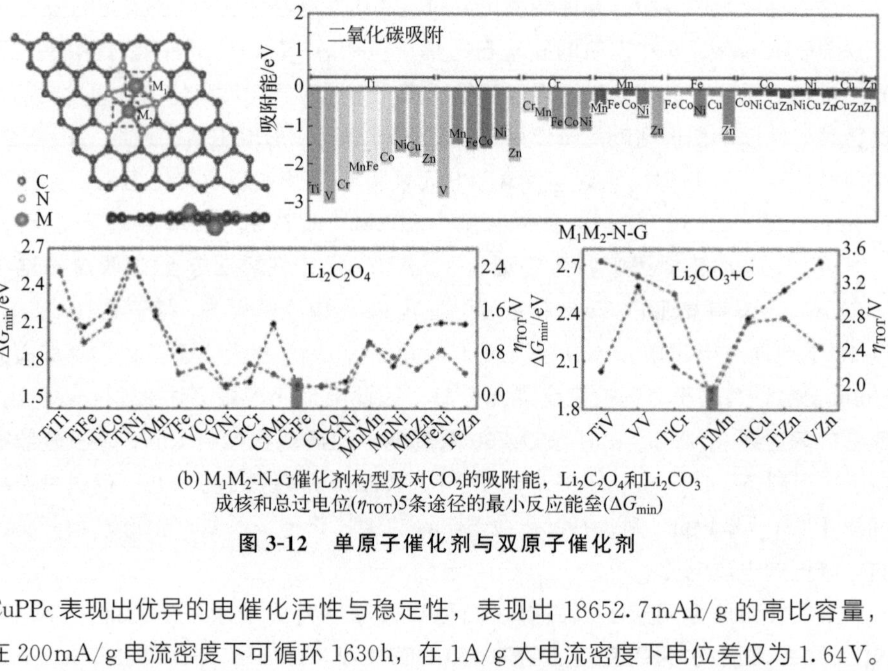

(b) M_1M_2-N-G催化剂构型及对CO_2的吸附能，$Li_2C_2O_4$和Li_2CO_3成核和总过电位(η_{TOT})5条途径的最小反应能垒(ΔG_{min})

图 3-12 单原子催化剂与双原子催化剂

CuPPc表现出优异的电催化活性与稳定性，表现出18652.7mAh/g的高比容量，在200mA/g电流密度下可循环1630h，在1A/g大电流密度下电位差仅为1.64V。

除了以石墨烯和碳纳米管为载体构筑单原子催化剂外，以MOF衍生合成单原子催化剂也是一种有效策略。何建平团队将Fe原位引入ZIF-8骨架，热解过程中Zn离子还原后蒸发逸出，未饱和的N-C基底与Fe结合形成Fe-N_x，表面多余的Zn和Fe团簇被酸洗去除，二次热解合成Fe-N-C单原子。该策略利用沸石咪唑骨架对金属原子进行空间限域，形成高活性Fe-N_x位点，二次热解缓解了高温环境下构型分解甚至坍塌。邓昭团队耦合静电组装与原位聚合策略，将Ru成功负载到氮掺杂石墨烯上生成Ru_x-NC@rGO，Ru-N配位形成带正电的配合物离子，与带负电的rGO通过静电作用结合，高温煅烧时两者原位缩聚，配位作用确保 Ru 原子高度分散，避免颗粒团聚。XANES 光谱发现催化位点处在 Ru 和 RuO_2 之间的吸收边，Ru 以 0～+4 价的氧化态存在，EXAFS 进一步证实 Ru 单原子以 Ru-N_4 配位结构为主。在充放电过程中，随着 Ru 存在形式由纳米颗粒向原子分散转变，Li_2CO_3 的粒径逐渐减小，更有利于在充电过程发生分解。Ru_x-NC@rGO 表现出 44700mAh/g 的超高放电比容量，以及在 1A/g 大电流密度下超长循环 367 次。Luo 等人以 Fe-N-C 单原子为模型，制备 FeN_4/RuN_4，优化其电子构型和 ORR 性能。Ru-N_4 位点改变 Fe 中心的 d 带电子能量，削弱 Fe-O 结合能，导致 ORR 中间体在 Fe 位点上的吸附能降低。相邻 Fe 和 Ru 单原子对发挥协同作用，FeN_4/RuN_4 在 0.1mol/L KOH 中循环 10000 次后，表现出 0.958V 的半波电位，催化性能退化可忽略不计。应用于金属空气电池，表现出 219.5mW/cm^2 的高功率密度和超过 2370h 的循环稳定性。

(2) 双原子催化剂

如果助催化金属与主催化金属同时引入，构建双金属单原子催化剂，双金属界面间电子轨道相互作用，形成大量的活性位点，可以优化 CO_2 的表面吸附状态和促进 C—O 键的断裂，协同催化进而提高电池性能。杨勇团队在 ZIF-67 中引入金属 Cu，ZIF-67 衍生出 Co_4N，最终形成 Cu-Co_4N@CC，Cu 的加入明显降低了材料的功函数，Cu-Co_4N(111) 位点上的电子转移并参与反应，Cu 的电子密度减小，而 Co 和 N 上的电子密度增大。Liang 在富氮石墨碳框架上合成具有密集双金属活性位点的 Fe-Cu-N-C，在生长过程中，Fe 催化生成 CNT，Cu 基很难催化碳纳米管的生成，明显增强了结构缺陷，在高温下，Fe-Cu 两种物质之间的协同效应可诱导 CNT 良好生长，从而促进电荷转移。Fe-Cu-N-C 由于掺杂了较多缺陷的氮碳骨架与众多活性位点之间的协同作用而表现出优异的电催化活性。电池具有较低的过电位（0.44V）和超过 600h（1550 次循环）的长期循环能力。通过化学还原-冷冻干燥法将 Cu-N_4 和 Cr-N_4 双原子嵌入碳纳米笼制备 $Cu_{0.9}Cr_{0.1}$/N-HCNs 材料，形成相邻的 Cu-Cr 双原子活性位点（N_3-Cu-N-Cr-N_3），使 Li-CO_2 电池比容量达到 23928mAh/g，过电位最低仅为 0.80V，循环寿命为 3380h（338 次循环）。

上述催化剂性能的提升主要依赖于载体和金属离子，深入探究发现配体环境，包括配体原子种类、数目、掺杂位置等，可以调控活性金属中心的电子与几何结构，进而影响催化性能。姚莹团队在碗状介孔碳基底上，将环氧基团引入 Mn-N_4 的第二配位球，调控 Mn-SAs 电子微环境，理论计算表明，环氧基团修饰的 Mn 原子可以显著提升 $Li_2C_2O_4$ 中间体的吸附能力，通过“表面吸附-生长途径”形成易于分解的薄层放电产物，表现出 3.8V 的低充电电位。

同样以氮掺石墨烯为基底，Wang 通过第一性原理从九种过渡金属原子

（Ti、V、Cr、Mn、Fe、Co、Ni、Cu、Zn）组成的多种双原子催化剂（DACs，M_1M_2-N-G）中，如图 3-12（b），筛选 Li-CO_2 电池正极的最优双原子组分。根据 DACs 热力学稳定性、CO_2 活化能力、决速步骤反应能，分别选出适合 Li_2CO_3 和 $Li_2C_2O_4$ 反应路径的 TiMn-N-G 和 CrFe-N-G DACs。

(3) 高熵合金

新兴的功能材料高熵合金（HEA）是由五种或五种以上元素组成的固溶合金，每种元素的原子百分比在 5%～35%，凭借结构稳定性及多种成分之间的协同作用，在异相催化和能量存储方面具有巨大的应用潜力，如图 3-13。谢科予教授团队采用空气中快速激光刻划（FLASH）策略，在高温（1250K）和超快冷却速度（7×10^5K/s）条件下制备了一系列二元合金至多元高熵合金纳米颗粒（HEA NPs），其中三维多孔石墨烯基底发挥微反应器作用，激光产生的高温和极快的冷却速度共同创造局部无氧微环境，避免 HEA NPs 在空气中被氧化从而实现完全合金化，并调节前驱体盐的浓度以调控 HEA NPs 尺寸。更重要的是结合基于自适应设计策略的主动学习方法，经过多次迭代，设计出最优 HEA

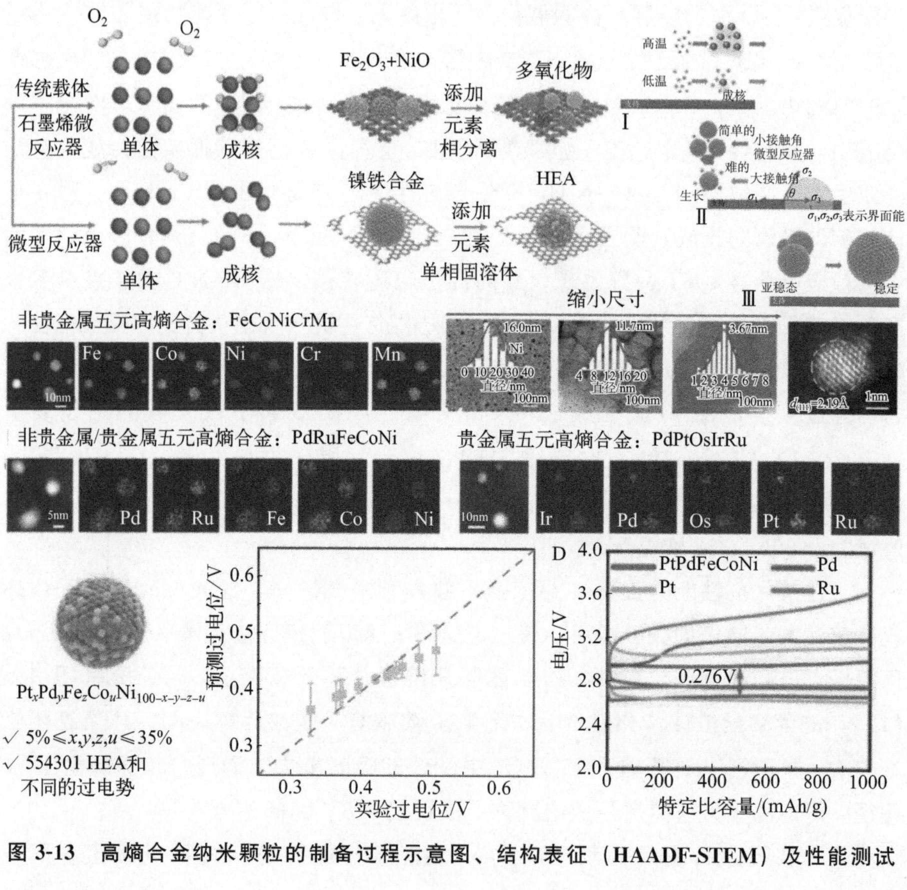

图 3-13　高熵合金纳米颗粒的制备过程示意图、结构表征（HAADF-STEM）及性能测试

NPs 成分组成并经实验成功合成 $Pt_{27}Pd_{24}Fe_{21}Co_{20}Ni_8$ HEA NPs，显著提升 Li-CO_2 电池反应动力学性能，使充放电电位差降到最低，仅为 0.276V。该工作不仅提供了一种简单高效且通用的 HEA NPs 合成方法，更有望与机器学习相结合，加速理想催化剂的设计及筛选。

在众多催化材料中，单原子催化剂虽然表现出更加优异的性能，但是对制备流程和表征手段也提出了更高的要求，这成为其大规模应用的主要限制因素。因此，开发廉价易得的单原子催化剂是目前需要突破的重要方向。此外，单原子催化剂大多通过热解法制备，但是特定构型的金属位点在高温热解环境中难以维持。为改善这种情况，可采用的策略有：①保留具有优异金属锚定功能的配体结构；②前驱体选择大环金属配合物；③利用金属有机骨架限域效应调控金属位点的空间分布。随着体系的发展和完善，合成策略也需不断创新，以满足对高活性边缘位点、双金属协同位点等优异催化特性的需求，同时探索更简单易行、高产率的合成方法，以推动工业化规模应用。在单原子催化剂研究初期，普遍认为金属颗粒尺寸与催化活性呈线性负相关趋势。但随着研究深入，研究人员围绕最优催化尺寸展开了讨论，需要进一步探讨单原子、纳米团簇以及纳米颗粒在催化过程中的最优尺寸范围，以全面理解催化剂的尺寸效应在 Li-CO_2 电池中的作用机制。

基于各类催化剂的 Li-CO_2 电池性能总结如图 3-14，发现碳基催化剂的电位差通常较大，这是因为 CER 活性低。贵金属催化剂在过电位方面表现优异，但其高密度降低了材料的全放电比容量。过渡金属性能表现处于二者之间，可平衡电位差与全放电比容量。值得注意的是，单原子催化剂能够维持与贵金属催化剂

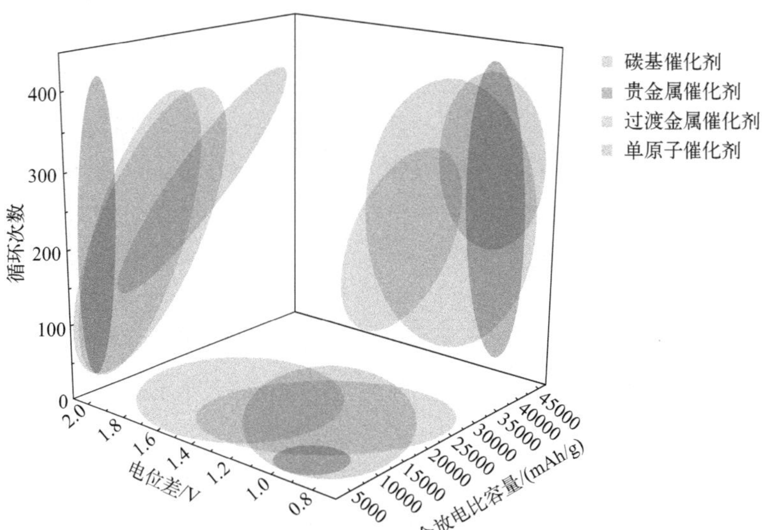

图 3-14 不同催化剂下 Li-CO_2 电池性能对比

相近的电位差，同时凭借金属活性位点的高度分散，材料密度与纯碳材料相差无几，呈现出极大的放电容量。此外，载体与金属之间的强相互作用赋予其卓越的循环稳定性，成为极具发展潜力的高效 Li-CO_2 电池正极材料。

3.3 锌-二氧化碳电池正极材料

水系 Zn-CO_2 电池已经实现将 CO_2 还原为 CO/HCOOH/甲酸盐，目前主要以 CO 和甲酸盐产物居多，产物的不同由反应中间体决定，加速 *COOH 中间体形成更倾向于生成 CO，而降低 *OCHO 的反应能垒则促使产物朝甲酸盐的方向进行。因此，可通过调控催化位点的电子结构和化学环境，调节位点对中间产物的吸附能，进而提高材料本征催化活性和产物的选择性。

3.3.1 碳基催化剂

碳基催化剂具有高导电性、大比表面积、高稳定性、价格低廉等优点，主要包括 CNT、石墨烯及其类似物等。此外，通过掺杂 N、B 和 P 等原子或引入缺陷的策略，能有效调控催化位点的电子结构与化学环境。

在杂原子掺杂方面，N 掺杂碳材料应用较多。Gao 以 SBA-15 为模板通过热解-刻蚀法制备了氮掺杂的有序介孔碳（NOMC），如图 3-15（a），保持了模板的有序介微孔结构，有利于反应物与中间体的运输与储存，同时其超高的比表面积也保证了 N—C 位点的高度暴露。DFT 探究 N—C 位点的本征催化活性发现，与纯石墨炭相比，引入吡啶氮和石墨氮显著降低 *COOH 反应势垒，提高 CRR 活性，NOMC 在极低过电位（360mV）下，CO 的法拉第还原效率（FE_{CO}）接近 100%，其 Zn-CO_2 电池开路电压稳定在 0.9V，峰值功率密度可达 0.71mW/cm^2，在 1.0mA/cm^2 的电流密度下可稳定循环 300 次（100h），表现出高效催化性能与超长稳定性。与 N 原子相比，F 原子电负性更强，诱导不对称自旋，触发相邻碳原子的电子密度重新排布。Xie 将微量 F 掺入碳材料并首次应用于 CRR，*COOH 吸附在 CF_2 键邻近 C 原子上的吉布斯自由能最低（ΔG=0.64eV），而在无 F 掺杂的碳原子上 ΔG 表现出最高值，F 掺杂诱导缺陷位相邻碳原子的不对称电荷分布与极化，增强活性对 *H 结合能，有效抑制析氢反应（HER）的发生，此 F—C 位点将 FE_{CO} 提高到 89.6%，如图 3-15（b）。太阳能驱动 CO_2 电池实现 13.6% 的光-电转化效率，高于 N—C 材料（效率 12.5%，过电位 0.65V），这也为能量转换-储存的自供电 Zn-CO_2 电池提供了新的研究方向。

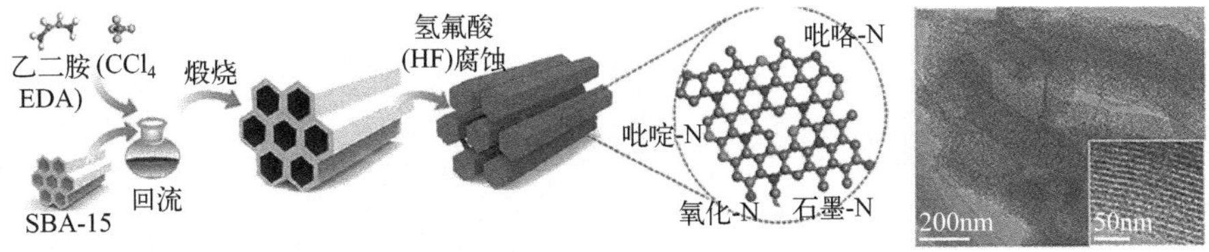

(a) NOMC制备示意图及TEM图

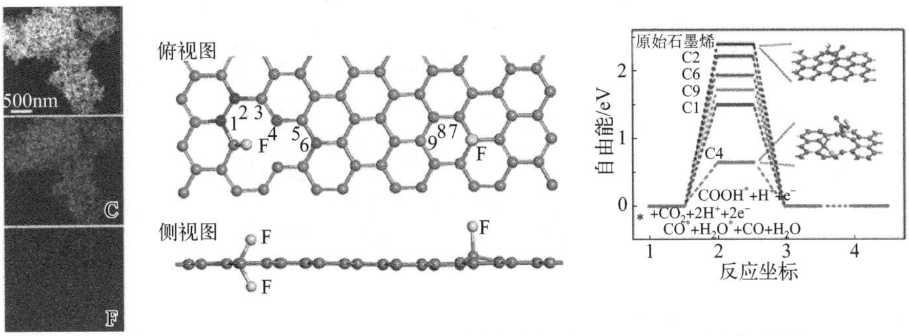

(b) FC的HAADF图，FCDFT模型ECDRR在FC和原始C上对CO的自由能

图 3-15　$Zn\text{-}CO_2$ 电池的碳基催化剂

3.3.2　金属基催化剂

金（Au）、钌（Ru）、钯（Pd）、铱（Ir）等贵金属耐酸碱，化学稳定性好，具有优异的催化性能，并广泛地应用于各个催化领域，同样被引入 $Zn\text{-}CO_2$ 电池体系。Pd 可以稳定吸附中间体 $^*OCHO$，促进 HCOOH 产生，并促进 HCOOH 氧化生成 CO_2，因此具有丰富孔结构、大比表面积且活性位点充分的多孔三维互联 Pd NSs［如图 3-16（a）］，能够在低过电位下高选择性地促进 CO_2 和 HCOOH 可逆转化。此催化剂下的 $Zn\text{-}CO_2$ 可逆电池可实现 788Wh/kg 的放电比容量，81.2%的能源效率，100 圈（33h）的稳定循环。此外，双金属催化剂也被报道用于 $Zn\text{-}CO_2$ 电池。Wang 耦合化学-电化学沉积技术构建枝状 3D Ir@Au 双功能催化剂，$Zn\text{-}CO_2$ 电池模拟植物的两步光合作用实现 CO_2 固定和水氧化的分离步骤，在 $5mA/cm^2$ 的大电流密度下稳定循环 30h。Gao 通过电沉积方法制备珊瑚状 Au［如图 3-16（b）］，其不规则表面在膜电极组装（MEA）系统中表现出显著性能，如图 3-16（c），电位为−0.11V 时，Au(111）晶面上形成中间体 $^*COOH$ 的 $\Delta G=1.16eV$，相较普通环境下反应能垒（1.27eV）更低，其电荷密度分布也证明二者之间的强相互作用利于 $^*COOH$ 的稳定，并首次开发了由 $Zn\text{-}CO_2$ 电池和 H 型 CO_2 电解槽共组装的自驱动 CO 生产装置。

虽然贵金属催化剂有着突出的催化性能，但价格昂贵、储量有限以及稳定性差限制了其商业化应用。为控制成本、进一步提高材料稳定性与催化性能，合金成为贵金属的替代材料之一。

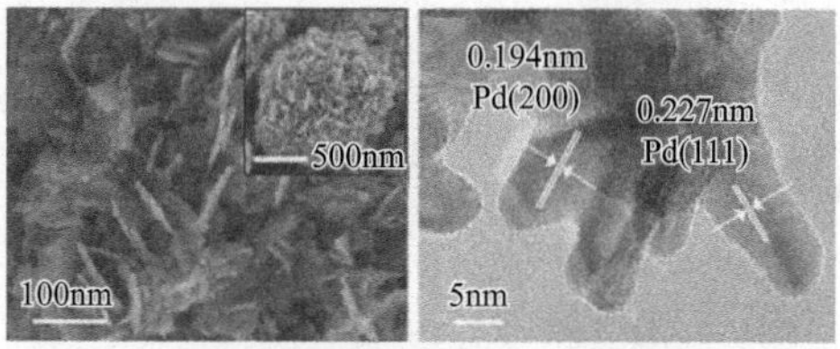

(a) Pd纳米片的SEM、TEM图

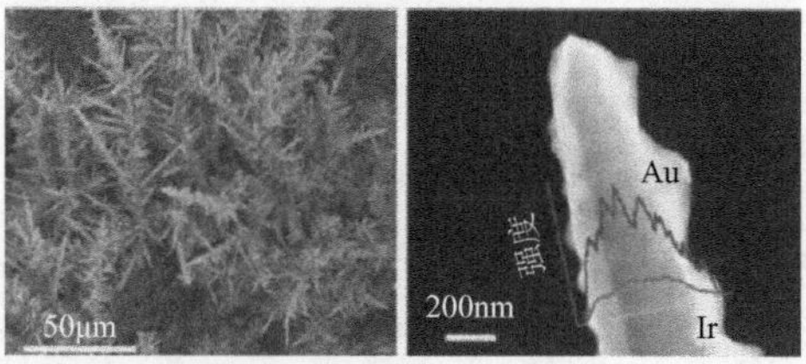

(b) 珊瑚状Au(111)的SEM、HAADF图及相应的金和铱的线性元素图

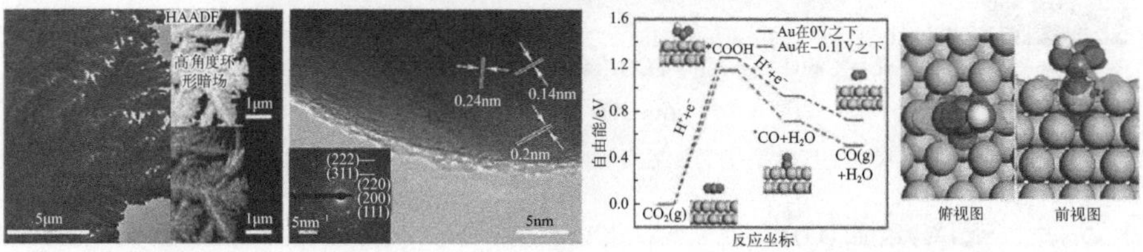

(c) 珊瑚状Au(111)的HAADF-STEM、TEM、DFT计算和*COOH的电荷密度差图

图 3-16 贵金属催化剂

金属锡（Sn）资源丰富、毒性低、成本低，在电化学反应中，Sn 氧化物及合金是将 CO_2 还原为 C_1 产物（CO、HCOOH）的重要催化剂，但受导电性限制，Sn 单质及其化合物催化活性低，构建异质结是解决该问题的策略之一。高导电性核壳结构 Sn-Cu/Sn@SnO_x 催化剂通过 Sn/SnO_x 界面优化 *OCHO 吸附将甲酸盐的法拉第效率（$FE_{甲酸盐}$）提高到 90%，其中分级的 Sn-Cu/Sn 内核提供充足的 Sn 源，利于核壳结构的重建从而提高材料稳定性。DFT 计算表明，对于 CO 生成路径，主要限速步骤由 *COOH 形成过程决定；而对于 HCOOH 生成，决速步骤是 *OCHO 加氢过程。原位重建的 Sn/SnO_x 界面可提高 *H 反应势垒抑制 HER，同时提高 *COOH 形成势垒并降低 *OCHO 结合，实现提高甲酸产物选择性的目的。然而，生成甲酸盐的电流密度仍低于 $300mA/cm^2$，难以满足实际应用需求。为提高电流密度，在 Sn 表面嵌入锂实现合金化（s-SnLi），在表面 Li 的诱导下相邻 Sn 原子发生电子转移和晶格应变，表现出负电荷特征，s-SnLi 对 CO_2 吸附能力增强，对不同中间体 *COOH 和 *OCHO 的 ΔG 差距明显，从而表现出 CO_2 还原甲酸盐的高选择性与高还原性，此时 Zn-CO_2 二次电池中 $FE_{甲酸盐}$ 高达 92%，最大功率密度可达 $1.24mW/cm^2$，超 800 次循环的稳定性，且生成甲酸盐相应的电流密度最高可到 $1.0A/cm^2$。金属氧化物在 CRR 过程中表

现可能优于金属单质，但难以避免发生金属的自还原。受多金属协同的启发，Tian 将 SnO_2 纳米颗粒镶嵌在 Bi_2O_3 薄片上组装成 SnO_2/Bi_2O_3 催化剂，SnO_2/Bi_2O_3 界面处的不同功函数诱导内建电势的形成，促进界面电子转移，改善 SnO_2 导电性，两者的强界面作用能有效防止 SnO_2 分解，提高催化剂的稳定性。同时，界面电子转移促进 CO_2 吸附与活化，Bi_2O_3 促进 $^*OCHO$ 吸附，加速 HCOOH 的生成，且 Bi_2O_3 对 $^*H$ 吸附能力极强而抑制 HER。

除了引入不同金属原子改变金属催化剂的晶格结构外，还能通过非金属元素掺杂构建具有缺陷的金属化合物，从而破坏金属晶格的有序性，产生丰富的活性位点，改变电荷分布，优化反应途径。

过渡金属硒化物成本低且物化性质独特，但在 CRR 中选择性表现不佳。例如，In_2Se_3 纳米薄片将 CO_2 还原为 CO，FE_{CO} 为 89%，活性可维持 24h 以上；$Cu_{1.63}Se_{0.33}$ 将 CO_2 还原为 CH_3OH 且 FE_{CH_3OH} 为 77.6%，催化剂的活性及产物的选择性仍存在提升空间。同时引入 Cu、In 金属制备 v-$CuInSe_2$，Cu、In 双金属轨道的相互作用调控 $^*COOH$ 吸脱附强度，更利于产生 CO，同时其表面没有稳定的 $^*H$ 吸附位点可显著抑制 HER，硒空位诱导电子重新分布，调节能带结构，优化 CRR 路径。在 −0.70V（vs. RHE）电位下，FE_{CO} 提高到 91%，构建的 Zn-CO_2 二次电池在 0.5mA/cm^2 电流密度下稳定循环 40h。

总之，贵金属催化剂具有高催化活性，通过控制结构形貌，能够有效提高活性位点的暴露状态与传质能力，但高昂的价格与有限的储量限制其进一步发展。为控制成本，部分具有特殊催化性质的合金与过渡金属材料也被引入 Zn-CO_2 电池正极催化剂中。不同金属原子相互作用，改变催化剂晶格结构，抑制副反应发生，从而表现出较高的产物选择性。除此之外，杂原子掺杂策略也可以调控催化剂电荷分布，优化催化剂与反应中间体的吸附能垒，提高催化性能。因此，在保留金属的催化特性（促进 CRR、抑制 HER）的同时，提高材料的稳定性与导电能力，并提升催化活性位点的可达性，在开发经济高效的电催化剂领域显示出巨大潜力。为实现上述目标，金属-碳基复合材料成为目前研究热点之一。

3.3.3　金属-碳基复合催化剂

金属基催化剂易发生团聚，其催化活性随粒径增大、活性位点减少而显著降低，同时导电性也会显著影响材料的催化性能。以强相互作用的基底孤立金属纳米颗粒抑制团聚可以提高催化剂的活性及稳定性。因此，金属原子与石墨烯、炭黑等高导电碳材料复合衍生出 M-C 催化剂， M-C 具有优异的几何结构，可增强传质、加快催化，能够最大限度地暴露特定的活性位点。

Cu 基材料在 CRR 中比较特殊，可以催化还原 CO_2 成碳氢化合物、醇类和

CO 等，产物种类取决于*CO 加氢的方式（*CHO、*COH 或*OCCOH）。Cu 颗粒尺寸及晶面分布是实现还原过程高催化活性、产物高选择性的关键。Zheng 利用不饱和配位和原子分散策略，将单原子 Cu 锚定在石墨烯片上，制备超薄 $Cu\text{-}N_2/GN$ 纳米片，以降低*COOH 在 Cu-N 位点上的吸附能，提高 CO 转化率，此催化剂组装的 $Zn\text{-}CO_2$ 电池峰值功率密度达到 $0.62mW/cm^2$，在 $1.0mA/cm^2$ 电流密度下可稳定循环 120 次（40h）。

金属催化剂性能除了受金属本征属性影响外，还与晶格缺陷、形貌、异质结等因素有关。构建缺陷、异质结等策略破坏金属晶格的有序结构，产生丰富的活性位点，造成电子重新分布，可提高催化性能。金属 Bi 可加强*OCHO 吸附，同时抑制*H 吸附，如图 3-17，但其熔点低，在空气中易氧化。将 Bi 均匀分散在碳层并制造缺陷，生成晶相-非晶相混合结构的 Bi 纳米片（Bi NS），吸附位点的增加及界面结构的构建使得 Bi NS 的 $FE_{甲酸盐}$ 高达 90%，最大功率密度为 $1.16mW/cm^2$，循环稳定性达 22h。此外，改变 Bi 几何结构，制备富缺陷 Bi 纳米管（Bi_2O_3 NTs），可更好地稳定*OCHO，$FE_{甲酸盐}$ 高达 92.7%，最大功率密度达到 $1.43mW/cm^2$。而 Bi 纳米颗粒（Bi NPs）沉积在空心碳球上形成原子分散的 BiC/HCS，可提高 CO_2 吸附能力，稳定*HCOO，FE_{CO} 高达 97% ± 2%（−0.6V vs. RHE），电池功率密度峰值可达（7.2 ± 0.5）mW/cm^2 并稳定循环 200 多次。

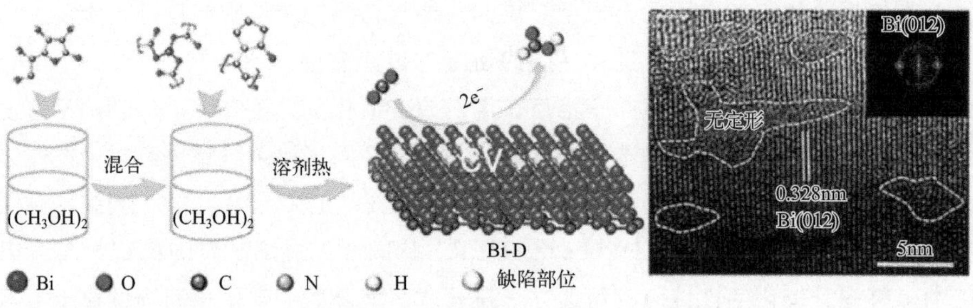

(a) Bi-D的合成示意及HRTEM图

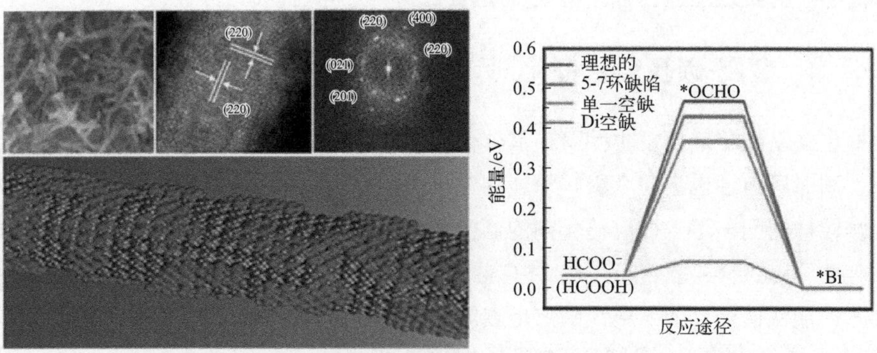

(b) Bi_2O_3 NTs的结构示意图，SEM图及快速傅里叶变换(FFT)衍射图

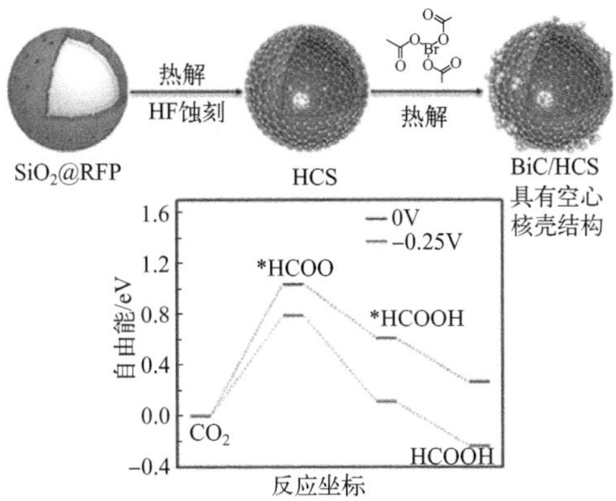

(c) BiC/HCS合成流程示意图及HCOOH形成的自由能图

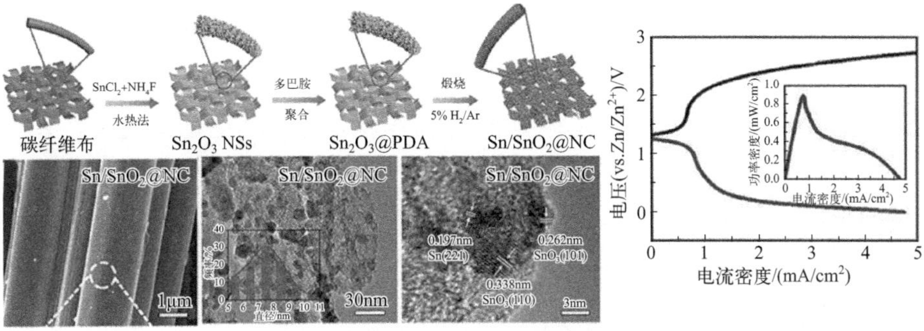

(d) Sn/SnO$_2$@NC合成示意图及结构表征

图 3-17　Bi 基催化剂

Sn/SnO$_x$ 异质结比单质 Sn 催化活性更高，多价 Sn 在 Sn(0) 和 Sn(Ⅱ) 或 Sn(Ⅳ) 间提供丰富的界面，呈现稳定中间产物的特殊催化活性。Teng 以熔融法制备 Sn/SnO$_2$@NC，N-C 构筑高导电网络，均匀分散 Sn/SnO$_2$ 异质结避免纳米颗粒团聚。Sn/SnO$_2$@NC 将 CO_2 还原成甲酸盐的 FE$_{甲酸盐}$ 提高到 81%，其组装的二次电池功率密度峰值可达 0.9mW/cm^2，开路电压为 1.35V，为合理设计高性能 CRR 催化剂提供思路，如图 3-18。

然而，单一金属在金属-碳基催化剂中很难兼顾多项性能，如稳定性和配位能力等，引入两种或两种以上金属，发挥“双/多金属活性位”的协同催化作用，能够有效弥补单一组分的劣势，诱导几何效应或电子效应，以改变表面吸附性质并提高活性。

铟（In）是催化 CO_2 还原为甲酸盐的重要材料，如图 3-19（a），但 In 基催化剂需要克服电流密度低、稳定性差、In^{3+} 配位能力有限等问题。Teng 利用 MOF 衍生物的结构优势，制备独特的 In/ZnO@C 空心纳米立方体，既保证 In 的稳定性与配位能力，又能以 In 调节 Zn 对于 *OCHO 的吸附，提高产物选择性。在

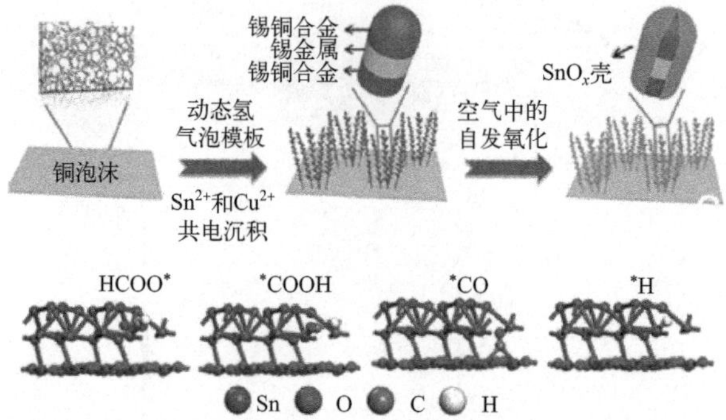

(a) Sn-Cu/Sn@SnO_x的合成示意图

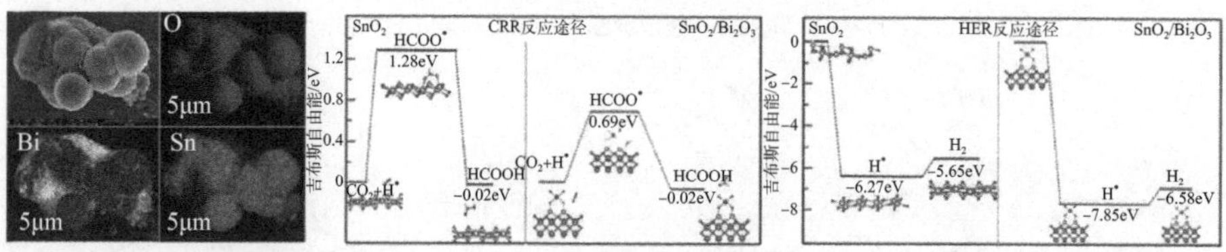

(b) SnO_2/Bi_2O_3的形貌表征，CRR途径和HER途径在SnO_2和SnO_2/Bi_2O_3上的反应吸附能图

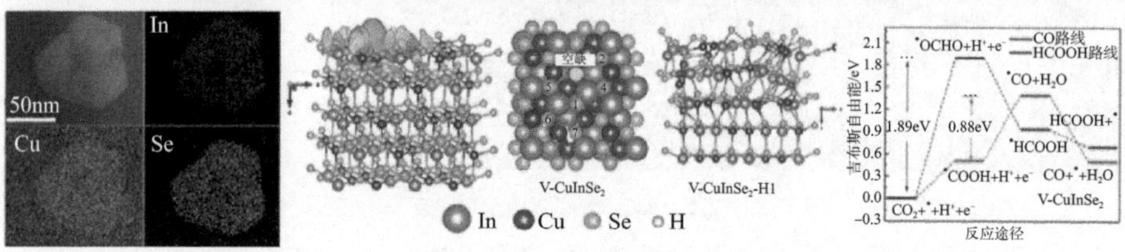

(c) V-$CuInSe_2$的STEM图，理论模型及材料上CRR和CO/HCOOH反应的吉布斯自由能图

图 3-18 Sn 基复合催化剂

中空纳米立方体结构框架下充分发挥 Zn 与 In 双金属的协同作用，In/ZnO@C 在 −1.2V（vs. RHE）电位下电流密度达 23.5mA/cm^2，FE_{CO} 为 90%，Zn-CO_2 二次电池的功率密度峰值达 1.32mW/cm^2，输出开路电压为 1.35V，在 1mA/cm^2 电流密度下可稳定循环 153 圈（51h）。同样借助 ZIF 结构，引入 Fe、Ni 纳米颗粒，合成 Fe_1-Ni_1-N-C，Fe、Ni 以 Fe-N_4、Ni-N_4 形式存在，相邻的 Fe 和 Ni 单原子对发挥协同效应，单原子 Ni 可以活化相邻的 Fe，提高 Fe 与 CO_2 之间的电子密度，降低*COOH 形成能垒，在 1mA/cm^2 的电流密度下 FE_{CO} 可达 93.4%，如图 3-19（b）。

此外，金属-碳基催化剂中常引入较大电负性原子（如 B、P、S 等），在增强基底导电性的同时调节过渡金属的局部电子密度，为 CRR 提供更有利的吸附能。为实现 P 掺杂，Liu 在 ZIF-8 模板中原位引入 Fe-P 纳米晶体，高温煅烧获得 Fe-P@NCPs 催化剂，如图 3-20（a）。ZIF-8 的笼状结构可以分离与封装二茂铁，经高温热解将 2-甲基咪唑转化为 N-C 骨架，蒸发锌离子同时诱导铁还

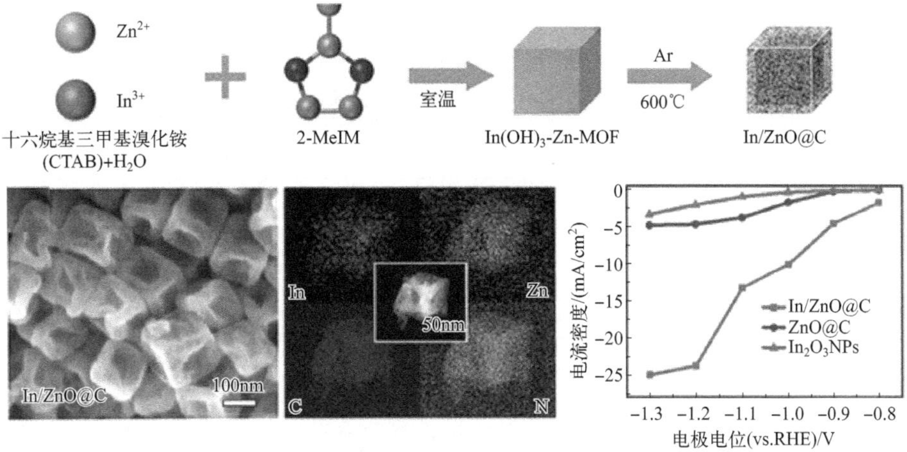

(a) In/ZnO@C合成示意图，SEM图，HRTEM图，不同催化剂生成HCOO−的电位-电流密度关系

(b) Fe$_1$-Ni$_1$-N-C合成示意图，SEM图，TEM图，HAADF-STEM图及图像强度分布，CRR自由能图

图 3-19　复合催化剂

原与磷化，从而形成具有高界面电荷转移能力和催化性能的 Fe-P 晶体，蒸发过程形成多孔结构增加了活性位点的数量。在 430mV 的过电位下 FE_{CO} 可达 95%，Zn-CO_2 电池表现出 500 多次循环的超高稳定性，可连续运行 7 天且电压稳定无明显衰减。HKUST-1 是以三角苯-1，3，5-三羧酸连接铜（Ⅱ）桨轮簇组成立方体结构的 MOF，具备三维相互垂直的通道阵列，材料尺寸小、孔隙大，经过磷化处理制备 Cu_3P/C 纳米复合材料，Cu-P 协同催化，表现出对 CO 良好的选择性，在较低电势下（−0.3V）FE_{CO} 可达 47%，但 CRR 效率仍有待提高。

受 Ni-N-C 促进 CRR、P-C 促进 OER/ORR 的启发，Yang 对 Ni 进行 N、P 共掺合成 Ni/PNG 并设计出双模式 Zn-CO_2/Zn-O_2 电池，实现 CRR/OER/ORR

三功能催化，如图 3-20（c）。其中，Ni/PNG 的 Ni-N 主要催化 CRR，同时协助 OER 和 ORR；磷掺杂的多孔石墨烯（PG）主要催化 OER/ORR，同时抑制 HER。双模式电池通过改变供应气体可以实现不同的电池模式，Ni/PNG 在两种模式中都显示出良好的稳定性和催化活性，如图 3-20（b）。这项工作为多功能催化剂和多模式电池的设计提供了新思路，为设计能量转换-储存器件提供了新方向。

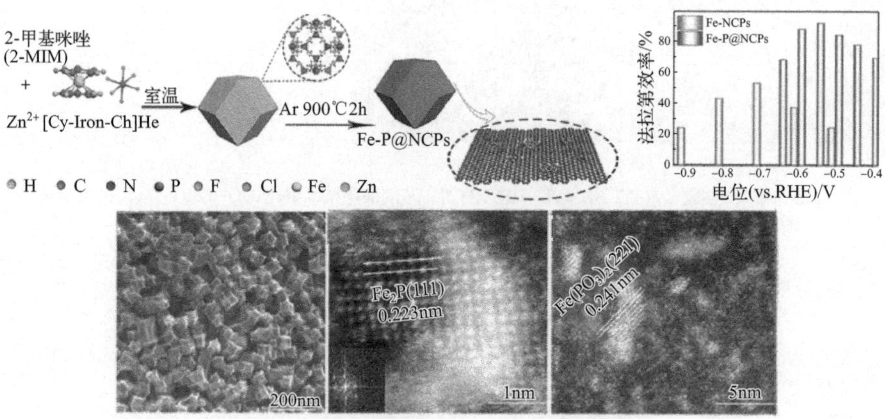

(a) Fe-P@NCPs合成流程图，Fe-NCPs和Fe-P@NCPs在不同外加电位下的FE值，SEM图和HRTEM图

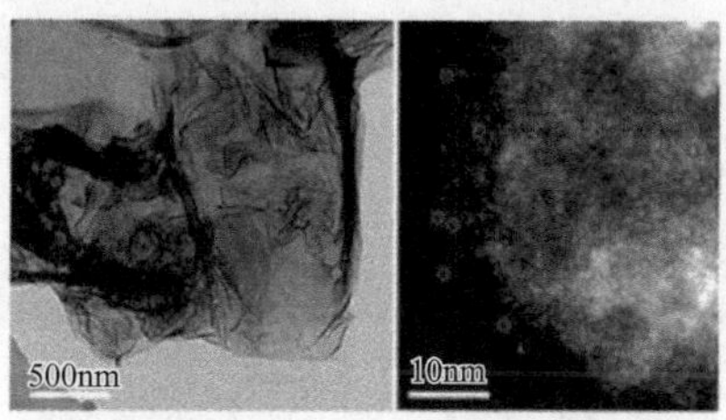

(b) Ni/PNG的SEM图和HAADF-STEM图

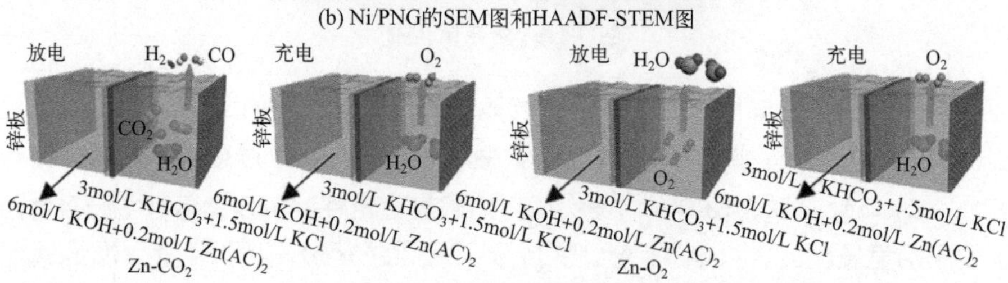

(c) Zn-CO_2、Zn-O_2电池电化学反应机理图

图 3-20 复合催化剂及 Zn-CO_2、Zn-O_2 电池示意

3.3.4 单原子催化剂

在金属-碳基催化剂中，单原子催化剂的研究尤为受关注。单原子催化剂是

单个金属原子被限制在特定骨架中充当活性中心，相邻金属原子间无相互作用，具有高原子利用率、高活性、高选择性、独特配位环境等优点，是目前最具发展潜力的催化剂之一。然而在实际条件下，催化剂颗粒尺寸减小会导致表面能剧增，难以维持原子级分散，发生金属原子聚集，形成纳米颗粒。所以，调节单原子与底物之间的相互作用是一个挑战。单原子催化剂支撑底物包括金属氧化物、氢氧化物以及碳基材料。目前在 Zn-CO_2 电池体系已报道的单原子催化剂，大部分以碳基材料为基底，呈现金属-氮-碳（M-N-C）形式，如图 3-21。

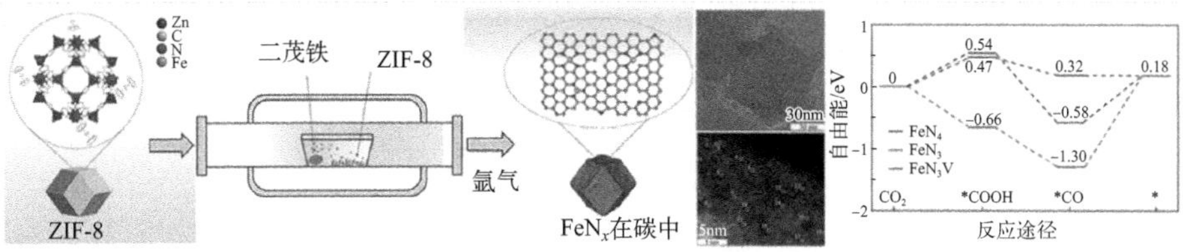

(a) 气体扩散策略合成程序示意图，Fe_1NC/S_1-1000的HRTEM图和经像差校正的HAADF-STEM图像层，FeN_4、FeN_3和FeN_3V基因CER途径的自由能图

(b) Ni-N_3-C合成示意图和形貌表征图

图 3-21　碳基负载型金属及分子催化剂

MOF 凭借独特的结构优势，是实现单原子催化剂的途径之一。大多数 MOF 衍生 M-N-C 材料基于 ZIF-8、ZIF-67 前驱体，为了增加 ZIF 的孔隙率和导电性，提高催化活性，常采用高温煅烧、金属原位替换等策略进行改性。单原子催化剂中 N 原子配位数量和位置可以诱导中心金属原子改变局部电子密度，调控反应中间体的吸附，调节催化活性。Zhang 提出合成后金属取代策略，预先设计配位数可控的 SA Zn 催化剂，然后用 Ni 置换 Zn，以继承 SA Zn 的配位数，实现 SA Ni 催化剂的精准调控，使得 Zn-CO_2 电池的 FE_{CO} 高达 95.6%，在 0.2mA/cm^2 电流密度下可循环 100 次。这一策略为单原子催化剂配位数精准调控提供了新途径，类似地，Fe_1-N-C 催化剂呈现 Fe-N_3 位点，可平衡 *COOH 和 *CO 的吸附，Zn-CO_2 二次电池的开路电压为 0.727V，峰值功率密度为 0.6mW/cm^2，在 −0.5V 电位下 FE_{CO} 高达 96%，在 0.5mA/cm^2 电流密度下可以稳定循环 72 次（25h）。Liu 对催化剂进行了进一步设计，将 SA Fe 锚定在 B/N 共掺的碳基体上，合成 SA Fe/BNC 催化剂，*COOH 和 FeN_3B 发生显著的电子转移，与不含 B 的 FeN_4 相比，FeN_3B 显著降低 *CO 解吸势垒，助力 Zn-CO_2 电池实现 1.18mW/cm^2 的高功率密度。

酞菁、卟啉拥有与 M-N_4-C 催化剂类似的平面对称结构，成为制备单原子催化剂的前驱体。金属酞菁（M-Pc）配合物的金属中心具有明确的配位环境，整体结构可调，从而具有高催化活性、高稳定性及产物选择性可控等优点。Gong 将 CoPc 均匀分散在三维空心碳球（NHC）中并在 CO_2 气氛中活化，制备高密度缺陷的 CoPc@DNHCS-T。催化剂中高密度碳缺陷和吡啶氮形成了双吸电子效应，调控 Co 原子的电子结构，加快位点上 CO_2 活化和 *COOH 形成，使得 Zn-CO_2 二次电池最大功率密度高达 1.02mW/cm^2，FE_{CO} 高达 94%，开路电压 0.747V，在 1mA/cm^2 电流密度下可稳定循环 44 圈（44h）。

此外，调控金属与氮配位形式可改善单原子催化剂活性。M-N_4 受平面结构的影响，CRR 中质子和电子耦合缓慢，反应自由能高，Chen 基于 Zn-N_4 首次合成出不对称 Zn-N_{3+1} 结构的高活性 Zn/NC 纳米片材料如图 3-22（a）。金属中心 Zn 原子与两个相邻石墨边缘的四个 N 原子配位，形成扭曲的 Zn-N_{3+1} 结构。Zn-N_{3+1} 可有效促进水解离，加速质子与电子耦合，降低 *COOH 反应势垒，从而提高催化活性，其 FE_{CO} 提高至 95%，Zn-CO_2 电池的最大功率密度达到 1.8mW/cm^2，开路电压为 0.769V，以 1.5mA/cm^2 运行可稳定循环 100 次（26h）。同样，Zeng 改变金属络合物前驱体以控制 N 构型，选用镍-8-羟基喹

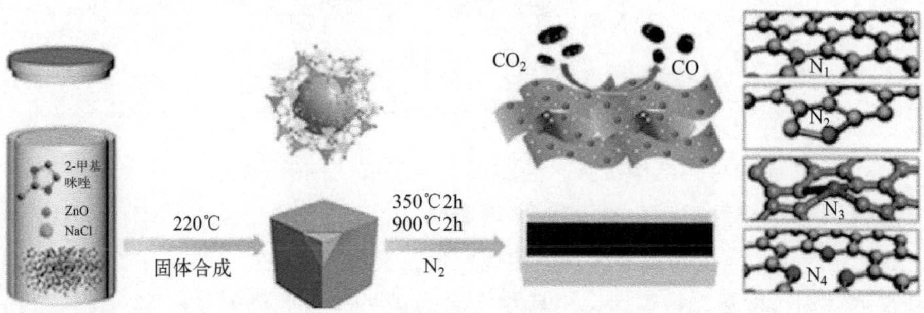

(a) Zn/NC NSs的合成示意图

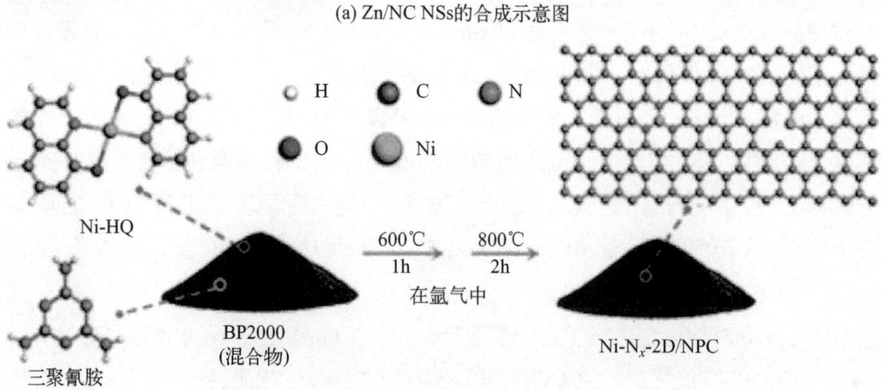

(b) Ni-N_x-2D/NPC的合成示意图

图 3-22 单原子催化剂

啉络合物（Ni-HQ）混合三聚氰胺及炭黑进行热解，制备出富含吡啶的 Ni 掺杂石墨/纳米碳材料（Ni-N_x-2D/NPC）如图 3-22（b）。其中吡啶氮提升 CO_2 捕获能力，Ni-N 抑制 HER，协同促进材料在宽电位、高电流密度下 CRR 的高选择性，FE_{CO} 持续高于 90%，最高时接近 100%，在 0.25mA/cm^2 运行可稳定循环 50h。

参考文献

[1] Liu X E, Dai L M. Carbon-based metal-free catalysts [J]. Nature Reviews Materials, 2016, 1: 16064.

[2] Xu S M, Das S K, Archer L A. The Li-CO_2 battery: A novel method for CO_2 capture and utilization [J]. RSC Advances, 2013, 3 (18): 6656-6660.

[3] Liu Y L, Wang R, Lyu Y C, et al. Rechargeable Li/CO_2-O_2 (2∶1) battery and Li/CO_2 battery [J]. Energy & Environmental Science, 2014, 7 (2): 677-681.

[4] Li C, Guo Z Y, Yang B C, et al. A rechargeable Li-CO_2 battery with a gel polymer electrolyte [J]. Angewandte Chemie International Edition, 2017, 56 (31): 9126-9130.

[5] Hu X F, Li Z F, Zhao Y R, et al. Quasi-solid state rechargeable Na-CO_2 batteries with reduced graphene oxide Na Anodes [J]. Science Advances, 2017, 3 (2): e1602396.

[6] Zhang Z, Zhang Q, Chen Y N, et al. The first introduction of graphene to rechargeable Li-CO_2 batteries [J]. Angewandte Chemie International Edition, 2015, 54 (22): 6550-6553.

[7] Xing W, Li S, Du D F, et al. Revealing the impacting factors of cathodic carbon catalysts for Li-CO_2 batteries in the pore-structure point of view [J]. Electrochimica Acta, 2019, 311: 41-49.

[8] Xiao Y, Du F, Hu C G, et al. High-performance Li-CO_2 batteries from free-standing, binder-free, bifunctional three-dimensional carbon catalysts [J]. ACS Energy Letters, 2020, 5 (3): 916-921.

[9] Chen Y H, Freunberger S A, Peng Z Q, et al. Li-O_2 battery with a dimethylformamide electrolyte [J]. Journal of the American Chemical Society, 2012, 134 (18): 7952-7957.

[10] Guo D H, Shibuya R, Akiba C, et al. Active sites of nitrogen-doped carbon materials for oxygen reduction reaction clarified using model catalysts [J]. Science, 2016, 351 (6271): 361-365.

[11] Chen S, Zhao L L, Ma J Z, et al. Edge-doping modulation of N, P-codoped porous carbon spheres for high-performance rechargeable Zn-air batteries[J]. Nano Energy, 2019, 60: 536-544.

[12] Li Y C, Zhou J W, Zhang T B, et al. Highly surface-wrinkled and N-doped CNTs anchored on metal wire: A novel fiber-shaped cathode toward high-performance flexible Li-CO_2 batteries [J]. Advanced Functional Materials, 2019, 29 (12): 1808117.

[13] Li X L, Zhang J X, Qi G C, et al. Vertically aligned N-doped carbon nanotubes arrays as efficient binder-free catalysts for flexible Li-CO_2 batteries [J]. Energy Storage Materials, 2021, 35: 148-156.

[14] Chen B, Wang D S, Zhang B, et al. Engineering the active sites of graphene catalyst: From CO_2 activation to activate Li-CO_2 batteries [J]. ACS Nano, 2021, 15 (6): 9841-9850.

[15] Ye F H, Gong L L, Long Y D, et al. Topological defect-rich carbon as a metal-free cathode catalyst for high-performance Li-CO_2 batteries [J]. Advanced Energy Materials, 2021, 11 (30): 2101390.

[16] Hu C G, Gong L L, Xiao Y, et al. High-performance, long-life, rechargeable Li-CO_2 batteries based on a 3D holey graphene cathode implanted with single iron atoms [J]. Advanced Materials, 2020, 32 (16): 1907436.

[17] Sun Z M, Wang D, Lin L, et al. Ultrathin hexagonal boron nitride as a van der Waals' force initiator activated graphene for engineering efficient non-metal electrocatalysts of Li-CO_2 battery [J]. Nano Research, 2022, 15 (2): 1171-1177.

[18] Zhang J X, Wang F H, Qi G C, et al. Rechargeable Li-CO_2 batteries with graphdiyne as efficient metal-free cathode catalysts [J]. Advanced Functional Materials, 2021, 31 (26): 2101423.

[19] Yang S X, Qiao Y, He P, et al. A reversible lithium-CO_2 battery with Ru nanoparticles as a cathode catalyst [J]. Energy & Environmental Science, 2017, 10 (4): 972-978.

[20] Wang L J, Dai W R, Ma L P, et al. Monodispersed Ru nanoparticles functionalized graphene nanosheets as efficient cathode catalysts for O_2-assisted Li-CO_2 battery [J]. ACS Omega, 2017, 2 (12): 9280-9286.

[21] Bie S Y, Du M L, He W X, et al. Carbon nanotube@ RuO_2 as a high performance catalyst for Li-CO_2 batteries [J]. ACS Applied Materials & Interfaces, 2019, 11 (5): 5146-5151.

[22] Yue G H, Luo X R, Hu Z Y, et al. RuO_{2-x} decorated $CoSnO_3$ nanoboxes as a high performance cathode catalyst for Li-CO_2 batteries [J]. Chemical Communications, 2020, 56 (78): 11693-11696.

[23] Xu S M, Ren Z C, Liu X, et al. Carbonate decomposition: Low-overpotential Li-CO_2 battery based on interlayer-confined monodisperse catalyst [J]. Energy Storage Materials, 2018, 15: 291-298.

[24] Lian Z, Pei Y, Ma S Y, et al. Anchoring Ru/RuO_2 nanoparticles on porous carbon shell as an efficient cathode catalyst for Li-CO_2 battery [J]. ChemistrySelect, 2022, 7 (7): e202104549.

[25] Guo Z Y, Li J L, Qi H C, et al. A highly reversible long-life Li-CO_2 battery with a RuP_2-based catalytic cathode [J]. Small, 2019, 15 (29): 1803246.

[26] Xing Y, Wang K, Li N, et al. Ultrathin RuRh alloy nanosheets enable high-performance lithium-CO_2 battery [J]. Matter, 2020, 2 (6): 1494-1508.

[27] Wang Y H, Zhou J W, Lin C, et al. Decreasing the overpotential of aprotic Li-CO_2 batteries with the in-plane alloy structure in ultrathin 2D Ru-based nanosheets [J]. Advanced Functional Materials, 2022, 32 (30): 2202737.

[28] Fan L, Shen H M, Ji D X, et al. Biaxially compressive strain in Ni/Ru core/shell nanoplates boosts Li-CO_2 batteries [J]. Advanced Materials, 2022, 34 (30): 2204134.

[29] Zhang Z, Bai W L, Cai Z P, et al. Enhanced electrochemical performance of aprotic Li-CO_2 batteries with a ruthenium-complex-based mobile catalyst [J]. Angewandte Chemie, 2021, 133 (30): 16540-16544.

[30] Song S D, Xu W, Zheng J M, et al. Complete decomposition of Li_2CO_3 in Li-O_2 batteries using Ir/B_4C as noncarbon-based oxygen electrode [J]. Nano Letters, 2017, 17 (3): 1417-1424.

[31] Wang C Y, Zhang Q M, Zhang X, et al. Fabricating Ir/C nanofiber networks as free-standing air cathodes for rechargeable Li-CO_2 batteries [J]. Small, 2018, 14 (28): 1800641.

[32] Wu G, Li X, Zhang Z, et al. Design of ultralong-life Li-CO_2 batteries with IrO_2 nanoparticles highly dispersed on nitrogen-doped carbon nanotubes [J]. Journal of Materials Chemistry A, 2020, 8 (7): 3763-3770.

[33] Mao Y J, Tang C, Tang Z C, et al. Long-life Li-CO_2 cells with ultrafine IrO_2-decorated few-layered δ-MnO_2 enabling amorphous Li_2CO_3 growth [J]. Energy Storage Materials, 2019, 18: 405-413.

[34] Zhai Y J, Tong H, Deng J L, et al. Super-assembled atomic Ir catalysts on Te substrates with synergistic catalytic capability for Li-CO_2 batteries [J]. Energy Storage Materials, 2021, 43: 391-401.

[35] Zhou J W, Wang T S, Chen L, et al. Boosting the reaction kinetics in aprotic lithium-carbon dioxide batteries with unconventional phase metal nanomaterials [J]. Proceedings of the National Academy of Sciences of the United States of America, 2022, 119 (40): e2204666119.

[36] Kong Y L, Gong H, Song L, et al. Nano-sized Au particle-modified carbon nanotubes as an effective and stable cathode for Li-CO_2 batteries [J]. European Journal of Inorganic Chemistry, 2021, 2021 (6): 590-596.

[37] Zhang K, Li J X, Zhai W J, et al. Boosting cycling stability and rate capability of Li-CO_2 batteries via synergistic photoelectric effect and plasmonic interaction [J]. Angewandte Chemie International Edition, 2022, 61 (17): e202201718.

[38] Guan D H, Wang X X, Li F, et al. All-solid-state photo-assisted Li-CO_2 battery working at an ultra-wide operation temperature [J]. ACS Nano, 2022, 16 (8): 12364-12376.

[39] Freunberger S A, Chen Y H, Peng Z Q, et al. Reactions in the rechargeable lithium-O_2 battery with alkyl carbonate electrolytes [J]. Journal of the American Chemical Society, 2011, 133 (20): 8040-8047.

[40] Ma W Q, Lu S S, Lei X F, et al. Porous Mn_2O_3 cathode for highly durable Li-CO_2 batteries [J]. Journal of Materials Chemistry A, 2018, 6 (42): 20829-20835.

[41] Lei X F, Lu S S, Ma W Q, et al. Porous MnO as efficient catalyst towards the decomposition of Li_2CO_3 in ambient Li-air batteries [J]. Electrochimica Acta, 2018, 280: 308-314.

[42] Zhang Z, Wang X G, Zhang X, et al. Verifying the rechargeability of Li-CO_2 batteries on working cathodes of Ni nanoparticles highly dispersed on N-doped graphene [J]. Advanced Science, 2018, 5 (2): 1700567.

[43] Qiao Y, Liu Y, Chen C J, et al. 3D-printed graphene oxide framework with thermal shock synthesized nanoparticles for Li-CO_2 batteries [J]. Advanced Functional Materials, 2018, 28 (51): 1805899.

[44] Zhang Z, Zhang Z W, Liu P F, et al. Identification of cathode stability in Li-CO_2 batteries with Cu nanoparticles highly dispersed on N-doped graphene [J]. Journal of Materials Chemistry A, 2018, 6 (7): 3218-3223.

[45] Xu Y Y, Gong H, Ren H, et al. Highly efficient Cu-porphyrin-based metal-organic framework nanosheet as cathode for high-rate Li-CO_2 battery [J]. Small, 2022, 18 (45): 2203917.

[46] Sun X Y, Mu X W, Zheng W, et al. Binuclear Cu complex catalysis enabling Li-CO_2 battery with a high discharge voltage above 3.0 V [J]. Nature Communications, 2023, 14 (1): 536.

[47] Li W, Zhang M H, Sun X Y, et al. Boosting a practical Li-CO_2 battery through dimerization reaction based on solid redox mediator [J]. Nature Communications, 2024, 15 (1): 803.

[48] Jena A, Hsieh H C, Thoka S, et al. Curtailing the overpotential of Li-CO_2 batteries with shape-controlled Cu_2O as cathode: Effect of illuminating the cathode [J]. ChemSusChem, 2020, 13 (10): 2719-2725.

[49] Jin Y C, Chen F Y, Wang J L. Achieving low charge overpotential in a Li-CO_2 battery with bimetallic RuCo nanoalloy decorated carbon nanofiber cathodes [J]. ACS Sustainable Chemistry & Engineering, 2020, 8 (7): 2783-2792.

[50] Song L, Wang T, Wu C, et al. A long-life Li-CO_2 battery employing a cathode catalyst of cobalt-embedded nitrogen-doped carbon nanotubes derived from a Prussian blue analogue [J]. Chemical Communications, 2019, 55 (85): 12781-12784.

[51] Yang C, Guo K K, Yuan D W, et al. Unraveling reaction mechanisms of Mo_2C as cathode catalyst in a Li-CO_2 battery [J]. Journal of the American Chemical Society, 2020, 142 (15): 6983-6990.

[52] Wu M, Kim J Y, Park H, et al. Understanding reaction pathways in high dielectric electrolytes using β-Mo_2C as a catalyst for Li-CO_2 batteries [J]. ACS Applied Materials & Interfaces, 2020, 12 (29): 32633-32641.

[53] Zhu Q C, Xu S M, Cai Z P, et al. Towards real Li-air batteries: A binder-free cathode with high electrochemical performance in CO_2 and O_2 [J]. Energy Storage Materials, 2017, 7: 209-215.

[54] Zhu Q C, He Z R, Mao D Y, et al. Nanofibrous cathode catalysts with MoC nanoparticles embedded in N-rich carbon shells for low-overpotential Li-CO_2 batteries [J]. ACS Applied Materials & Interfaces, 2022, 14 (33): 38090-38097.

[55] Zhang X J, Wang T S, Yang Y J, et al. Breaking the stable triangle of carbonate via W-O bonds for Li-CO_2 batteries with low polarization [J]. ACS Energy Letters, 2021, 6 (10): 3503-3510.

[56] Qi G C, Zhang J X, Chen L, et al. Binder-free MoN nanofibers catalysts for flexible 2-electron oxalate-based Li-CO_2 batteries with high energy efficiency [J]. Advanced Functional Materials, 2022, 32 (22): 2112501.

[57] Qi G C, Zhang J X, Cheng J L, et al. Freestanding Mo_3N_2 nanotubes for long-term stabilized $2e^-$ intermediate-based high energy efficiency Li-CO_2 batteries [J]. SusMat, 2023, 3 (2): 276-288.

[58] Ahmadiparidari A, Warburton R E, Majidi L, et al. A long-cycle-life lithium-CO_2 battery with carbon neutrality [J]. Advanced Materials, 2019, 31 (40): 1902518.

[59] Pipes R, He J R, Bhargav A, et al. Efficient Li-CO_2 batteries with molybdenum disulfide nanosheets on carbon nanotubes as a catalyst [J]. ACS Applied Energy Materials, 2019, 2

(12): 8685-8694.

[60] Hu J T, Yu L, Deng J, et al. Sulfur vacancy-rich MoS_2 as a catalyst for the hydrogenation of CO_2 to methanol [J]. Nature Catalysis, 2021, 4 (3): 242-250.

[61] Zhang Y Z, Yao D Z, Xia B Q, et al. ReS_2 nanosheets with in situ formed sulfur vacancies for efficient and highly selective photocatalytic CO_2 reduction [J]. Small Science, 2021, 1 (2): 2000052.

[62] Wang H, Xie K Y, You Y, et al. Realizing interfacial electronic interaction within ZnS quantum dots/N-rGO heterostructures for efficient Li-CO_2 batteries [J]. Advanced Energy Materials, 2019, 9 (34): 1901806.

[63] Chen B, Wang D S, Tan J Y, et al. Designing electrophilic and nucleophilic dual centers in the ReS_2 plane toward efficient bifunctional catalysts for Li-CO_2 batteries [J]. Journal of the American Chemical Society, 2022, 144 (7): 3106-3116.

[64] Bharti A, Manna G, Saha P K, et al. Probing the function of a Li-CO_2 battery with a MXene/graphene oxide composite cathode electrocatalyst [J]. The Journal of Physical Chemistry Letters, 2022, 13 (32): 7380-7385.

[65] Wang Y, Wang X, Ge B, et al. Freestanding MXene-MnO_2 films for Li-CO_2 cathodes with low overpotential and long-term cycling [J]. ACS Applied Energy Materials, 2021, 4 (9): 9961-9968.

[66] Wang H, Zheng R X, Shu C Z, et al. Promoting the electrocatalytic activity of $Ti_3C_2T_x$ MXene by modulating CO_2 adsorption through oxygen vacancies for high-performance lithium-carbon dioxide batteries [J]. ChemElectroChem, 2020, 7 (24): 4922-4930.

[67] Shi Y, Wei B, Legut D, et al. Highly stable single-atom modified mXenes as cathode-active bifunctional catalysts in Li-CO_2 battery [J]. Advanced Functional Materials, 2022, 32 (48): 2210218.

[68] Hu Z, Xie Y, Yu D, et al. Hierarchical $Ti_3C_2T_x$ MXene/carbon nanotubes for low overpotential and long-life Li-CO_2 batteries [J]. ACS Nano, 2021, 15 (5): 8407-8417.

[69] Li S W, Dong Y, Zhou J W, et al. Carbon dioxide in the cage: Manganese metal-organic frameworks for high performance CO_2 electrodes in Li-CO_2 batteries [J]. Energy & Environmental Science, 2018, 11 (5): 1318-1325.

[70] Li S W, Liu Y, Zhou J W, et al. Monodispersed MnO nanoparticles in graphene-an interconnected N-doped 3D carbon framework as a highly efficient gas cathode in Li-CO_2 batteries [J]. Energy & Environmental Science, 2019, 12 (3): 1046-1054.

[71] Dong L Z, Zhang Y, Lu Y F, et al. A well-defined dual Mn-site based metal-organic framework to promote CO_2 reduction/evolution in Li-CO_2 batteries [J]. Chemical Communications, 2021, 57 (71): 8937-8940.

[72] Hong H, He J F, Wang Y B, et al. An amino-functionalized metal-organic framework achieving efficient capture-diffusion-conversion of CO_2 towards ultrafast Li-CO_2 batteries [J]. Journal of Materials Chemistry A, 2022, 10 (35): 18396-18407.

[73] Cheng Z B, Wu Z Y, Tang Y Y, et al. Cationic metal-organic framework derived ruthenium-copper nano-alloys in porous carbon to catalytically boost the cycle life of Li-CO_2 batteries [J].

Nanoscale，2022，14 (40)：15073-15078.

[74] Huang S，Chen D D，Meng C，et al. CO_2 nanoenrichment and nanoconfinement in cage of imine covalent organic frameworks for high-performance CO_2 cathodes in Li-CO_2 batteries [J]. Small，2019，15 (49)：1904830.

[75] Li X，Wang H，Chen Z X，et al. Covalent-organic-framework-based Li-CO_2 batteries [J]. Advanced Materials，2019，31 (48)：1905879.

[76] Jiang C，Zhang Y，Zhang M，et al. Exfoliation of covalent organic frameworks into MnO_2-loaded ultrathin nanosheets as efficient cathode catalysts for Li-CO_2 batteries [J]. Cell Reports Physical Science，2021，2 (4)：100392.

[77] Zhang Y，Zhong R L，Lu M，et al. Single metal site and versatile transfer channel merged into covalent organic frameworks facilitate high-performance Li-CO_2 batteries [J]. ACS Central Science，2021，7 (1)：175-182.

[78] Zhang B W，Jiao Y，Chao D L，et al. Targeted synergy between adjacent Co atoms on graphene oxide as an efficient new electrocatalyst for Li-CO_2 batteries [J]. Advanced Functional Materials，2019，29 (49)：1904206.

[79] Hu C G，Gong L L，Xiao Y，et al. High-performance，long-life，rechargeable Li-CO_2 batteries based on a 3D holey graphene cathode implanted with single iron atoms [J]. Advanced Materials，2020，32 (16)：1907436.

[80] LIan Z，Lu Y C，Wang C Z，et al. Single-atom Ru implanted on Co_3O_4 nanosheets as efficient dual-catalyst for Li-CO_2 batteries [J]. Advanced Science，2021，8 (23)：2102550.

[81] Liu Y Q，Zhao S Y，Wang D S，et al. Toward an understanding of the reversible Li-CO_2 batteries over metal-N_4-functionalized graphene electrocatalysts [J]. ACS Nano，2021，16 (1)：1523-1532.

[82] Ding J C，Xue H R，Xiao R，et al. Atomically dispersed Fe-N_x species within a porous carbon framework：An efficient catalyst for Li-CO_2 batteries [J]. Nanoscale，2022，14 (12)：4511-4518.

[83] Cheng J，Bai Y Q，Lian Y B，et al. Homogenizing Li_2CO_3 nucleation and growth through high-density single-atomic Ru loading toward reversible Li-CO_2 reaction [J]. ACS Applied Materials & Interfaces，2022，14 (16)：18561-18569.

[84] Luo Z，Li X，Zhou T，et al. Engineering energy level of FeN_4 sites via dual-atom site construction toward efficient oxygen reduction [J]. Small，2023，19 (12)：2205283.

[85] Ma X Y，Zhao W T，Deng Q H，et al. In-situ construction of Cu-Co_4N@CC hierarchical binder-free cathode for advanced and flexible Li-CO_2 batteries：Electron structure and mass transfer modulation [J]. Journal of Power Sources，2022，535：231446.

[86] Xu C F，Zhan J，Wang H W，et al. Dense binary Fe-Cu sites promoting CO_2 utilization enable highly reversible hybrid Na-CO_2 batteries [J]. Journal of Materials Chemistry A，2021，9 (38)：22114-22128.

[87] Huang L L，Zhao H，Zhao Y，et al. Atomically dispersed Cu and Cr on N-doped hollow carbon nanocages for synergistic promotion of high-performance Li-CO_2 batteries [J]. Chemical Engineering Journal，2024，493：152723.

[88] Zhang J H, Liu Y , Yan T W, et al. Activity evaluation and reaction mechanisms of highly efficient dual-atom transition metal catalysts in Li-CO_2 batteries [J]. Next Materials, 2025, 6: 100334.

[89] Guo C, Hu X B, Han X, et al. Laser precise synthesis of oxidation-free high-entropy alloy nanoparticle libraries [J]. Journal of the American Chemical Society, 2024, 146 (27): 18407-18417.

[90] Gao S S, Liu Y F, Xie Z Y, et al. Metal-free bifunctional ordered mesoporous carbon for reversible Zn-CO_2 batteries [J]. Small Methods, 2021, 5 (4): 2001039.

[91] Wang G D, Wang H H, Shi W J, et al. A highly stable MOF with F and N accessible sites for efficient capture and separation of acetylene from ternary mixtures [J]. Journal of Materials Chemistry A, 2021, 9 (43): 24495-24502.

[92] Xie J F, Wang X Y, Lv J Q, et al. Reversible aqueous zinc-CO_2 batteries based on CO_2-HCOOH interconversion [J]. Angewandte Chemie International Edition, 2018, 57 (52): 16996-17001.

[93] Wang X Y, Xie J F, Ghausi M A, et al. Rechargeable Zn-CO_2 electrochemical cells mimicking two-step photosynthesis [J]. Advanced Materials, 2019, 31 (17): 1807807.

[94] Gao S S, Jin M M, Sun J Q, et al. Coralloid Au enables high-performance Zn-CO_2 battery and self-driven CO production [J]. Journal of Materials Chemistry A, 2021, 9 (37): 21024-21031.

[95] Ye K, Zhou Z W, Shao J Q, et al. In situ reconstruction of a hierarchical Sn-Cu/SnO_x core/shell catalyst for high-performance CO_2 electroreduction [J]. Angewandte Chemie International Edition, 2020, 59 (12): 4814-4821.

[96] Yan S, Peng C, Yang C, et al. Electron localization and lattice strain induced by surface lithium doping enable ampere-level electrosynthesis of formate from CO_2 [J]. Angewandte Chemie, 2021, 133 (49): 25945-25949.

[97] Tian J J, Wang R Y, Shen M, et al. Bi-Sn oxides for highly selective CO_2 electroreduction to formate in a wide potential window [J]. ChemSusChem, 2021, 14 (10): 2247-2254.

[98] Lü F, Qi G C, Liu X J, et al. Selective electrolysis of CO_2 to CO on ultrathin In_2Se_3 nanosheets [J]. Electrochemistry Communications, 2019, 103: 127-132.

[99] Yang D X, Zhu Q G, Chen C J, et al. Selective electroreduction of carbon dioxide to methanol on copper selenide nanocatalysts [J]. Nature Communications, 2019, 10 (1): 677.

[100] Wang J J, Zheng X R, Wang G J, et al. Defective bimetallic selenides for selective CO_2 electroreduction to CO [J]. Advanced Materials, 2022, 34 (3): 2106354.

[101] Zheng W Z, Yang J, Chen H Q, et al. Atomically defined undercoordinated active sites for highly efficient CO_2 electroreduction [J]. Advanced Functional Materials, 2020, 30 (4): 1907658.

[102] Deng P L, Yang F, Wang Z T, et al. Metal-organic framework-derived carbon nanorods encapsulating bismuth oxides for rapid and selective CO_2 electroreduction to formate [J]. Angewandte Chemie International Edition, 2020, 59 (27): 10807-10813.

[103] Chhetri K, Kim T, Acharya D, et al. Hollow carbon nanofibers with inside-outside decoration of bi-metallic MOF derived Ni-Fe phosphides as electrode materials for asymmetric supercapacitors [J]. Chemical Engineering Journal, 2022, 450: 138363.

[104] Wang Y C, Huang Z S, Lei Y P, et al. Bismuth with abundant defects for electrocatalytic CO_2 reduction and Zn-CO_2 batteries [J]. Chemical Communications, 2022, 58 (22): 3621-3624.

[105] Gong Q F, Ding P, Xu M Q, et al. Structural defects on converted bismuth oxide nanotubes enable highly active electrocatalysis of carbon dioxide reduction [J]. Nature Communications, 2019, 10 (1): 2807.

[106] Yang M S, Liu S, Sun J Q, et al. Highly dispersed Bi clusters for efficient rechargeable Zn-CO_2 batteries [J]. Applied Catalysis B: Environment and Energy, 2022, 307: 121145.

[107] Teng X, Niu Y, Gong S, et al. Selective CO_2 reduction to formate on heterostructured Sn/SnO_2 nanoparticles promoted by carbon layer networks [J]. Journal of Electrochemistry, 2022, 28 (2): 2018441.

[108] Teng X, Niu Y L, Gong S Q, et al. In/ZnO@C hollow nanocubes for efficient electrochemical reduction of CO_2 to formate and rechargeable Zn-CO_2 batteries [J]. Materials Chemistry Frontiers, 2021, 5 (17): 6618-6627.

[109] Jiao L, Zhu J T, Zhang Y, et al. Non-bonding interaction of neighboring Fe and Ni single-atom pairs on MOF-derived N-doped carbon for enhanced CO_2 electroreduction [J]. Journal of the American Chemical Society, 2021, 143 (46): 19417-19424.

[110] Liu S, Wang L, Yang H, et al. Nitrogen-doped carbon polyhedrons confined Fe-P nanocrystals as high-efficiency bifunctional catalysts for aqueous Zn-CO_2 batteries [J]. Small, 2022, 18 (10): 2104965.

[111] Peng M Y, Ci S Q, Shao P, et al. Cu_3P/C nanocomposites for efficient electrocatalytic CO_2 reduction and Zn-CO_2 battery [J]. Journal of Nanoscience and Nanotechnology, 2019, 19 (6): 3232-3236.

[112] Yang R, Xie J F, Liu Q, et al. A trifunctional Ni-N/P-O-codoped graphene electrocatalyst enables dual-model rechargeable Zn-CO_2/Zn-O_2 batteries [J]. Journal of Materials Chemistry A, 2019, 7 (6): 2575-2580.

[113] Zhang Y, Jiao L, Yang W J, et al. Rational fabrication of low-coordinate single-atom Ni electrocatalysts by MOFs for highly selective CO_2 reduction [J]. Angewandte Chemie International Edition, 2021, 60 (14): 7607-7611.

[114] Wang T T, Sang X H, Zheng W Z, et al. Gas diffusion strategy for inserting atomic iron sites into graphitized carbon supports for unusually high-efficient CO_2 electroreduction and high-performance Zn-CO_2 batteries [J]. Advanced Materials, 2020, 32 (29): 2002430.

[115] Liu S, Jin M M, Sun J Q, et al. Coordination environment engineering to boost electrocatalytic CO_2 reduction performance by introducing boron into single-Fe-atomic catalyst [J]. Chemical Engineering Journal, 2022, 437: 135294.

[116] Gong S H, Wang W B, Zhang C N, et al. Tuning the metal electronic structure of anchored cobalt phthalocyanine via dual-regulator for efficient CO_2 electroreduction and Zn-CO_2 batteries [J]. Advanced Functional Materials, 2022, 32 (17): 2110649.

[117] Chen J Y, Li Z J, Wang X Y, et al. Promoting CO_2 electroreduction kinetics on atomically dispersed monovalent Zn^{I} sites by rationally engineering proton-feeding centers [J]. Angewandte Chemie International Edition, 2022, 61 (7): e202111683.

［118］ Zeng Z P，Mohamed A G A，Zhang X，et al. Wide potential CO_2-to-CO electroreduction relies on pyridinic-N/Ni-N_x sites and its Zn-CO_2 battery application［J］. Energy Technology，2021，9（8）：2100205.

［119］ Aslam M K，Wang H R，Chen S，et al. Progress and perspectives of metal（Li，Na，Al，Zn and K）-CO_2 batteries［J］. Materials Today Energy，2023，31：101196.

［120］ Zhai Y J，Tong H，Deng J L，et al. Super-assembled atomic Ir catalysts on Te substrates with synergistic catalytic capability for Li-CO_2 batteries［J］. Energy Storage Materials，2021，43：391-401.

［121］ 赵亭亭，鄢立祥，唐福利，等. 光辅助锂-二氧化碳电池催化剂的设计策略与反应机理研究进展［J］. 化工学报，2024，75（05）：1750-1764.

［122］ Xie J F，Zhao X T，Wu M X，et al. Metal-free fluorine-doped carbon electrocatalyst for CO_2 reduction outcompeting hydrogen evolution［J］. Angewandte Chemie International Edition，2018，57（31）：9640-9644.

［123］ Yan S，Peng C，Yang C，et al. Electron localization and lattice strain induced by surface lithium doping enable ampere-level electrosynthesis of formate from CO_2［J］. Angewandte Chemie，2021，133（49）：25945-25949.

［124］ Zeeshan M，Shahid M. State of the art developments and prospects of metal-organic frameworks for energy applications［J］. Dalton Transactions，2022，51（5）：1675-1723.

［125］ Peng W K，Li F F，Kong S Y，et al. Recent advances in nickel-based catalysts in eCO_2RR for carbon neutrality［J］. Carbon Energy，2024，6（2）：e498.

第4章 金属-二氧化碳电池负极材料

4.1 负极材料设计原则与注意事项

金属负极作为 M-CO_2 电池的关键组成部分，在充电和放电过程中发挥着举足轻重的作用。在电池放电过程中，负极释放电子，经外部电路传输至正极；与此同时，正极亦释放金属阳离子，通过电解液迁移至负极。在此过程中，CO_2 在正极获得电子被还原转化为含碳化合物，从而为以 CO_2 为媒介的能源储存和利用奠定反应基础。相反，在电池充电过程中，放电产物分解释放出金属阳离子和 CO_2 气体，阳离子再次返回负极。然而在电池放电-充电循环过程中，金属阳离子在负极表面难以均匀沉积-剥离，极易形成一维针状或三维树枝状枝晶。这些枝晶会刺穿隔膜造成短路，大电流通过薄枝晶连接并迅速产生热量，使电池充放电过程存在火灾和爆炸的安全隐患。

此外，枝晶的形成还会引发负极表面的钝化、腐蚀等问题以及形成固体电解质界面（SEI），增加电池极化程度，严重影响电池寿命。CO_2 在电解液中溶解并渗透到负极表面引发粉化，进而造成 M-CO_2 电池突然“坏死”，这种现象在 M-CO_2 电池中尤为突出。尽管纯金属作为负极具有高理论容量和低氧化还原电位，但金属枝晶和 SEI 膜的形成仍是电池长期循环稳定性的障碍。因此，研究人员聚焦于负极改性的研究，通过优化负极材料、改进电解质体系、探索新型结构等途径避免枝晶形成，提高电池使用寿命和安全性。

（1）负极材料优化

倾向于选用高电化学活性和稳定性材料，以提升电池性能，同时兼顾环境友好性，降低电池对环境的影响。

（2）电解质体系改进

通过优化电解质组成和性能，降低金属离子在负极表面的沉积速度，减少枝晶形成。尝试引入新型添加剂，调节电解质物理和化学性质，提高电池循环稳定性。

(3) 新型结构探索

开发三维立体结构负极，以提高离子传输速率和电化学反应活性，降低负极表面金属离子浓度梯度，降低枝晶形成的可能性。

金属负极在 M-CO_2 电池中至关重要，应持续探索和改进负极，致力于打造高性能、高安全性、环境友好的电池体系，确保未来 M-CO_2 电池在能源储存和利用领域的潜力得以充分释放。

4.2 金属-二氧化碳电池负极工作原理

4.2.1 有机系碱金属 M-CO_2 电池负极反应机制

金属元素电化学性能和物理性能对比见表 4-1。

表 4-1　金属元素电化学及物理性能

元素	体积比容量/(mAh/mL)	质量比容量/(mAh/g)	还原电位(相对于标准氢电极)/V	离子半径/Å	电阻率/(μΩ·cm)
锂	2062	3861	−3.045	0.76	8.55
钠	1128	1166	−2.714	1.02	4.28
钾	591	685	−2.928	1.38	6.15
镁	3833	2205	−2.372	0.72	4.45
钙	2073	1337	−2.868	1.00	3.91
锌	5851	820	−0.762	0.74	5.92
铝	8046	2980	−1.662	0.54	2.65

由表 4-1 可见金属锂作为电池负极潜力巨大且极具优势，开发金属锂负极有望突破当前 Li-CO_2 电池低循环寿命的瓶颈，满足新兴产业对高比能量、长循环寿命电池的严格要求，并充分发挥金属锂在电化学性能上的优势。金属钠原材料具有储量丰富、易于提取、成本低廉、自主可控等优势，有望与 Li-CO_2 电池在储能等领域形成互补，为未来能源存储提供更多的可能性。金属钾同样原材料储量丰富、成本低廉，尽管与锂（0.76Å）和钠（1.02Å）相比，钾原子半径最大（1.38Å），但与 Li^+（4.8Å）和 Na^+（4.6Å）相比，K^+ 斯托克斯半径（3.6Å）最小，在碳酸亚丙酯溶剂中，钾具有最高的离子迁移率和离子电导率。此外，分子动力学模拟研究进一步表明，K^+ 的扩散系数是 Li^+ 扩散系数的 3

倍，以上优势赋予 K-CO_2 电池良好的比容量和优异的倍率性能，使之成为未来储能技术的潜在候选者。

在有机系碱金属 M-CO_2 电池（M=Li，Na，K）中，负极反应以 M/M^+ 氧化还原为基础，在负极表面发生金属 M 的沉积-溶解。通常情况下，金属的沉积-溶解行为并不完全对称，由于金属的高反应活性，会引起枝晶形成、金属腐蚀、不可控的体积膨胀等问题，以及电解液中溶解 CO_2、电解液高压分解的 O_2^- 反应生成副产物，这些因素都会导致储能器件循环效率降低，还会引发一系列安全问题。

4.2.2　水系 Zn-CO_2 电池负极反应机制

Zn-CO_2 电池负极反应以 Zn/Zn^{2+} 氧化还原为基础，受电解质 pH 值的影响。在近中性的电解质中，Zn^{2+} 作为电荷载体存在；在碱性溶液中，Zn^{2+} 最先形成 $Zn(OH)_4^{2-}$ 并继续脱水为 ZnO。

（1）中性电解质

$$Zn \rightleftharpoons Zn^{2+} + 2e^- \quad (E^{\ominus} = -0.76V \text{ vs. } Zn/Zn^{2+}) \tag{4-1}$$

（2）碱性电解质

$$Zn + 4OH^- - 2e^- \rightleftharpoons Zn(OH)_4^{2-} \quad (E^{\ominus} = -0.76V \text{ vs. } Zn/Zn^{2+}) \tag{4-2}$$

$$Zn(OH)_4^{2-} \rightleftharpoons ZnO + 2OH^- + H_2O \quad (E^{\ominus} = -0.76V \text{ vs. } Zn/Zn^{2+}) \tag{4-3}$$

4.3　二氧化碳电池负极锂的设计与挑战

本节以金属锂为例，分析适合 M^+ 沉积-分解的载体材料需满足的条件。锂作为负极材料优势显著：具有低氧化还原电位（−3.04V vs. 标准氢电极）和高理论比容量（3862mAh/g）；密度（ρ=0.534g/cm^3）低，有助于提高电池的质量比能量；原子半径小，具有高电化学当量和高传递性质。配备合适的电解液和正、负极材料，可以优化电池体系，开发出具有高倍率性能的电池。

以锂为负极的传统锂离子电池存在库仑效率低、循环稳定性差和安全问题。在充放电过程中，锂离子在锂负极表面难以均匀沉积，极易形成一维针状或三维树枝状枝晶。这些枝晶刺穿隔膜而造成短路，大电流通过薄枝晶连接并迅速产生热量，使电池在充放电过程中存在火灾和爆炸的安全隐患。

Li-CO_2 电池循环性能的限制因素也主要归因于 Li 负极的失效，循环后负极锂粉化为 LiOH、$LiOH \cdot H_2O$ 和 Li_2CO_3 等混合物。这源于非质子溶剂 Li-CO_2 电池电解液 TEGDME 的应用场景中，在高电流密度（>500mA/g）、充电电压超过 4.3～4.4V vs. Li^+/Li 时，Li_2CO_3 发生自分解产生 $O_2^{\cdot -}$，引发 TEGDME 分解，此时产生与醚类电解液互溶的 H_2O，H_2O 与 Li 反应生成 LiOH，LiOH 继续和 CO_2 反应生成 Li_2CO_3。然而，LiOH 既不是离子导体，也不是电子导体；Li_2CO_3 是一种宽带隙绝缘体。这些产物在锂表面沉积，导致负极失活，严重限制电池容量，导致性能下降。堆积的 LiOH 和 Li_2CO_3 形成锂枝晶，刺穿隔膜，还会造成电池短路。更换新的锂负极，与循环后的正极材料重新组装电池，仍能正常工作。

Li-CO_2 电池运行过程中出现的负极 Li 腐蚀失效的现象，在其他碱金属 Na/K-CO_2 电池中也同样会出现，且腐蚀程度更严重。碱金属负极枝晶生长一直是限制金属离子电池、金属-空气电池、金属固态电池发展的共性问题。碱金属异常活泼，容易与电解液反应，引发碱金属离子和电子在界面处的不均匀分布，进而导致枝晶沉积。枝晶极有可能刺穿隔膜，接触正极，造成短路，引发热失控、着火爆炸等一系列安全问题；也有可能加剧碱金属与电解液的反应，导致无效碱金属成分增多，降低电池利用率和使用寿命。此外，在 CO_2 气氛下，碱金属负极半开放式暴露，加快了电解液中溶解的 CO_2 从正极向负极的扩散，进一步加剧腐蚀；同时，添加的氧化还原介质（RM）分子或电解质分解产生的副产物相互作用，形成枝晶，钝化表面，增加 CRR/CER 极化，最终导致电池“死亡”。

负极材料是 Li^+ 沉积-脱嵌的主要载体，对高性能 Li-CO_2 电池的商业应用具有重要影响，理想的负极材料应具备以下性能：

① Li^+ 在负极材料中的氧化还原电位与锂金属相近，以获得高输出电压。

② 基体能够容纳大量可逆的 Li^+ 嵌入-脱出，同时保持其结构稳定性，以确保高容量和长循环寿命。

③ 具有高电子和离子电导率、较大的扩散系数，以减小极化提升电池的倍率性能。

④ Li^+ 嵌入量对负极材料电位的影响微小，以确保电池电压的稳定。

⑤ 材料表面状态和结构良好，化学稳定性强，能与电解质形成稳定的界面。

4.4 负极预金属化处理

锂金属具备高活性，这一特性使其与电解质反应时，会形成不均匀且脆弱的固体电解质界面（SEI），这给锂金属电池（LMB）带来诸多问题。在循环过程中，SEI 不断断裂和修复，促进了锂枝晶的生长，一方面不可逆地消耗更多电解质，另一方面形成的枝晶可能穿透隔膜导致电池短路。这些缺陷使得 LMB 容量衰减快、库仑效率低且寿命短，甚至存在安全问题。

解决这些问题的关键在于，调整锂离子使其均匀沉积，并构建高质量的保护层以此来抑制锂枝晶生长。通过调控锂离子的沉积行为，可以使锂离子在电极表面均匀分布，减少局部电流密度过大的情况，从而降低锂枝晶形成的可能性。而构建高质量的保护层能够稳定电极与电解质的界面，防止电解质与锂金属的过度反应，同时也有助于引导锂离子的均匀沉积。其目的在于改善负极的性能，从而提升整个 M-CO_2 电池的效能和稳定性，还能为 LMB 的实际应用开辟道路，为高性能储能设备的发展提供有力支持。

4.4.1 插层型负极预金属化

插层型负极预金属化是一种将金属预先插入负极材料的层间结构中的方法。一方面可以增加负极的电荷存储位点，提高电池容量；另一方面也能够改善离子和电子导电性，提升倍率性能。此外，还能在充放电过程中抑制负极材料的体积变化，增强电极结构稳定性。

南开大学陈军构建出一种 rGO-Na 复合材料，以此来代替纯 Na 金属负极。该复合材料能够均匀诱导 rGO 上形成光滑的 Na 镀层有效避免枝晶生长，如图 4-1 所示。与纯 Na 负极相比，rGO-Na 具有更高的循环伏安电流密度，即使在 1.0～4.0V 电压范围内快速充放电 450 次，rGO-Na 表面仍保持光滑，无严重开裂现象。此外，他们构建了以铝箔集流体表面负载导电炭黑的复合材料（Super P/Al）为基础的无 Na 结构 Na-CO_2 电池，能够有效抑制 Na 枝晶的生成，提高电池的库仑效率。

Yu 制备出一种预锂化富边超薄 MoS_2 嵌入碳纳米纤维（PCNF/MoS_2）框架，作为稳定锂金属负极的保护层，通过 MoS_2 和 Li 的自发化学反应在 Li 箔表面原位形成 Mo 和 Li_2S，Mo 纳米颗粒在镀锂过程中作为预成核剂，改变了 Li 的润湿性并提供充足且均匀的成核位点，实现均匀锂沉积。富含 Li_2S 的保护层具有优异的化学稳定性和高离子电导率，能有效减少副反应并抑制锂枝晶生长。

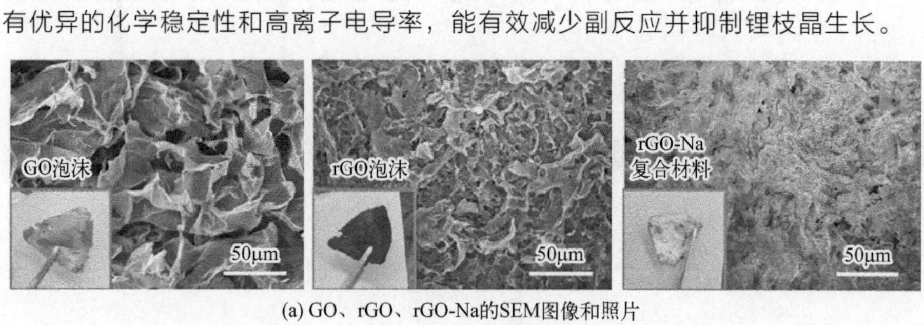

(a) GO、rGO、rGO-Na的SEM图像和照片

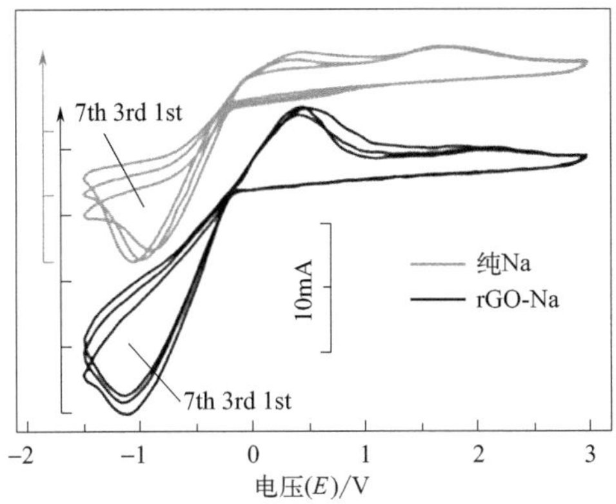

(b) rGO-Na和Na负极电镀-剥离循环伏安图

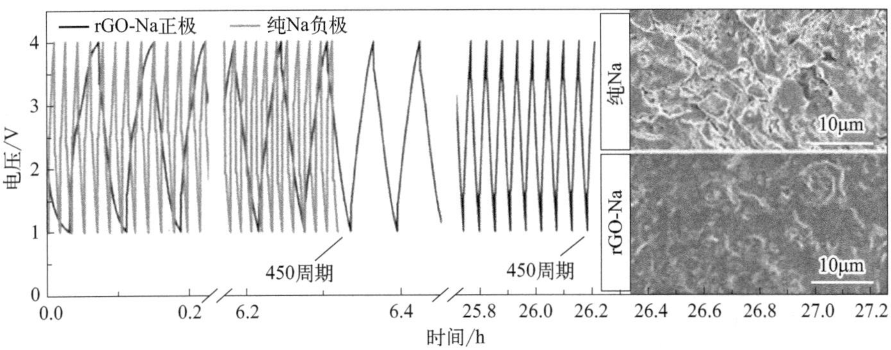

(c) rGO-Na和Na负极准固态Na-CO_2电池循环性能及450次循环后rGO-Na和Na负极表面SEM图像

图 4-1 rGO-Na 负极的设计和表征

4.4.2 合晶型负极预金属化

(1) 合晶型负极

考虑到锂金属负极固有的枝晶生长问题，目前的常用方案是用具有更高稳定性的大容量锂合金负极（即 LiNa、Li_xSi 和 Li_xAl）取代纯锂。然而，锂合金负极虽然能够减缓锂枝晶生长，但锂资源有限，并且引入锂以外的重元素在一定程度上牺牲了 Li-CO_2 电池的能量密度。此外，大多数合金负极都是通过化学或电化学锂化工艺制作的，制备过程复杂。合金负极还可能与电解质发生副反应，加速有限的锂源的消耗，使合金负极失活，导致电池性能下降。因此，需要有效的预锂化工艺和表面保护来进一步提高合金负极的稳定性，以满足 Li-CO_2 电池对负极的严格要求。

合晶型预金属化则是通过金属与负极材料形成合金或复合晶体结构来改善负极性能的方式。通过这种方式可以提高负极的理论容量，使其更好地适应充放电过程中的体积变化，增强电池的循环稳定性。同时可以改善动力学性能，加快反应速率，提高倍率性能，还能在一定程度上降低金属枝晶生长风险，增强电池安全性。

(2) 金属锂宿主

锂负极在电池充-放电循环过程中会产生巨大的体积变化，破坏结构的完整性和电极/电解质的相容性，加速电池的失效。因此，合理设计锂负极使其能够承受体积收缩/膨胀，构建可容纳锂的三维结构电极也是优化电池的一种思路。三维电极不仅能够提供大比表面积以消散电流，还可以提供自由空间和空隙以缓解体积变化，构筑出具有稳定循环和树枝状晶粒的复合锂负极。例如，在同类型 $Li-O_2$ 电池体系中，Chen 将熔融锂注入独立的连续多孔掺 N 石墨烯，制备出多孔石墨烯/锂负极，同时解决枝晶生长和粉化问题，从而大大提高了 $Li-O_2$ 电池的循环稳定性。但需要注意的是三维宿主的引入无疑会降低电池的能量密度，高表面积也会增加锂金属参与副反应的可能性，因此选择轻质宿主材料和增加表面改性显得十分必要。

(3) 锂沉积调控

电镀过程中，Li^+ 随机成核-生长是枝晶生长的根源。合理调节锂沉积行为能有效避免枝晶的形成。在集流体中引入对 Li^+ 有吸附能力的官能团诱导 Li^+ 重新分配，可实现无枝晶锂电镀。若将此方法与三维宿主或表面改性结合，可兼顾锂负极的体积变化和 SEI 稳定性。

许多研究人员通过不同的方法在锂金属表面构建了各种保护层，显著提高了 Li 金属的耐久性。He 通过锂金属与聚偏氟乙烯（PVDF）和二甲基甲酰胺（DMF）溶液原位反应，在锂金属表面制备 LiF 层。Zhang 通过锂化全氟磺酸基聚合物/*N*-甲基吡咯烷酮（NMP）溶液在 Li 箔表面构建有机保护层，显著提高了 Li 金属的耐久性。Qian 提出一种简便方法，在锂负极表面涂覆非均相亲锂金属层（Ag/Au）来改变锂的沉积特性。Xu 通过 Ag SCF_3 与锂箔原位还原反应形成复合保护层，其中亲锂性 Ag 纳米颗粒作 Li 沉积成核位点，LiF 和硫化物提高沉积 Li 稳定性。该界面混合层建立可靠兼容电极界面，使 Ag/F/S-Li 负极在与不同阴极配对时表现出更优异的综合性能，包括稳定的循环性能及高倍率性能，为人工合成锂负极保护层提供了一种简便有效的策略。Salehi-Khojin 在 Li 负极原位合成 Li_2CO_3/C 钝化层，该钝化层来源于负极室的 Li^+ 与电解液溶解的 CO_2 反应，Li_2CO_3/C 钝化层只允许 Li^+ 通过，从而保护 Li 不受 O_2、N_2、CO_2 和 H_2O 影响。

4.5 负极界面修饰

4.5.1 人造 SEI 层

几乎所有可用的电解质在 Li^+/Li 电化学电位（−3.04V）下，都会在锂负极表面还原形成 SEI 层。因此， SEI 层的稳定性对锂负极的沉积-分解和循环寿命起主导作用，特别是在 CO_2 电池中，与 CO_2、O_2 有关的物质和氧化剂会自由穿梭并攻击锂负极。

人工界面工程是解决锂负极相关难题的关键环节。常用的策略是建立一个钝化层，避免 Li 与电解质穿梭物质直接接触，有效抑制电解质分解产生的副反应、氧和 RM 交叉产生的腐蚀反应以及锂枝晶生长等问题，实现高电导率锂负极的长期高效循环。例如，在锂负极上构建坚硬均匀的石墨烯-多巴胺复合层，可以保护其避免形成枝晶以及与氧气、水蒸气和 RM 反应，使电池在 150 次循环中保持 80%以上的高能效。 Zhang 对锂负极改性，刮去锂片表面暴露的新鲜锂，用正戊烷洗涤以去除杂质层，并浸于乙二胺（EDA）/TEGDME（体积比为 1∶100）溶液 48h，直到溶液变成浓稠的深黄色。锂片表面形成一层黄色的乙二胺锂（LE）层，经洗涤干燥得到表面富 LE 的灰色锂负极（LE-Li）。LE-Li 与 0.5mol/L $LiClO_4$/TEGDME 电解液自交联原位形成聚丙烯电解质（TPE），成功抑制枝晶的形成和电解质的分解，原位生成的 TPE 降低了界面电阻，避免锂片的钝化和粉化，使 Li-CO_2 电池全放电比容量从 9654mAh/g 提升至 22873mAh/g，库仑效率从 49.1%增至 99.4%，稳定性从 22 次增至 104 次循环，且过电位仅为 1.9V。

此外，Li-CO_2 电池中 Li 负极保护层的构筑主要通过在有机电解液中加入无机锂盐添加剂（如 $LiNO_3$），以改善固/固界面接触状态，降低界面阻抗，抑制锂枝晶无序生长，同时促进电解液中有机锂盐成分的分解。此外，在 CO_2 气氛中进行预循环使 Li 负极表面构筑 Li_2CO_3 保护层，以允许锂离子通过而阻止 CO_2 气体通过，可以保护 Li 负极免受空气中其他组分的影响。通过该方式能够改善锂-空气电池充放电过程中锂枝晶生成情况，提高 Li 负极的循环稳定性，从而延长锂-空气电池的循环寿命。

虽然人造 SEI 层在稳定锂负极方面比原始 SEI 层表现出独特的优势，但其长期稳定性仍无法保证。此外，人造层会增加电池电阻，因此需要更深入地研究人造 SEI 层的功能机制，为进一步强化其功能提供指导。

4.5.2 纳米界面工程

纳米界面工程是鉴于原位衍生 SEI 层的脆弱性质而引入的一种利用机械和化学性能稳定的界面支架来强化 SEI 层的有效方法，可避免金属锂负极发生与电解质的严重副反应，并防止树枝状锂的形成。理想情况下，支架应是均质、导离子但电子绝缘的，在其表面产生 SEI 并发生均质锂沉积。此外，支架与锂负极或集流体之间的相互作用应足够微弱，以允许 SEI 和支架一起在锂镀层-剥离过程中移动而不会断裂。因此合理选择支架材料和设计结构也是必要的。

Cui 在 Cu 表面涂覆一层相互连接的无定形且导电性较差的空心碳纳米球，获得了稳定 SEI 层和无树枝状锂沉积，实现了超过 150 个循环的高效率（99%）锂沉积-剥离。将这种方法推广到 Li-CO_2 电池时，必须考虑支架对 CO_2 气氛及其他气体物质的稳定性。Chen 团队采用溅镀法在锂负极沉积一层 300nm 厚的碳保护膜（C/Li），电池首圈充-放电电位为 4.15V 和 2.53V，相较于原始锂负极的 4.07V 和 2.59V，极化程度稍大，首圈过电位的增加可能源于 C/Li 电荷转移、电阻增加。但是 C/Li 的存在引导锂离子在负极表面均匀沉积-剥离，能够确保电池具有较长的循环寿命，周期从 25 个显著提高到 115 个。

通过合理调控界面原子的电子排布，可以增强导电性和提高催化稳定性。原子层沉积（ALD）作为一种比较理想的构筑表面保护层的技术，能够将物质以单原子膜形式均匀沉积在基底上，膜厚度可以精确调控，是一种比较理想的构筑表面保护层的技术。中国工程物理研究院程建丽团队利用 ALD 技术在紫铜带上精确沉积 TiO_2（Cu@TiO_2），控制沉积次数，确保 TiO_2 充分覆盖 Cu 表面，将 Cu@TiO_2 在 NH_3 气氛中高温氮化得到 Cu@TiN，继续与锂箔紧密辊压结合原位转化为 Li_3N，并转移到 Li 负极形成 Li@Li_3N。Li@Li_3N 促进 Li^+ 高效传输，可有效防止电解液中溶解的 CO_2 与 Li 直接接触转化为 Li_2CO_3，从而显著延缓 Li 腐蚀速度，提升 Li-CO_2 电池循环性能，可稳定运行接近 2000h（389 个循环，截止比容量为 500mAh/g，电流密度为 200mA/g），平均放电、充电电压保持在 2.7V 和 3.5V，过电位仅为 0.8V，能量效率超过 77%，相比于未保护的 Li 负极（875h），循环时间增加一倍多，如图 4-2 所示。

4.5.3 锂离子流量均匀化

原位电解质分解衍生出的 SEI 层通常由多种 Li^+ 电导率成分组成，这种成分的复杂性导致电极表面的 Li^+ 通量在空间上分布不均匀，从而在不同位置产生不同的 Li 沉积-溶解行为，引发 SEI 层经历不均匀的体积变化，最终导致断裂，而 SEI 层的断裂伴随着锂枝晶的形成，严重影响电池性能与安全性。若能有效控制

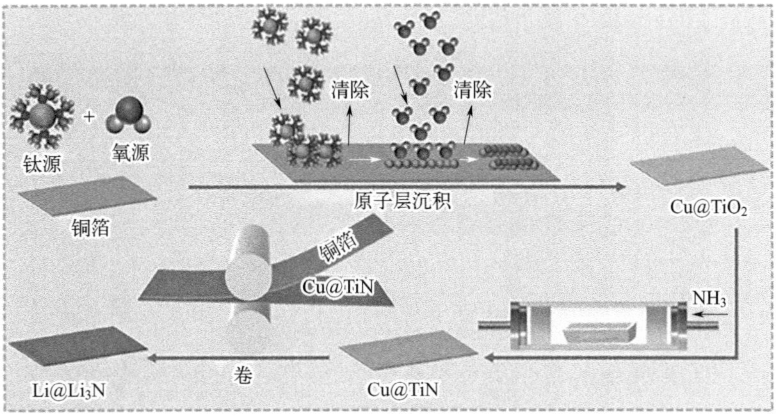

图 4-2 Li 负极保护层的构筑示意图

均相锂离子流，或降低 Li^+ 浓度梯度，锂枝晶的生成就会大大减少，甚至消失。目前比较实用有效的方法是在锂负极或集流体表面引入含有极性官能团的非导电聚合物层，例如玻璃纤维、聚丙烯腈纳米纤维等。虽然这些聚合物本身并不参与锂电镀，但它们可以有效调节 Li^+ 的分布并限制锂的均匀沉积。考虑到电极的电导率和电池能量密度，非导电聚合物层不宜太厚。

总的来说，M-CO_2 电池负极面临腐蚀、不可逆恢复和枝晶形成等挑战，但目前研究还相对较少。为了实现金属负极的持久稳定性，同时兼顾 M-CO_2 电池的电化学性能和安全性能，确保电池能源可持续输出，可参考金属离子电池负极处理策略，如通过 SEI 层修饰金属表面、采用复合材料/合金/液体负极替代纯金属负极、对电解质进行改性等。

参考文献

[1] 陈人杰. 先进电池功能电解质材料 [M]. 北京：科学出版社，2020.

[2] Wang L，Wu Q Q，Zhang Z T，et al. Elastic and wearable ring-type supercapacitors [J]. Journal of Materials Chemistry A，2016，4 (9)：3217-3222.

[3] Zhang Z B，Wang R Z，Zeng J Q，et al. Size effects in sodium ion batteries [J]. Advanced Functional Materials，2021，31 (52)：2106047.

[4] Zhang W C，Hu C G，Guo Z P，et al. High-performance K-CO_2 batteries based on metal-free carbon electrocatalysts [J]. Angewandte Chemie International Edition，2020，59 (9)：3470-3474.

[5] 于越，张新波. 多孔金属有机框架材料作为锂金属负极保护层助力长寿命锂氧气电池 [J]. 化学学报，2020，78 (12)：1434-1440.

[6] Hu X F，Li Z F，Zhao Y R，et al. Quasi-solid state rechargeable Na-CO_2 batteries with reduced graphene oxide Na anodes [J]. Science Advances，2017，3 (2)：e1602396.

[7] Sun J C, Lu Y, Yang H, et al. Rechargeable Na-CO_2 batteries starting from cathode of Na_2CO_3 and carbon nanotubes [J]. Research, 2018, 2018: 6914626.

[8] Zhang C L, Jiang Z H, Lu B R, et al. MoS_2 nanoplates assembled on electrospun polyacrylonitrile-metal organic framework-derived carbon fibers for lithium storage [J]. Nano Energy, 2019, 61: 104-110.

[9] Ma J L, Meng F L, Yu Y, et al. Prevention of dendrite growth and volume expansion to give high-performance aprotic bimetallic Li-Na alloy-O_2 batteries [J]. Nature Chemistry, 2019, 11 (1): 64-70.

[10] Guo Z Y, Dong X L, Wang Y G, et al. A lithium air battery with a lithiated Al-carbon anode [J]. Chemical Communications, 2015, 51 (4): 676-678.

[11] Hassoun J, Jung H G, Lee D J, et al. A metal-free, lithium-ion oxygen battery: A step forward to safety in lithium-air batteries [J]. Nano Letters, 2012, 12 (11): 5775-5779.

[12] Lin D C, Liu Y Y, Liang Z, et al. Layered reduced graphene oxide with nanoscale interlayer gaps as a stable host for lithium metal anodes [J]. Nature Nanotechnology, 2016, 11 (7): 626-632.

[13] Wang H, Yu D D, Kuang C W, et al. Alkali metal anodes for rechargeable batteries [J]. Chem, 2019, 5 (2): 313-338.

[14] Huang G, Han J H, Yang C C, et al. Graphene-based quasi-solid-state lithium-oxygen batteries with high energy efficiency and a long cycling lifetime [J]. NPG Asia Materials, 2018, 10 (11): 1037-1045.

[15] Lin D C, Liu Y Y, Cui Y. Reviving the lithium metal anode for high-energy batteries [J]. Nature Nanotechnology, 2017, 12 (3): 194-206.

[16] Yan K, Lu Z D, Lee H W, et al. Selective deposition and stable encapsulation of lithium through heterogeneous seeded growth [J]. Nature Energy, 2016, 1: 16010.

[17] Guo S G, Piao N, Wang L, et al. PVDF-HFP/LiF composite interfacial film to enhance the stability of Li-metal anodes [J]. ACS Applied Energy Materials, 2020, 3 (7): 7191-7199.

[18] Cai Y, Jin Q, Zhao K X, et al. Imbedding Li_2CO_3 in Li-nafion film to protect Li anode from unexpected dendrites growth [J]. Journal of Alloys and Compounds, 2022, 900: 163444.

[19] Xu C L, Zhang S, Chen C, et al. Rational construction Ag/LiF/sulfide rich protective layer for remarkably enhancing the stability of Li metal anodes [J]. Chemical Engineering Journal, 2024, 482: 148914.

[20] Jaradat A, Zhang C J, Sutar S S, et al. A high-rate Li-CO_2 battery enabled by 2D medium-entropy catalyst [J]. Advanced Functional Materials, 2023, 33 (21): 2300814.

[21] Bi X X, Amine K, Lu J. The importance of anode protection towards lithium oxygen batteries [J]. Journal of Materials Chemistry A, 2020, 8 (7): 3563-3573.

[22] Hong Y S, Zhao C Z, Xiao Y, et al. Safe lithium-metal anodes for Li-O_2 batteries: From fundamental chemistry to advanced characterization and effective protection [J]. Batteries & Supercaps, 2019, 2 (7): 638-658.

[23] Zhang S S, Liu X Q, Feng Y Y, et al. Protecting Li-metal anode with ethylenediamine-based layer and in-situ formed gel polymer electrolyte to construct the high-performance Li-CO_2 battery

[J]. Journal of Power Sources, 2021, 506: 230226.

[24] Zheng G Y, Lee S W, Liang Z, et al. Interconnected hollow carbon nanospheres for stable lithium metal anodes [J]. Nature Nanotechnology, 2014, 9 (8): 618-623.

[25] Zhao Z, Huang G S, Kong Y, et al. Atomic layer deposition for electrochemical energy: From design to industrialization [J]. Electrochemical Energy Reviews, 2022, 5 (Suppl 1): 31.

[26] Cao Y Q, Meng X B, Li A D. Atomic layer deposition of high-capacity anodes for next-generation lithium-ion batteries and beyond [J]. Energy & Environmental Materials, 2021, 4 (3): 363-391.

[27] Qi G C, Zhang J X, Cheng J L, et al. Freestanding Mo_3N_2 nanotubes for long-term stabilized $2e^-$ intermediate-based high energy efficiency Li-CO_2 batteries [J]. SusMat, 2023, 3 (2): 276-288.

[28] Chen H, Pei A, Lin D C, et al. Uniform high ionic conducting lithium sulfide protection layer for stable lithium metal anode [J]. Advanced Energy Materials, 2019, 9 (22): 1900858.

[29] Liang Z, Zheng G Y, Liu C, et al. Polymer nanofiber-guided uniform lithium deposition for battery electrodes [J]. Nano Letters, 2015, 15 (5): 2910-2916.

[30] Cheng X B, Hou T Z, Zhang R, et al. Dendrite-free lithium deposition induced by uniformly distributed lithium ions for efficient lithium metal batteries [J]. Advanced Materials, 2016, 28 (15): 2888-2895.

[31] Liu W, Lin D C, Pei A, et al. Stabilizing lithium metal anodes by uniform Li-ion flux distribution in nanochannel confinement [J]. Journal of the American Chemical Society, 2016, 138 (47): 15443-15450.

第5章 金属-二氧化碳电池电解质及隔膜

5.1 有机电解液

电解液作为 Li-CO_2 电池的重要组成部分，在离子输运方面发挥着重要作用，在一定程度上决定电极的工作原理，放电产物的形貌、分布以及晶态。选择合适的电解质是实现电池高能量密度、长循环寿命、宽工作温域、高安全性的关键。目前，寻找稳定的电解质体系是 Li-CO_2 电池面临的艰巨挑战之一。

传统非水系离子电池所用电解液具备如下基本条件：

① 优良的离子电导率。

② 低毒性、低成本和高安全性。

③ 低挥发性。

此外，由于气体电池在半开放环境中工作，CO_2 气体参与反应，反应发生在固-液-气三相界面，因此对电解液又提出了特殊的要求：

① 高稳定性。在高纯 CO_2 气氛中对接触的放电产物以及中间体、电极材料等具备化学稳定性，且在宽电压窗口内保持良好的电化学稳定性。

② 强溶解、扩散 CO_2 能力，强溶解 Li_2CO_3 能力。

③ 高介电常数。决定 CRR/CER 过程中相关锂盐产物的溶解度。

5.1.1 碳酸酯类电解液

传统锂离子电池采用碳酸酯类电解液，具有稳定的宽电压窗口，耐受 4.5V 高压，如碳酸乙烯酯（EC）、碳酸丙烯酯（PC）等。

2006 年，Ogasawara 首次将碳酸酯类电解液（$LiPF_6$/PC）引入 Li-O_2 电池，

在 MnO_2@导电炭黑正极催化下电池稳定循环 50 圈，比容量保持在 600mAh/g，之后此类电解液就活跃于 Li-O_2/CO_2 电池。直到 2010 年，LiTFSI/PC 被发现在 Li-O_2 电池体系中不稳定，被分解为 Li_2CO_3 和烷基碳酸锂。LiTFSI/[EC/DMC（体积比为 3∶7）]虽然有助于 Li-O_2/CO_2 电池容量的提高，但有机碳酸盐分子中的 O—CH_2—（亚甲基官能团）易被电化学过程生成的亲核超氧自由基（O_2^-）攻击而开环，生成不可逆副产物，如 Li_2CO_3、CO_2、H_2O 和 LiCOOH。Li-O_2/CO_2 电池体系一旦产生超氧自由基及超氧化物，就会引发电解液分解，导致电池能量效率降低，循环性能衰减。产物 Li_2CO_3 分解电位高，更加剧电解液的分解消耗，这意味着碳酸酯类电解质并不适合可充电 Li-CO_2 电池。

5.1.2 醚类电解液

常用的碳酸酯类电解液未被成功应用到 Li-CO_2 电池中，学者将关注焦点转至电压窗口更宽（氧化电位>4.5V vs. Li/Li^+）的醚类电解液。非极性醚类溶剂相对稳定，对超氧自由基不具备电化学、化学活性。此外，醚类溶剂挥发性低，与 Li 负极有良好的相容性。

初期，J. Read 将四种不同的锂盐溶于 1,3-二氧戊环/乙二醇二甲醚（DOL/DME）溶剂中配制混合电解液，用于 Li-O_2 电池，研究各类电解液的 O_2 溶解度和离子电导率，此系列的电解液表现出良好的循环稳定性。McCloskey 采用$^{18}O_2$ 同位素和 DEMS 追踪 DME 电解液的 Li-O_2 电池放电产物分解气体的成分，发现 Li_2O_2 分解只产生 60%的$^{18}O_2$，$^{18}O_2$ 损失 40%，电池可逆性仍不理想。六氟磷酸锂/四乙二醇二甲醚（1mol/L $LiPF_6$/TEGDME）电解液被引入 Li-CO_2 电池，以多孔碳为正极，实现电池可逆循环，但库仑效率低、容量衰减明显、循环性能差。虽然醚类电解液稳定性优于碳酸酯类，但其仍然无法保障 Li-O_2/CO_2 电池可逆运行。四氢呋喃（THF）、DOL、DME 和 TEGDME 等醚类电解液会受到 O_2^- 攻击而分解，且电解质中高度亲电性的 Li^+ 会与醚类分子中电负性较高的 O 原子结合，导致醚类聚合物分解。随着循环进行，电解液持续分解而逐渐积累副产物。显然，醚类电解质在产生 O_2^- 的电化学体系中并不是最优的选择。

现阶段研究表明，在纯 CO_2 气氛（不含 O_2 和 H_2O）中，Li-CO_2 电池放电过程不产生 O_2^-，但在充电过程中，高氧化电压（>4.5V）下，电化学分解 Li_2CO_3 产生中间产物 O_2^- 或单线态氧，攻击醚类溶剂引发分解。如果不考虑后续充电过程，可被用作其他金属-气氛电池的多数电化学稳定的质子型电解液，如无机/有机锂盐-TEGDME 电解液，同样适用于一次 Li-CO_2 电池。Yang 预填充 Li_2CO_3，引入高效催化剂，协同分解放电产物 Li_2CO_3，模拟 Li-CO_2 电池充电过程，将分解电位降至 4.5V 以下，通过原位气相色谱-质谱、同位素示踪和傅里叶变换红外光谱等技术发现醚类电解液并未分解，说明醚类溶剂只适用于完全可逆的二次 Li-CO_2 电池，问题的关键在于电化学过程是否产生 O_2^- 和 $^1O_2$。双三氟甲磺酰亚胺锂/四乙二醇二甲醚（LiTFSI/TEGDME）电解质氧化电位高达 4.7V，因此广泛用于 Li-CO_2 电池并表现出优异的电化学性能。但对 CRR/CER 电化学过程中间体稳定性的探索还比较少，如图 5-1（d）。

采用分子动力学（MD）模拟 1mol/L 的电解质，优化 Li^+ 在 DMSO、PC 和 TEGDME 中的溶剂化结构，计算其在各溶剂中的去溶剂化自由能（ΔG_{desolv}）。在强极性 DMSO 和 PC 溶剂中， Li^+ 的去溶剂化自由能（ΔG_{desolv}）为 526.7kJ/mol 和 494.9kJ/mol，而在 TEGDME 中 ΔG_{desolv} 最低为 385.0kJ/mol，说明 Li^+ 在 TEGDME 中更易自由移动并发生反应。ΔG_{desolv} 受溶剂种类影响较大而受阳离子

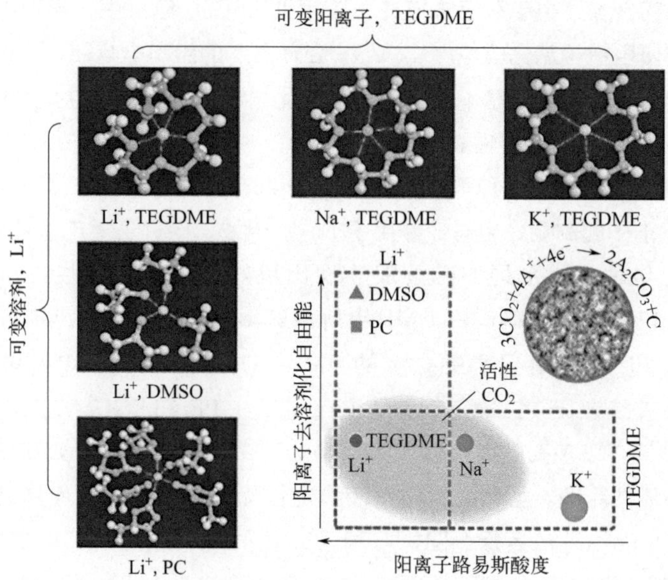

(a) Li^+、Na^+和K^+在TEGDME、DMSO和PC的溶剂化结构及其去溶剂化自由能

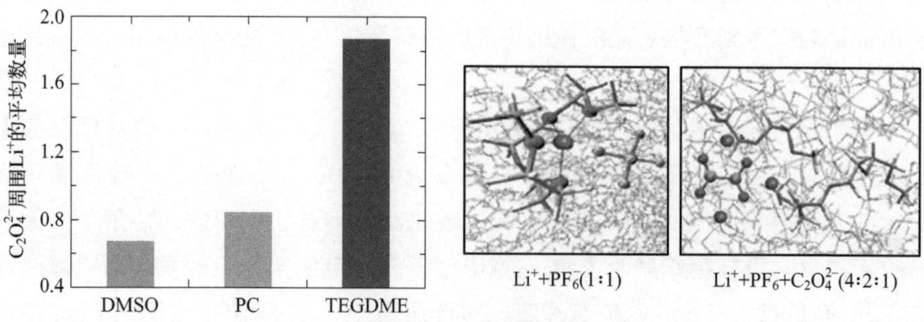

(b) $C_2O_4^{2-}$局域富集Li^+数量与溶剂的关系

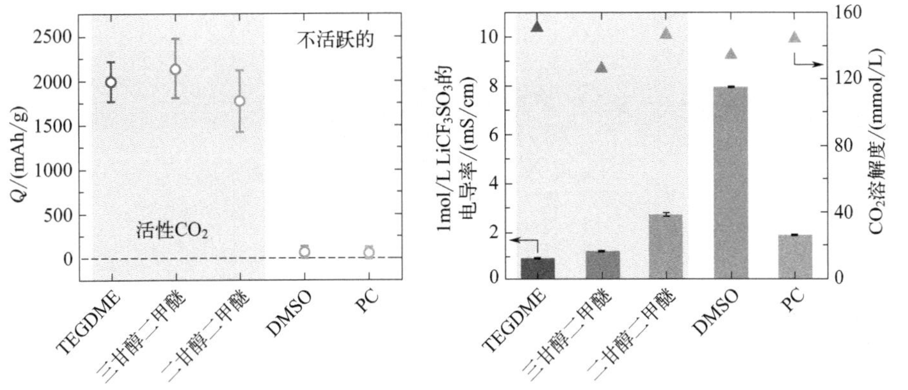

(c) Li-CO_2电池在不同电解质下的全放电比容量(Q)　(d) Li-CO_2电池在不同电解质下的离子电导率和CO_2溶解度

图 5-1　醚类电解液的结构和性质

种类影响较小，Li^+、Na^+和 K^+ 在 TEGDME 中的 ΔG_{desolv} 差别不大，分别为 385.0kJ/mol、383.1kJ/mol 和 323.1kJ/mol，尽管 K^+的 ΔG_{desolv} 在三种阳离子中最低，但它未能活化 CO_2，如图 5-1（a）。这说明当 ΔG_{desolv} 较低（即阳离子较多）的条件下，对 CO_2 活性影响不大。此时，调节正、负离子间静电作用的路易斯酸阳离子更占优势。为了进一步证实 TEGDME 中 Li^+的作用，使用 MD 模拟对不同溶剂中 CRR 特征中间体 $C_2O_4^{2-}$ 周围 Li^+的平均数量进行研究。建立计算域，其中包含 60 个 Li^+、30 个 PF_6^- 和 15 个 $C_2O_4^{2-}$，以 4∶2∶1 的比例保持电中性。计算距 $C_2O_4^{2-}$ 0.35nm 范围内的 Li^+ 平均离子数，分别为 1.9（TEGDME）、0.8（PC）、0.7（DMSO），这与 Li^+ 的 ΔG_{desolv} 高度一致。此外，模拟结果还表明，$C_2O_4^{2-}$ 在含 Li^+电解质中能加快 Li^+的去溶剂化，并与 Li^+结合，这也说明 Li^+-$C_2O_4^{2-}$ 的相互作用较强。分子动力学模拟表明，低供体数和弱极性的醚类电解质会使 Li^+的去溶剂化自由能降低。此外高浓度的 Li^+会增加溶解的 CO_2 局域的 Li^+浓度，改变了溶解的 CO_2 周围的化学环境，这都会加速 Li^+与 CRR 反应中间体的结合，如图 5-1（b）和（c）。综上所述，电解液中 Li^+浓度、去溶剂化 Li^+以及 Li^+与 CO_2 的配合对电池放电过程至关重要。

5.1.3　其他有机电解液

除了碳酸酯类、醚类电解液外，一些其他有机溶剂如 N,N-二甲基乙酰胺（DMA）、二甲亚砜（DMSO）等也被用于 Li-CO_2 电池的制作，并表现出不错的稳定性。电解质的介电特性影响 Li-CO_2 电池放电反应机制（如图 5-2），在低介电常数 TEGDME 中 $C_2O_4^{2-}$ 的吸附能为−0.028eV，而在高介电常数 DMA 中达到+1.168eV，DMA 破坏 β-Mo_2C 正极表面 $C_2O_4^{2-}$ 中间体的稳定性，将放电产物从 $Li_2C_2O_4$ 转变为 Li_2CO_3。

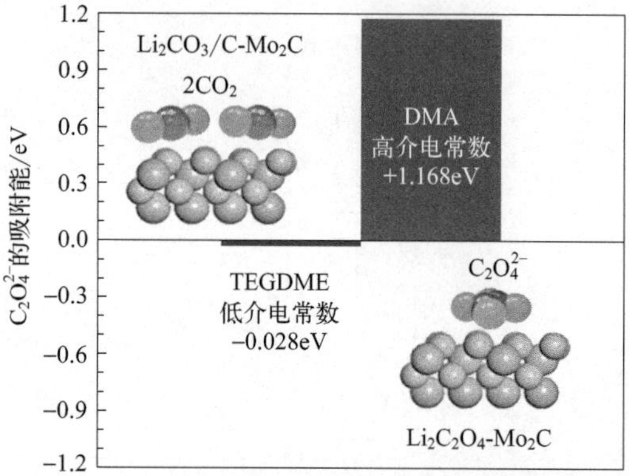

(a) $C_2O_4^{2-}$在四乙二醇二甲醚(TEGDME)和N, N-二甲基乙酰胺(DMA)电解质中的吸附能

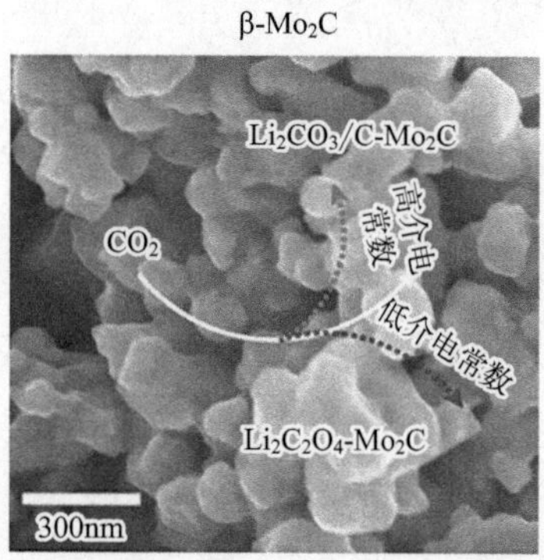

(b) DMA破坏β-Mo_2C正极表面$C_2O_4^{2-}$的稳定性将放电产物从$Li_2C_2O_4$转变为Li_2CO_3

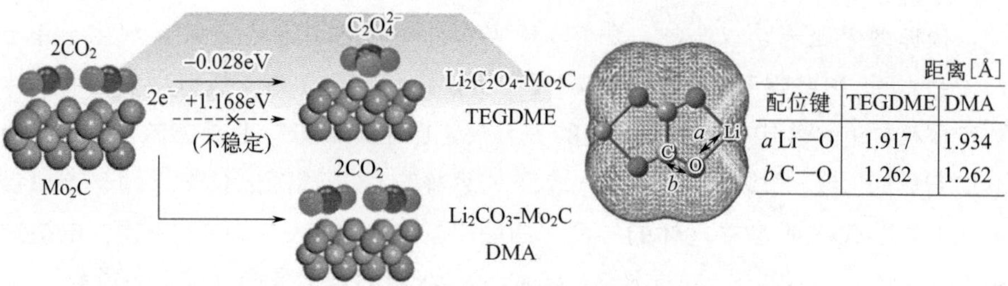

配位键	TEGDME	DMA
a Li—O	1.917	1.934
b C—O	1.262	1.262

(c) $Li_2C_2O_4$在TEGDME和DMA电解质中的原子距离

图 5-2 $C_2O_4^{2-}$ 中间体在 TEGDME 和 DMA 电解质中的稳定性

DMSO 具有导电性好、介电常数高达 48.9、CO_2 溶解度高、黏度低等优点，是金属-空气电池常用的电解质溶剂。基于 DMSO 电解液的 Li-O_2 电池，搭配无碳金或 TiC 正极能够显著改善电池循环性能。深入研究发现，DMSO 也会被超氧化物（O_2^-、$^1O_2$、LiO_2）氧化成二甲基砜（$DMSO_2$），如图 5-3。O_2^- 易攻击 EC 引发开环，而 DMSO 和 DME 溶剂相对稳定，不易开环。实验中基于相同碳基正极，DMSO 比 DME 溶剂更能赋予 Li-O_2/CO_2 电池优异的可逆性，

Li_2CO_3 高度可逆分解归因于高介电常数的 DMSO 对 CO_2 的有效电化学活化。LiTFSI/DMSO 中 Li^+ 溶剂化半径小，如图 5-4，赋予 Li-CO_2 电池较高的放电电位，且 Li^+ 电导率超出 LiTFSI/TEGDME 的五倍，但仍面临沸点低、易发生副反应、放电产物 Li_2CO_3 不可逆分解产生 O_2^-、攻击 DMSO 产生 $DMSO_2$ 等问题，而造成电解液持久损耗。 Yin 继续通过改变溶剂分子与 Li^+ 之间的溶剂化结构，来改变超氧化物中间体的反应途径。发现不论在高介电常数溶剂（DMSO）还是在低介电常数溶剂（DME）中，都得到了唯一的放电产物 Li_2CO_3。除了介电常数和溶剂分子的供体数外，溶剂中 Li^+ 浓度对 Li-O_2/CO_2 电化学机理也有显著影响。稀的 LiTFSI/DMSO 电解质中 Li^+ 被 DMSO 分子溶剂化形成［$Li(DMSO)_4$］$^+$ 配体，配体溶剂化球中的 Li^+ 与 $TFSI^-$ 相互作用较弱，放电初始阶段中间产物 $C_2O_6^{2-}$ 不稳定与 Li^+ 结合形成 $Li_2C_2O_6$，然后进一步还原/解离为 Li_2CO_3。为此，周豪慎团队采用超浓 LiTFSI/DMSO 电解质，调整 LiTFSI 和 DMSO 的摩尔比，构建（［$Li(DMSO)_3$］$^+$-［$TFSI^-$］）离子对，$TFSI^-$ 与［$Li(DMSO)_4$］$^+$ 溶剂化球中的 Li^+ 有很强的相互作用，取代一个 DMSO 形成［$Li(DMSO)_3$］$^+$-［$TFSI^-$］离子对，能有效地阻止 Li^+ 和 $C_2O_6^{2-}$ 结合，从而稳定 $C_2O_6^{2-}$［图 5-3（c）］。高浓度 LiTFSI-DMSO 电解质应用到 Li-O_2/CO_2 电池中，并且能将放电产物稳定在二电子的 $Li_2C_2O_6$ 中，此时充电电位降至 3.5V，电池倍率性能和循环性能都得到极大的提升，如电流密度为 600mA/g 时充电电压低于 3.6V，在 400mA/g 下循环 20 圈。基于 DMSO 溶剂特性和电解质的整体结构，DMSO 基电解液对 Li-O_2/CO_2 电化学中 CRR 机制产生重大影响。

为了抑制副反应，在 1mol/L LiTFSI/DMS 电解质中添加 0.3mol/L $LiNO_3$，以形成稳定的 SEI 膜，从而提升锂负极的稳定性，配合碳量子点/孔状石墨烯（CQD/hG）催化剂，电池在 0.1A/g 电流密度下充-放电电压差仅为 1.02V，能以 1.0A/g 电流密度稳定循环 235 圈。以 $LiNO_3$ 完全取代 LiTFSI，直接使用 1mol/L $LiNO_3$/DMSO 电解质，即便电流密度达到 0.5A/g，分解电压也仅为 4.54V，以 Ir-Te 为正极催化剂，Li-CO_2 电池在大电流密度下仍能稳定运行， 1.0A/g 下循环 350 圈， 2.0A/g 下循环 200 圈。

LiTFSI/1,3-二氧戊环（DOL）电解质凝固点低（−95℃）、离子电导率高、溶解的 Li^+ 去溶剂化能垒低、黏度小、电化学稳定性高，显著改善 Li-CO_2 电池低温性能衰减问题，见图 5-5，在−60℃低温下放电比容量达到 8976mAh/g，寿命实现 150 次循环，工作时间超过 1500h。基于 1mol/L LiTFSI/［DOL+DME（体积比为 1∶1）］混合电解质，Li-CO_2 电池实现在模拟火星大气环境（大气组分 CO_2∶N_2∶Ar∶O_2∶CO=95.32%∶2.7%∶1.6%∶0.13%∶0.08%）中的正常工作。

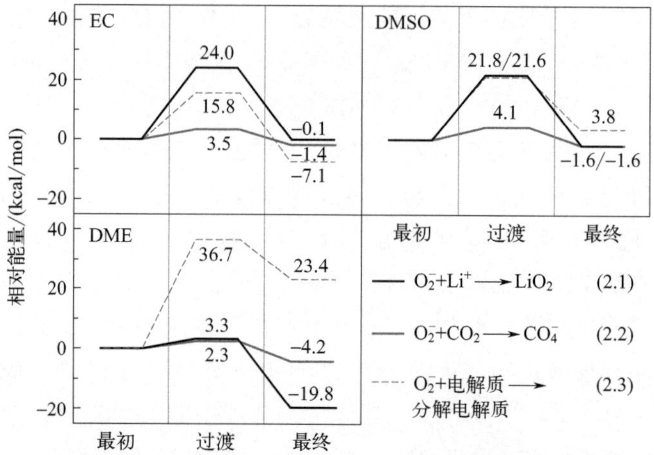

(a) 电解质溶剂介电常数对Li-O_2/CO_2电池还原反应路径的影响

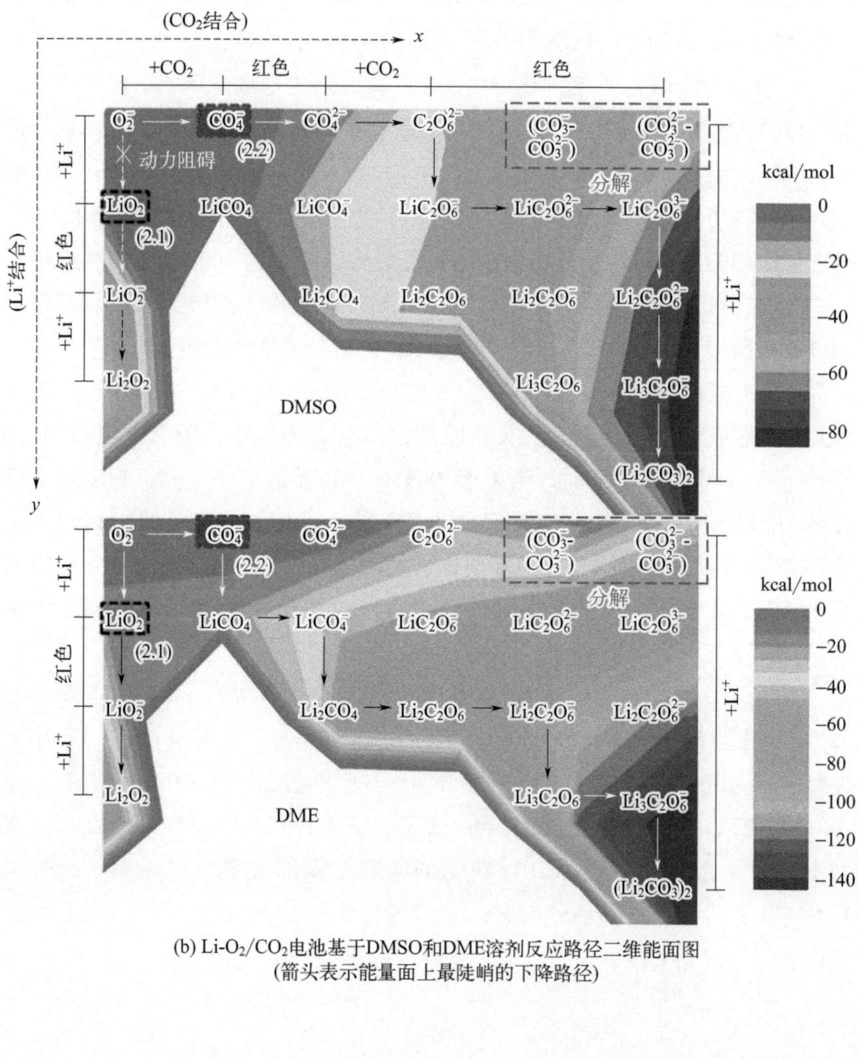

(b) Li-O_2/CO_2电池基于DMSO和DME溶剂反应路径二维能面图
(箭头表示能量面上最陡峭的下降路径)

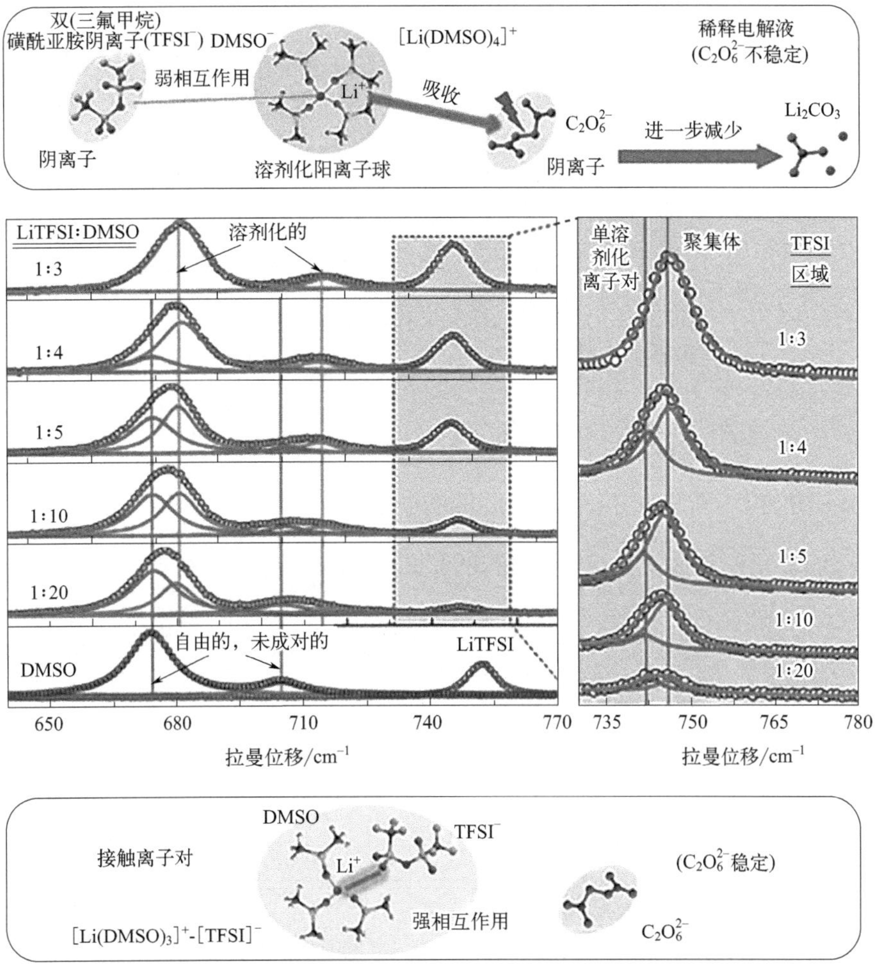

(c) 放电产物在低浓度和超浓LiTFSI-DMSO电解质中的形成机理图

图 5-3　电解质溶剂对 Li-O_2/CO_2 电池反应路径的影响

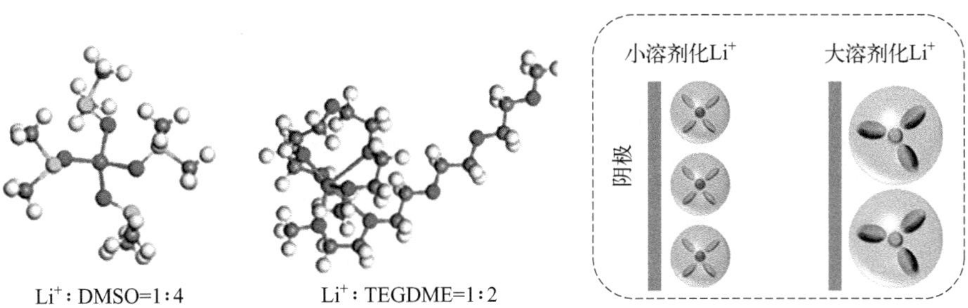

(a) 不同电解质(1mol/L LiTFSI)的Li⁺溶剂化结构　　(b) 界面上Li⁺溶剂化半径和Li⁺浓度

图 5-4

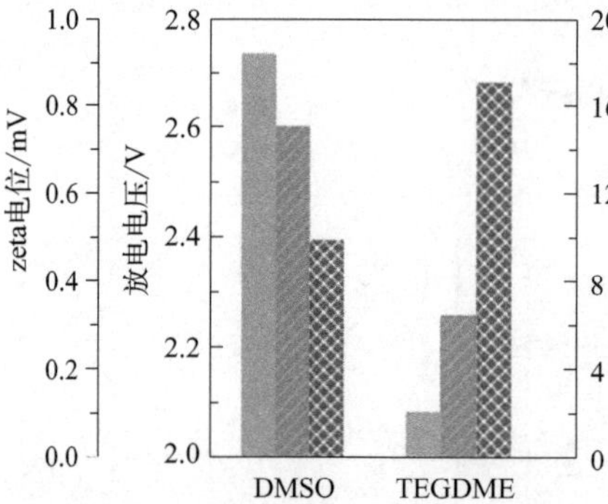

(c) 不同电解质(1mol/L LiTFSI)的zeta电位、放电电压和Li^+溶剂化半径

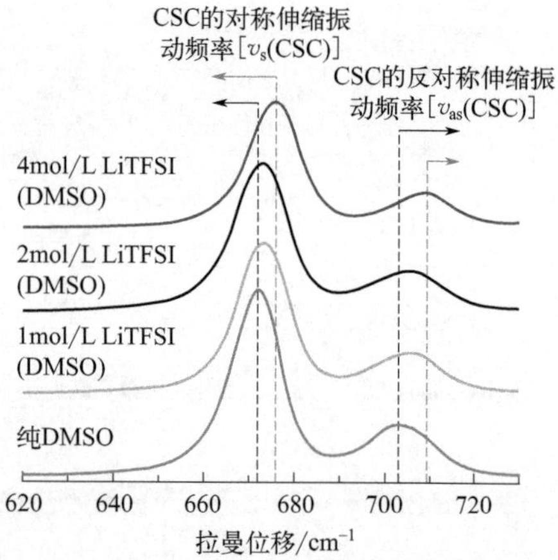

(d) 不同浓度LiTFSI/DMSO电解质的拉曼光谱

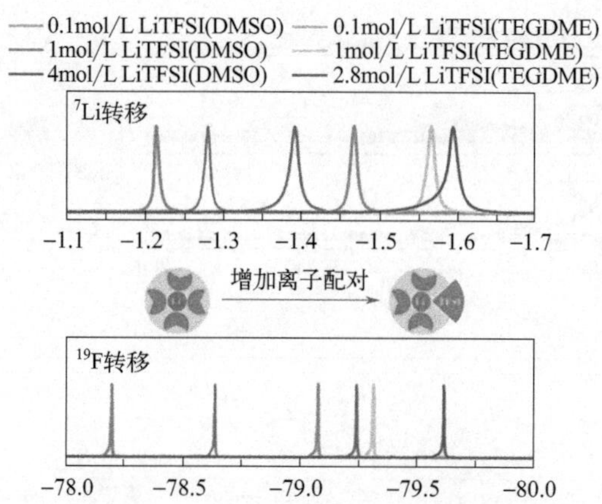

(e) ^{7}Li-NMR和^{19}F-NMR图谱

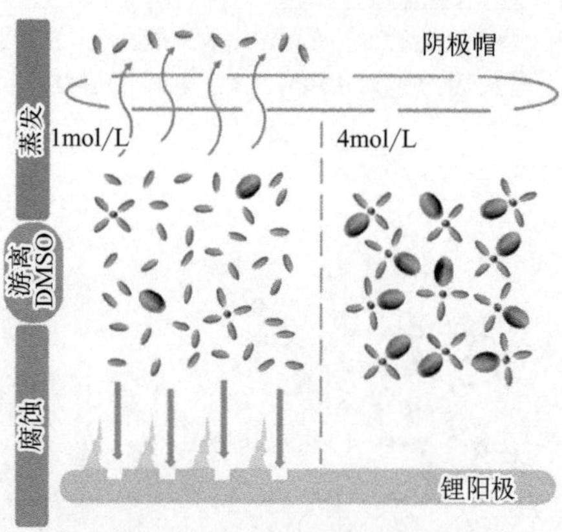

(f) 高浓度电解质印制腐蚀和蒸发示意图

图 5-4 不同浓度电解质性能

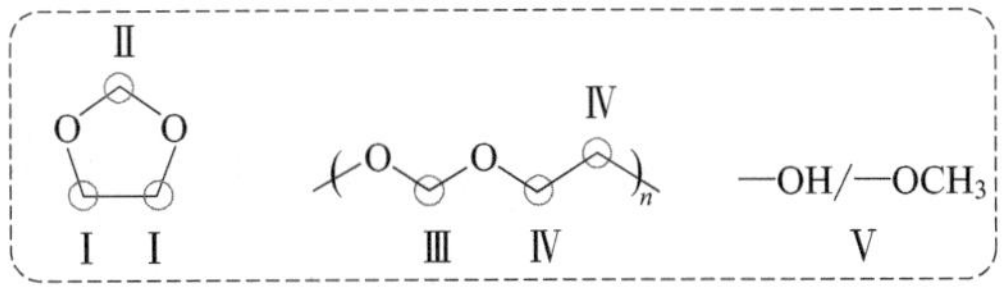

(a) DOL和副产物的化学结构

图中Ⅰ～Ⅴ分别表示DOL及其副产物的典型结构单元：Ⅰ为DOL中环上的亚甲基；Ⅱ为环上的醚氧；Ⅲ和Ⅳ分别为副产物中聚醚链的亚乙基和醚氧，构成类似聚乙二醇(PEO)的重复单元；Ⅴ则代表聚合物链的末端基团，可能为羟基或甲氧基，影响副产物的封端形式和化学活性

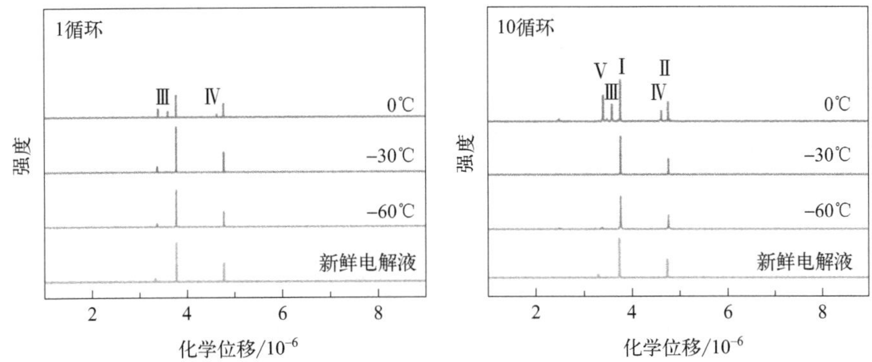

(b) 电池在0℃、-30℃和-60℃下电解质的^{1}H核磁共振谱

图 5-5　DOL 化学结构及低温性能

上述有机电解质已经在某些方面明显改善了 Li-CO_2 电池的稳定性，但仍存在一定的局限性，如乙腈和 DMSO 容易与锂金属反应，生成难以分解的副产物，因此，仍需辅助电解液添加剂；仍然存在电解液泄漏、挥发、易燃、充放电过程中与正极反应而被消耗、对电化学反应副产物（超氧自由基等）不稳定、在高氧化电压下分解、腐蚀金属负极和难以满足宽温域工作需求等问题，因此开发和研究新型电解液体系十分必要。

5.1.4　离子液体电解液

离子液体具有挥发性小、离子电导率高、易燃性低、热稳定性高、对 O_2^- 呈现出良好的化学/电化学惰性、电化学窗口宽等优点，被认为是 Li-CO_2 电池的理想电解质。2005 年，Kuboki 首次报道离子液体（EMITFSI）在 Li-O_2 电池中的应用，该电池在空气中工作长达 56 天，放电比容量高达 5360mAh/g。目前 Li-O_2 电池使用的离子液体种类很多，通常由阳离子（PP_{13}、EMI、BMI 和 Pyr_{14} 等）和阴离子（TFSI、BETI、FSI 和 TCB 等）组成，其中阳离子对电池性能影响更大。Xie 尝试寻找 Li_2O_2 分解的单电子路径，采用 Pyr_{14}TFSI 电解液，将产物稳定于中间体超氧化物 LiO_2，此时电池电位差降至 0.19V。2013 年，1-丁基-3-甲基咪唑双（三氟甲磺酰）酰亚胺（[BMIm][Tf_2N]）离子液体被首次引入 Li-CO_2 体系并用于构建高温（100℃）一次电池，该电池放电电位达 2.6V，容量极大提高。此外，离子液体也被用于一次非水 Na-O_2/CO_2 电池、可充电 Na-O_2/CO_2 电池、Al/CO_2-O_2 电池和 Al-CO_2 电池。

与传统的有机电解质相比，纯离子液体电解质黏度低，极大地限制 Li^+ 的流动性，造成动力学缓慢，因此开发离子液体混合电解液成为解决上述问题的策略之一。Li-CO_2 电池引进 0.1mol/L LiTFSI/1-乙基-3-甲基咪唑四氟硼酸盐（$EMIMBF_4$）/DMSO（体积比为 2.5：7.5）复合电解质，以 MoS_2 纳米片为正极，在 500mA/g 电流密度和 500mAh/g 截止比容量下可稳定循环 500 圈，如图 5-6，首次全放电比容量高达 60000mAh/g，放电产物 Li_2CO_3/C 在氧化阶段被完全可逆分解。不容忽视的是，离子液体易吸收环境中的 H_2O 参与反应，改变 Li-CO_2 电池反应机制，为此研究人员采用原位同步辐射环境压力 X 射线光电子能谱（APXPS）研究离子液体中多孔碳表面在 H_2O 参与下的 Li-CO_2 电池反应，发现在 0.5mol/L LiTFSI/1-丁基-1-甲基吡咯双三氟甲磺酰亚胺盐（Pyr_{14}TFSI）离子液体，室温纯 CO_2 气氛中，多孔碳表面 CO_2 的电化学还原反应活性低，见图 5-6（c），但加入 H_2O 能显著提升 CRR 动力学，放电产物为 LiOH 和 C，生成的 LiOH 继续转化为 Li_2CO_3。在充电过程中，LiOH 和 Li_2CO_3 分解产生的 O_2^-、$^1O_2$ 等高活性副产物，会触发电解液中 $TFSI^-$ 分解。在 O_2 参与的情况下，Li-CO_2 电池放电产物为 Li_2O_2/Li_2O 和无定形碳，与 Li_2CO_3 相比，易在充电过程分解，电池充-放电更为可逆。

离子液体虽然表现出更高的电化学稳定性，但是其黏度大、价格昂贵。目前，改善电解液的性能仍是巨大的挑战。

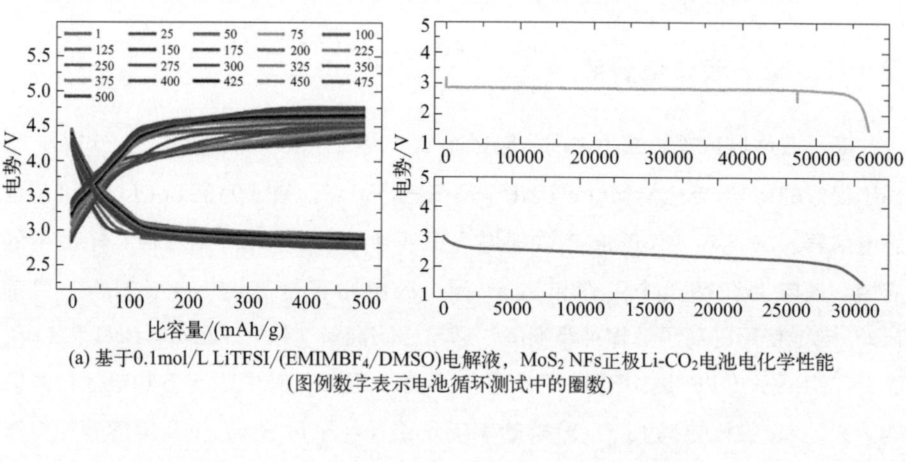

(a) 基于0.1mol/L LiTFSI/($EMIMBF_4$/DMSO)电解液，MoS_2 NFs正极Li-CO_2电池电化学性能
(图例数字表示电池循环测试中的圈数)

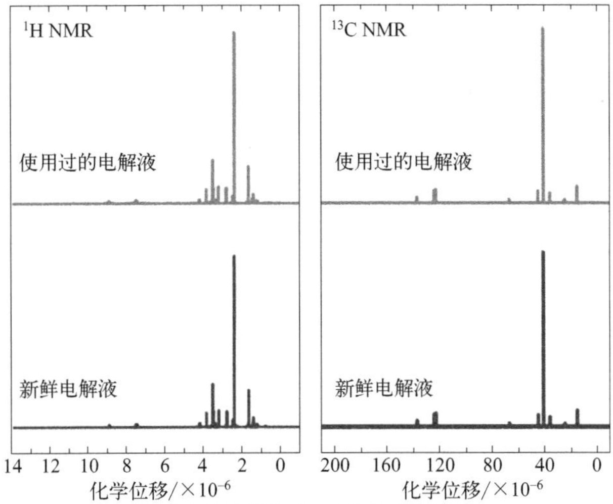

(b) 电解液循环前后^{1}H和^{13}C核磁共振谱

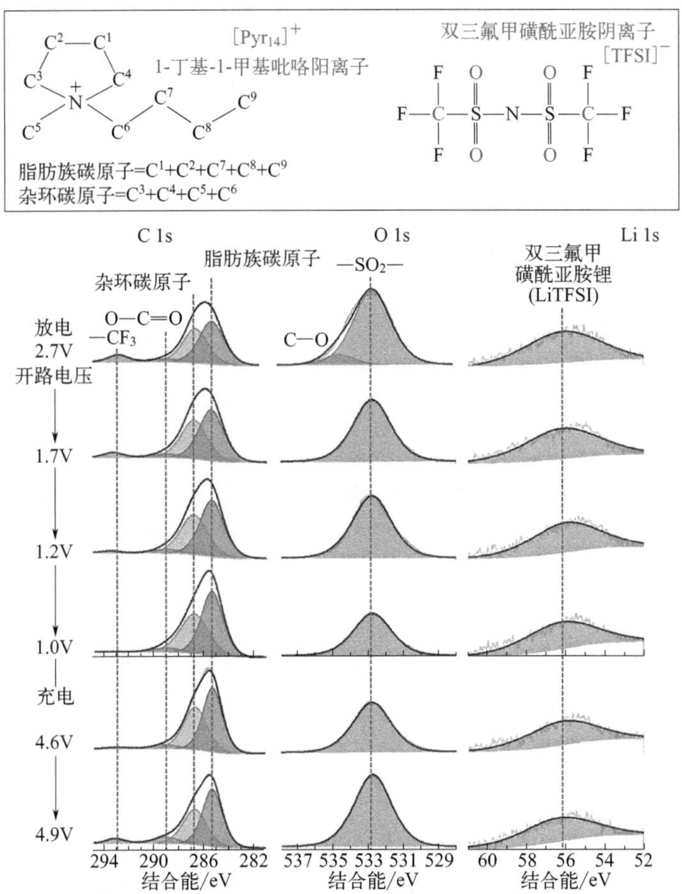

(c) 离子液体$[Pyr_{14}]^+$和$[TFSI]^-$结构及其在Li-CO_2电池放-充电过程C 1s、O 1s和Li 1s原位APXPS

图 5-6　基于离子液体电解质的 Li-CO_2 电池电化学性能及结构变化情况

5.2 水系电解液

水系电解液具有高离子电导率、安全性高及易处理等诸多优点，然而其热力学稳定电压窗口相对较低，仅为 1.23V，不利于选择电极材料和提高工作电压。此外，当采用碱金属负极时，金属易与 H_2O 发生反应从而产生安全隐患。同时，正负极在电场作用下发生析氢、吸氧反应，不断消耗电解液，影响电池性能与寿命。水系电解液只有克服上述问题才能被引入 M-CO_2 电池体系。

5.2.1 传统水系电解液

Xue 引进 LiCl（1mol/L）和 HCOOLi（0.1mol/L）水系电解液，并使用 [$Li_{1+x}Al_xGe_{2-x}(PO_4)_3$] 固态电解质保护锂负极、Pd 催化剂构建 Li-CO_2 电池，如图 5-7，电池放电生成水溶性甲酸（HCOOH），见式（5-1）。HCOOH 在充电阶段直接可逆分解为 CO_2，电池的放电和充电平台分别为 2.61V 和 2.87V，能量效率高达 91%。

$$CO_2 + 2H^+ + 2Li \longrightarrow HCOOH + 2Li^+ \tag{5-1}$$

5.2.2 高浓度水系电解液

通过显著增加电解质的浓度形成超高浓度水溶液，将溶剂和溶质的角色反转的电解液，称为盐包水（water-in-salt，WIS）电解液。在 LiTFSI/H_2O 电解液中，原本游离的水分子因静电作用，其活动受阻，随着盐浓度增加，$TFSI^-$ 导带最小值和 H_2O 价带最大值都向低电位移动，证实 $TFSI^-$ 比 H_2O 优先还原；当盐浓度＞20mol/L 时，$TFSI^-$ 优先还原、H_2O 氧化延迟，在电极-电解质界面会形成富 LiF-SEI 膜，在动力学上阻止 H_2O 和 $TFSI^-$ 持续还原，有效抑制析氢、吸

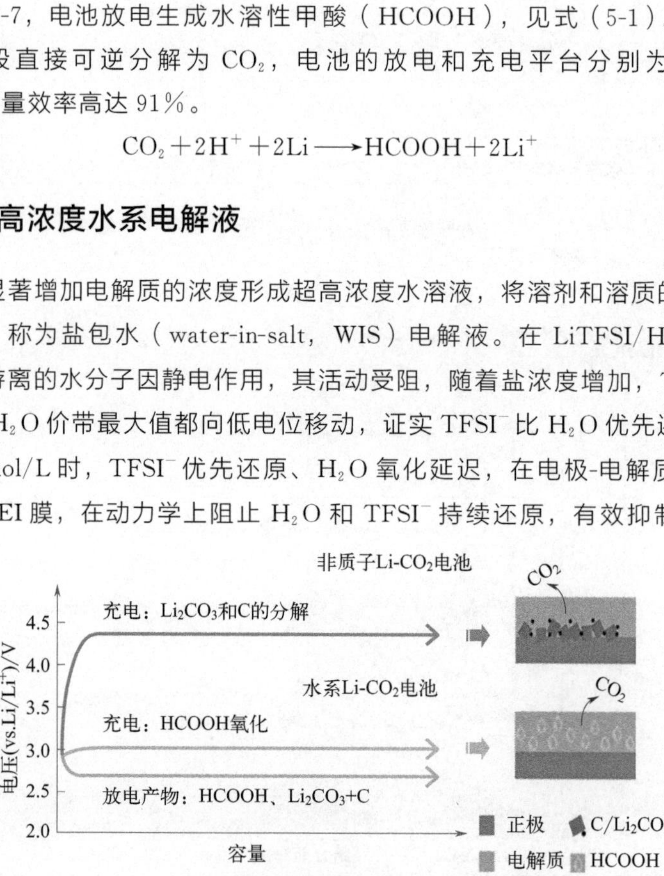

(a) Li-CO_2电池在水系电解液和传统有机系电解液中的反应机理

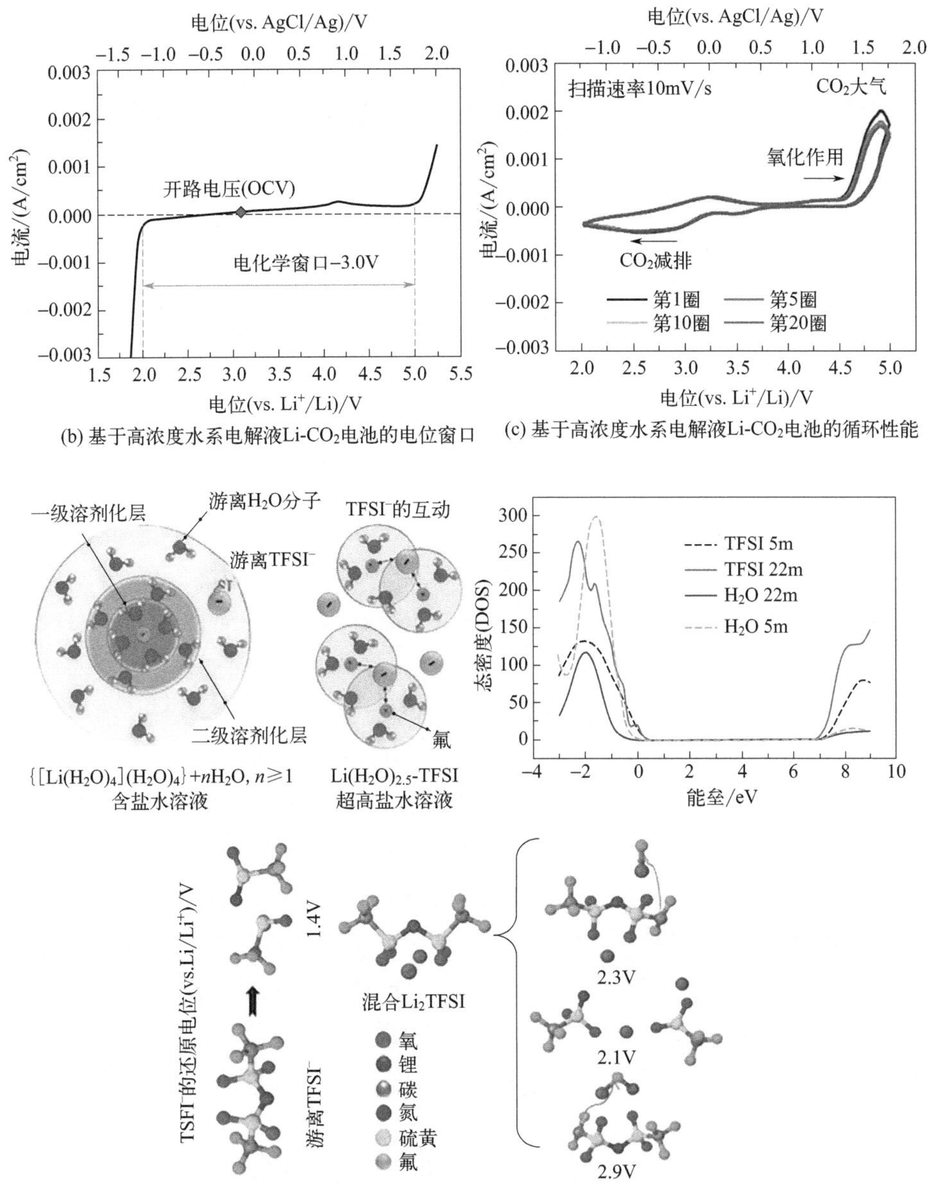

(b) 基于高浓度水系电解液Li-CO_2电池的电位窗口

(c) 基于高浓度水系电解液Li-CO_2电池的循环性能

(d) 稀溶液和高浓度溶液中Li^+溶剂化演变示意图

图 5-7　水系电解液 Li-CO_2 电池电化学性能和反应机理

氧反应，扩宽 WIS 电解液电化学窗口。高浓度水系电解液（LiTFSI/H_2O，21.0mol/kg）稳定电压高达 6.0V，首次被引入 Li-CO_2 电池，WIS 电解液电位窗口宽度为 2～5V，除了在 3.0V/4.5V 附近出现 CO_2 还原/氧化峰外，还在 4.2V/3.5V 出现不锈钢网（SSM）电极的氧化/还原峰，并存在与 $TFSI^-$ 相关还原峰（约 2.8V 处）。3.0V 宽电位窗口已经超出析氢和析氧反应的热力学电位，足以支持 Li-CO_2 电池稳定运行。此外， WIS 中 Li^+ 的转移数（0.73）远高于有机电解质，CO_2 溶解度高、扩散动力学速率快，这都可以显著提高 Li-CO_2 电池的电化学性能。更重要的是，$TFSI^-$ 还原形成的富 LiF-SEI 膜避免电解液中水的电化学分解，并促进电子和离子迁移。Li-CO_2 电池的二电子及四电子反应路径都能够在 WIS 电解液中实现。

5.3 固态电解质

5.3.1 准固态电解质（凝胶电解质）

虽然非质子型液态电解质（LE）已被应用于 Li-O_2/CO_2 和 Li-CO_2 电池，但在实际应用中此类电解质仍存在一定的缺陷。例如，CO_2 气体在非质子液体电解质中溶解度较高，易在正极表面形成无孔絮凝状 Li_2CO_3，而絮凝状 Li_2CO_3 分解需要输入较高电压，会加剧有机电解液分解。此外，有机 LE 还存在易挥发、泄漏和易燃烧等问题，严重制约半开放 Li-CO_2 电池，特别是柔性储能器件的发展。为了克服这些问题，凝胶电解质（GPE）和全固态电解质（SPE）有望成为替代品。Zhao 将 LATP 与碳涂层复合得到致密多孔的全固态电解质，其机械稳定性和安全性得到明显改善，组装的电池循环稳定性大幅提高。然而，全固态电解质的离子电导率仍与液态电解液的离子电导率有很大差距，高界面阻抗和有限的接触面积会加剧电池极化。凝胶电解质（GPE）介于液态电解液和固态电解质之间，将液态电解质封装在聚合物基质中，以更好地提供金属-空气电池“气-液-固”三相反应区，GPE 有助于降低 CO_2 在电解质中的溶解度，减轻其与金属负极的副反应，同时 GPE 的机械性能和柔性较好，可以抑制电解液的挥发和锂枝晶的生长。

聚甲基丙烯酸甲酯（PMA）/聚乙二醇（PEG）-$LiClO_4$-3%（质量分数）SiO_2 聚合物电解质常被用于染料敏化太阳能电池和锂离子电池［图 5-8（a）］，兼具良好的机械性能和较高的离子电导率（7.14×10^{-2}mS/cm，55℃），和多壁 CNT 正极混合被引入 Li-CO_2 电池。GPE 渗入多孔 CNT，CNT 有助于实现高电导率，增强电子传输能力，GPE/CNT 异质结界面和活性位点有助于 CO_2 与电子反应，Li-CO_2 电池可稳定循环 100 次，表现出优异的可逆容量和倍率性能，放电产物呈薄膜状均匀覆盖在 PE/CNT 电极表面。柔性 Li-CO_2 电池器件能量密度高达 521Wh/kg，并能够在不同弯曲状态下稳定工作超 220h。

在凝胶/准固态电解质中，聚偏二氟乙烯-六氟丙烯（PVDF-HFP）因高电化学稳定性、优秀的电化学和机械性能、良好的溶解性和疏水性以及较低的结晶度，被视为电解质聚合物基质的首选。双极性非质子溶剂 *N*-甲基-2-吡咯烷酮（NMP），具备低黏度、低可燃性和相对低毒性的特性，广泛用于溶解 PVDF

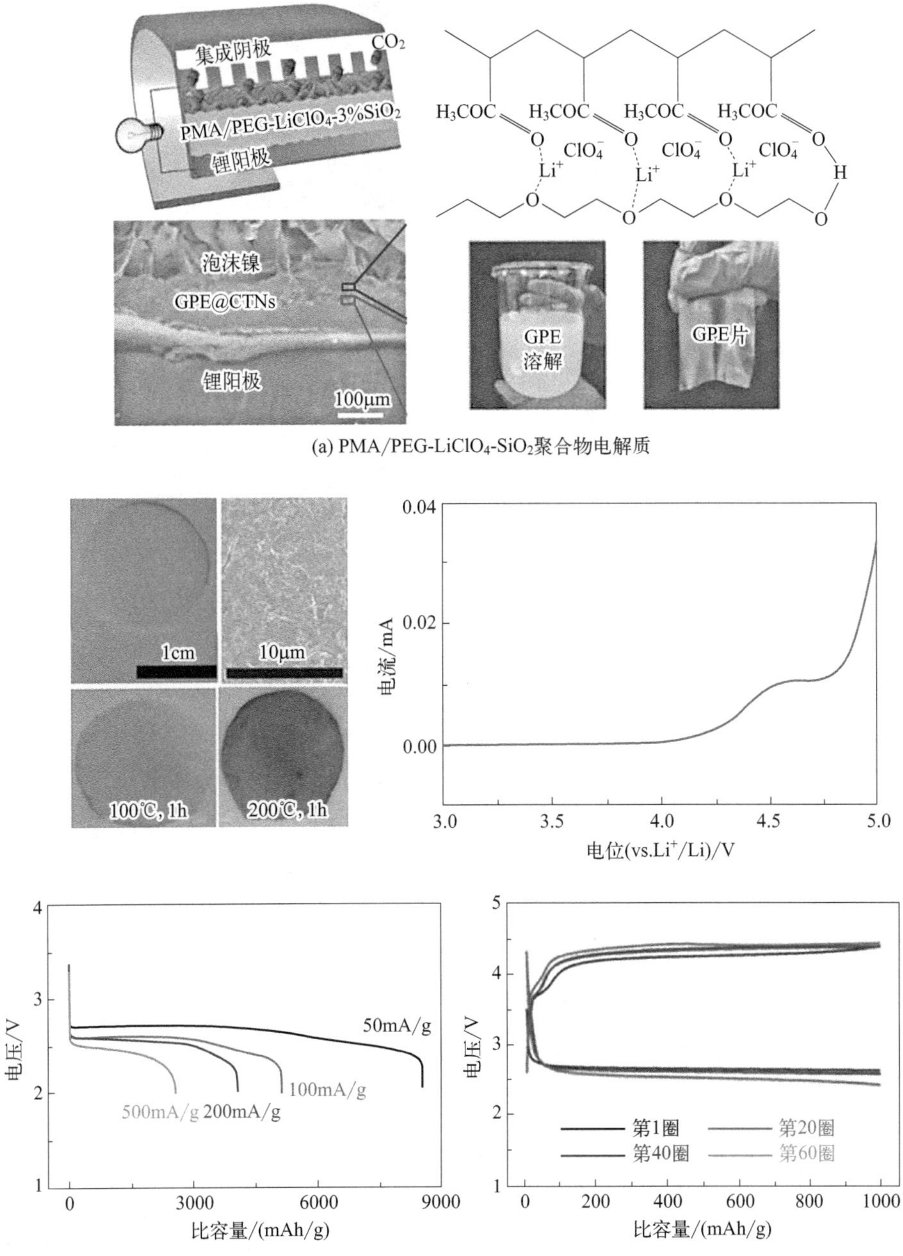

(b) 耐高温PVDF-HFP聚合物电解质照片及其电化学性能

图 5-8

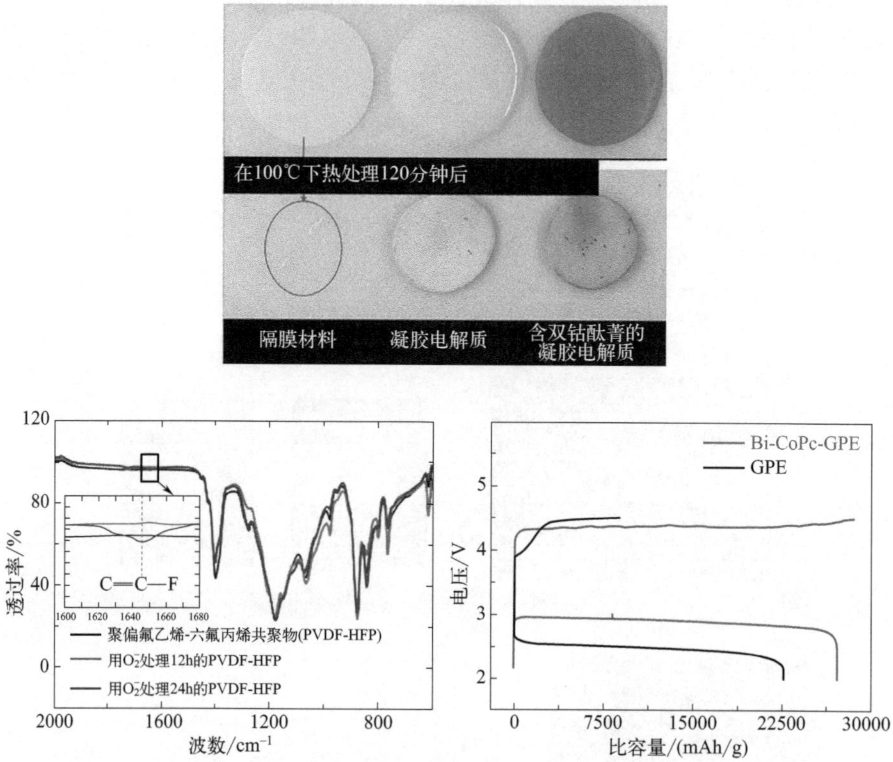

(c) Bi-CoPc-GPE电解质老化性能及其全放电性能

图 5-8 基于聚合物电解质的 Li-CO_2 电池电化学性能

及其衍生物。PVDF-HFP 和 NMP 对亲核超氧阴离子（O_2^-）有显著的抗性，从而抑制这些化合物在金属-二氧化碳电池中分解。此外，引入 2-羟基-2-甲基-1-苯基-1-丙酮/三羟甲基丙烷乙氧基化三丙烯酸酯（HMPP/TMPET）光引发剂，经紫外光照射，得到乳白色凝固 GPE，经 SEM、电化学阻抗谱（EIS）、线性扫描（LSV）和热重分析（TGA），发现其具有紧凑的结构［如图 5-8（b）］，高离子电导率（0.5mS/cm），良好的电化学稳定性（约 4.5V vs. Li/Li^+）和热稳定性（$<$100℃）。GPE 的结构特性及其耐火性，使得它成为柔性可穿戴供电设备电解质的首选。此外，彭慧胜团队将 1-乙基-3-甲基咪唑四氟硼酸盐（$EMIMBF_4$）离子液体引入上述 GPE，将电导率提高到 5.3mS/cm，电化学和热稳定性也都在一定程度上有所提升。

Yu 团队采用原位聚合方法，直接在 CNT 正极制备硅端聚醚类三维聚合物电解质（MSTP-GPE），用于固态 Li-CO_2 电池。MSTP-GPE 的离子电导率增加到 7.4×10^{-4}S/cm，电势窗口扩宽至 5.0V。为了解决大电流密度下放电产物分解缓慢导致过高电位的问题，在 GPE 加入氧化还原介质双核钴酞菁（Bi-CoPc,

0.0025mol/L），Bi-CoPc-GPE 的离子电导率为 0.86mS/cm，高于 GPE（0.36mS/cm），能促进放电产物分解，因此 Li-CO_2 电池可稳定循环 120 圈，远高于电池在液体电解液中的循环性能，如图 5-8（c）。

事实上，GPE 赋予 Li-CO_2 电池更优异的电化学性能。在相同的 CNT 催化剂正极，传统的 1mol/L LiTFSI/TEGDME 液态电解质下，Li-CO_2 电池全放电比容量为 5000mAh/g（电流密度：50mA/g）和 4000mAh/g（电流密度：100mA/g），基于 GPE 的 Li-CO_2 电池的全放电比容量达到 8536mAh/g 和 5139mAh/g，循环寿命从 100mA/g 下运行 25 次增加到 60 次，中值电位差从 1.76V 降到 1.60V。

不同于 PVDF-HFP 基的 GPE，甲基丙烯酸三氟乙酯（TFMA）和乙二醇二丙烯酸酯（PEGDA）单体在偶氮二异丁酸（AIBN）引发剂作用下，自由基原位聚合交联形成混合聚合物框架（TFMA-PEGDA），封装 LiTFSI/TEGDME、TFMA 和 PEGDA 的 HOMO 能级较低，电子亲和力较高，引入—CF_3 官能团，官能团优先还原，原位聚合建立界面，在锂负极上构建鱼鳞状富含 LiF-SEI 膜，增强 GPE 整体氧化稳定性，由于高表面能和低 Li^+ 扩散阻力，促使锂均匀致密地沉积，抑制锂被 CO_2 腐蚀，避免负极出现粉化，见图 5-9。新型 GPE 表现出较高的离子电导率（1.98×10^{-3}S/cm）、较强的 Li^+ 输运系数（0.47，LE 为 0.32）和超强的稳定性（>5.27V vs. Li/Li^+）。因此，Li-CO_2 电池展现出优异的循环稳定性，在循环 295 次后（1250h，50μA/cm^2），过电位仅为 1.05V。

5.3.2 全固态电解质

全固态电解质（SPE）稳定性好，离子电导率为 10^{-8}～10^{-5}S/cm，它能够有效隔离锂，防止锂负极与外界的 H_2O、O_2、CO 和 N_2 等接触，明显改善 Li-CO_2 电池稳定性，在正极表面形成结构有序、易被分解的 Li_2CO_3。固态电解质机械性能好，作为物理屏障可以避免因锂枝晶刺穿隔膜引发电池短路。

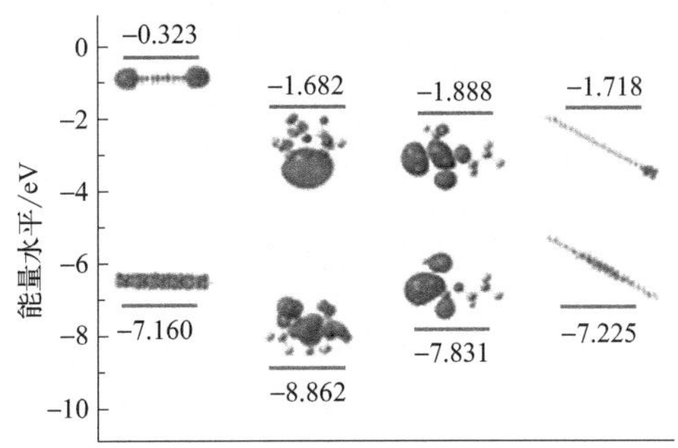

(a) TEGDME、LiTFSI、TFMA和PEGDA分子的LUMO和HOMO能级
(LUMO表示最低未占分子轨道；HOMO表示最高占据分子轨道)

图 5-9

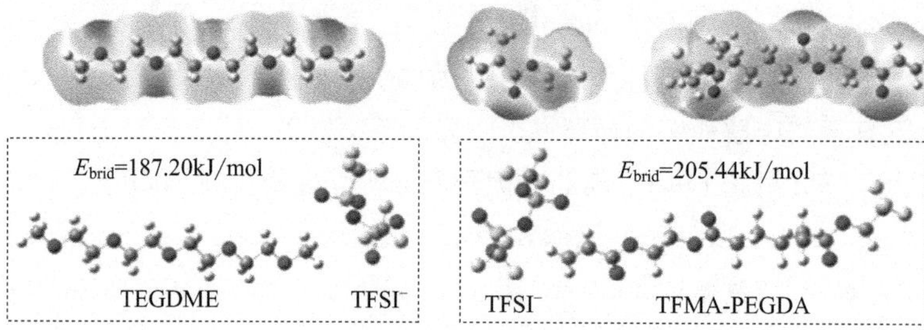

(b) $TFSI^-$与TEGDME和TFMA-PEGDA吸附位点及结合能(E_{brid})

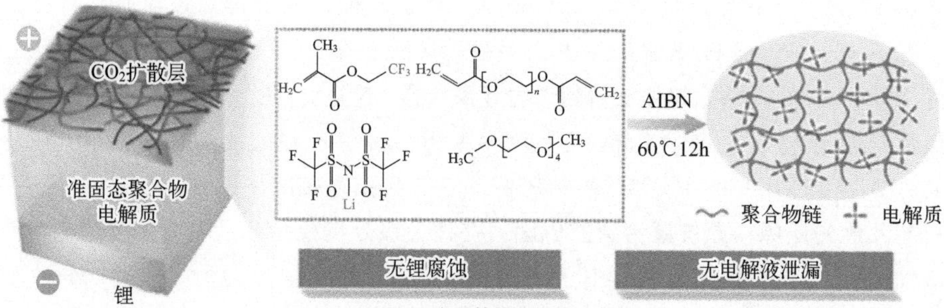

(c) QSPE分子结构及合成过程

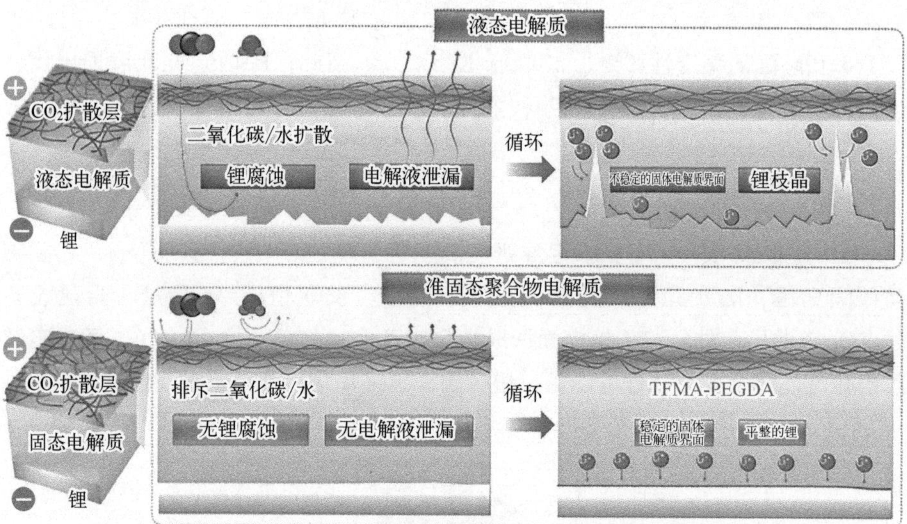

(d) 基于LE和QSPE的$Li-CO_2$电池特征：无负极腐蚀，无电解液泄漏

图 5-9　基于液态电解质（LE）、准固态聚合物电解质（QSPE）和 GPE 的 $Li-CO_2$ 电池特征

石榴石型 $Li_7La_3Zr_2O_{12}$（LLZTO）室温电导率高达 10^{-4}S/cm，电化学电位窗口宽且稳定性高。在聚合物基体中加入锂离子传导材料 $Li_7La_3Zr_2O_{12}$ 活性填料，能够提高复合聚合物体系的锂离子传输效率。掺杂 $Li_7La_3Zr_2O_{12}$ 到陶瓷材料会产生锂空位，进而提高电导率。因此，石榴石型 LLZTO 在固态锂离子和锂空气电池电解质中表现出优异的性能，离子电导率高（0.1～1mS/cm），电化学稳

定性窗口宽（0～6V vs. Li^+/Li），空气中安全性高。利用静电纺丝技术制备 PVDF-HFP/LLZTO 复合固态电解质薄膜后，将丁二腈（SN）和 LiTFSI 浸润到薄膜上。此过程结合了纺丝电解质基底和电解质填料的综合优势：SN 阻止 PVDF-HFP 结晶，增加自由段数量，从而影响聚合物中 Li^+ 传导；电解质完全包裹并连接纺丝，确保与电极全面、均匀接触，薄膜内细丝相互连接进一步促进离子传导。该复合电解质膜具有高拉伸强度（10.7MPa），采用 RuO_2 催化剂组装的 Li-CO_2 电池能够运行 34 圈，如图 5-10（a）。

Wang 以安全性高、使用简便且成本较低的聚环氧乙烷（PEO），制备 PEO/LiTFSI/20%（质量分数）LLZTO 复合固态电解质（PLL-SPE），如图 5-10（b），PLL-SPE 具备宽电化学稳定窗口（5V vs. Li^+/Li），热稳定性高达 340℃，离子电导率较高，室温下为 20.1μS/cm，此外，PLL-SPE 最大应力为 0.94MPa，变形率为 81%，这得益于 LLZTO 的高刚性和良好分散性，PLL-SPE 的杨氏模量为 1.3～1.4GPa，可以降低短路概率和提高电池安全性能。应用于 Li-CO_2 电池，配合 CNT 正极，电池全放电比容量达到 10300mAh/g，过电位仅为 1.15V（电流密度：50mA/g），循环 70 次。然而，无 LLZTO 的固态电解质（PL-SPE），其电池的过电位高达 1.54V，只能运行 6 个循环。证实 LLZTO 的添加，可以使离子传导性更高，促进电荷载流子在两电极之间快速、可逆传输，电化学稳定窗口也更宽。

常用的钠超离子导体类似物（NASICON 型）材料，如图 5-11，包括锂铝锗磷酸盐［$Li_{1+x}Al_xGe_{2-x}(PO_4)_3$，$x=0.1\sim0.6$，简称 LAGP］和磷酸锂铝钛［$Li_{1+x}Al_xTi_{2-x}(PO_4)_3$，简称 LATP］玻璃陶瓷材料。LAGP 中 Ge^{4+} 还原难度比 LATP 中 Ti^{4+} 更高。Ti^{4+} 易被还原成 Ti^{3+}，离子插入并进行相关的电荷补偿。LAGP 凭借可调的 Li^+ 传导性（10～0.1mS/cm）、电化学稳定窗口（1.8～7V vs. Li^+/Li）以及对 CO_2 的高稳定性，被用作电池的固体电解质。相较于 LLZTO、NASICON 型 LAGP 中 PO_4^{3-} 表现出更卓越的湿度稳定性及较低的体积密度（3g/cm^3）。LAGP 呈斜方晶体结构（$R3c$ 空间群），是由 AlO_6/GeO_6 八面体和 PO_4 四面体相互关联构成的三维网络。用 Al^{3+} 取代 Ge^{4+} 可提高导电性。然而，LAGP 与金属锂在稳定性方面存在问题，会导致 Ge^{4+} 减少，从而增加界面电阻。Savunthari 将 $Li_{1.5}Al_{0.5}Ge_{1.5}(PO_4)_3$ 颗粒夹在锂负极和 Ru-CNT 正极之间，构建了 Li-CO_2 电池，全放电比容量达到 4541mAh/g，循环 45 次，过电位仅为 1.24V。基于 $Li_{1.5}Al_{0.5}Ge_{1.5}(PO_4)_3$ 陶瓷电解质，Li^+ 电导率为 2.1×10^{-4}S/cm，与 RuO_2@CNTs 正极组装固态 Li-CO_2 电池，其放电比容量达到 2499mAh/g，可逆充电比容量为 2137mAh/g，在 60℃ 下可以循环 30 圈。基于 NASICON 型 LATP［$Li_{1.4}Al_{0.4}Ti_{1.6}(PO_4)_3$］固态电解质，LATP 的室温电导率为 0.54mS/cm，与多壁碳纳米管（MWCN）正极组装的 Li-CO_2 电池的全放电比容量达到 5255mAh/g。

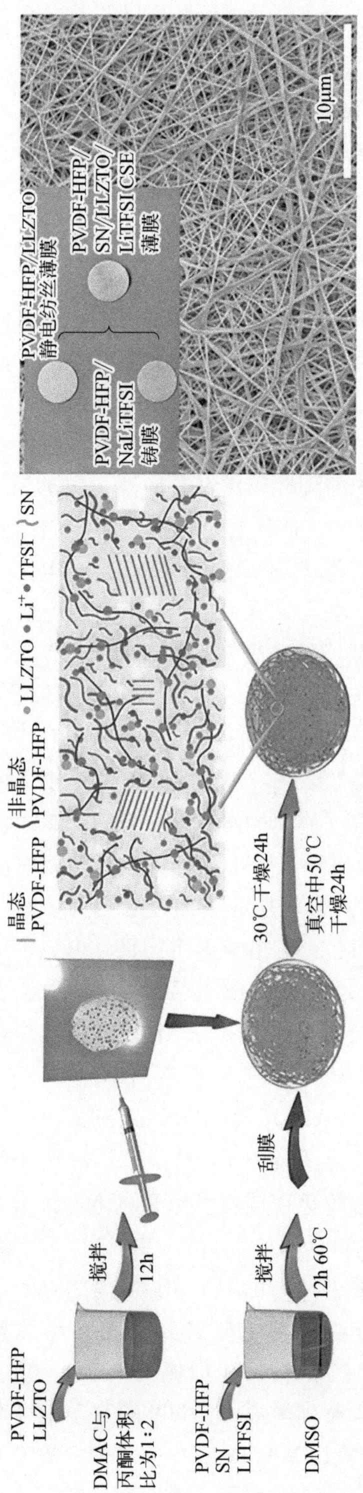

(a) PVDF-HFP/LLZTO固态电解质薄膜制备流程及表面形貌

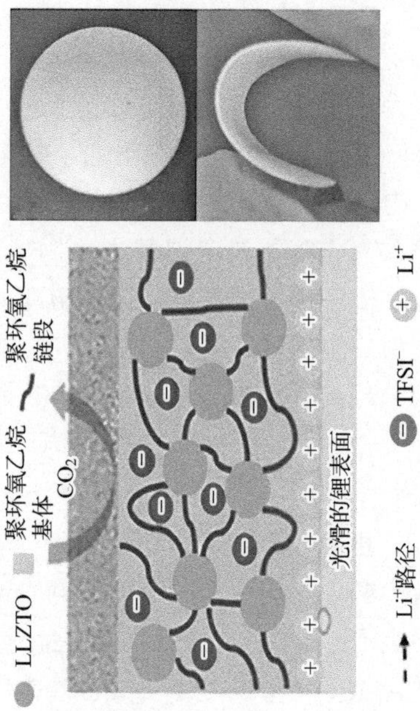

(b) PEO/LiTFSI/LLZTO固态电解质薄膜制备流程及表面形貌

图 5-10 复合固态电解质制备流程及形貌

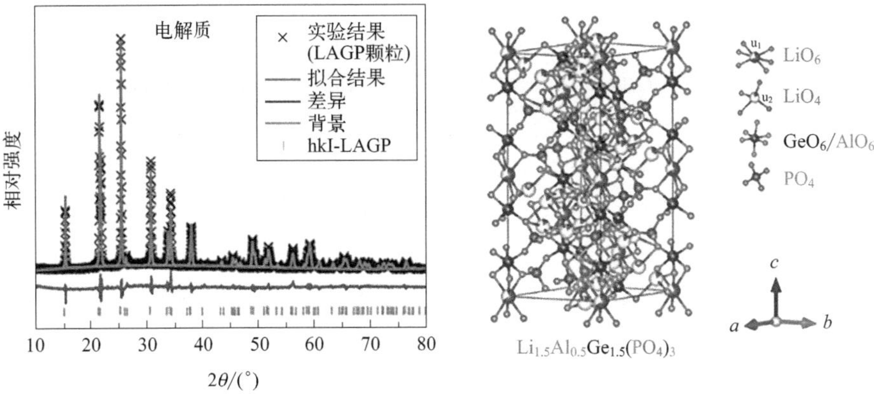

(a) $Li_{1.5}Al_{0.5}Ge_{1.5}(PO_4)_3$固态电解质XRD图和晶体结构

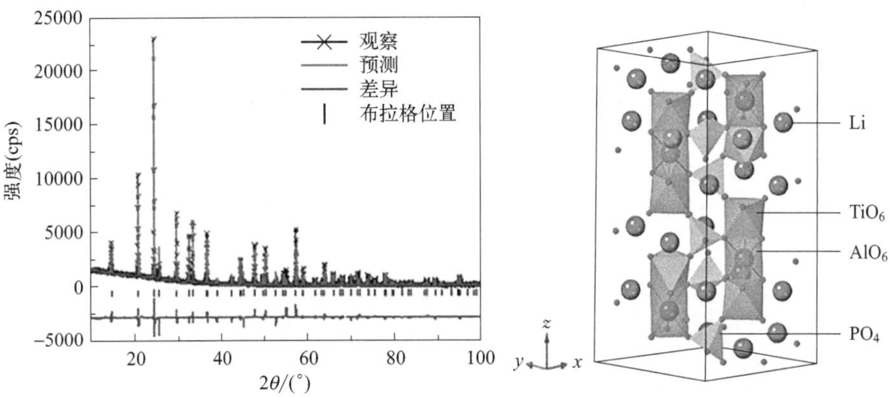

(b) $Li_{1.4}Al_{0.4}Ti_{1.6}(PO_4)_3$固态电解质XRD图和晶体结构

图 5-11　$Li_{1.5}Al_{0.5}Ge_{1.5}(PO_4)_3$和 $Li_{1.4}Al_{0.4}Ti_{1.6}(PO_4)_3$ 固态电解质 XRD 图和晶体结构

5.3.3　熔融盐电解质

相比于传统液态电解质的锂离子电池，全固态金属锂电池具有高比能、安全、操作温度范围宽及电化学窗口宽等优势，是解决动力电池安全问题的有效途径之一。然而，固态电解质/电极界面在低温下离子传输速率慢和高温下界面反应加剧的问题，使得全固态锂金属电池在 0℃以下的低温区和 90℃以上的高温区均难以运行。

针对金属锂与固态电解质（特别是 LAGP）界面高温反应剧烈、易引发着火等安全问题，何平团队以 $LiNO_3/KNO_3$ 二元熔融盐作为电解质（Li^+ 电导率高达 6.29mS/cm），以导电炭黑为正极，组装 $Li\text{-}CO_2$ 电池，其充电电压平台值降到

3.2V，比容量提升到 5180mAh/g，循环寿命可达 70 次，如图 5-12（a）。具有高 Li^+ 电导率的 $LiNO_3/KNO_3/CsNO_3$ 三元熔融盐人工界面层被引入，用以改善金属锂/固态电解质界面的物理接触和化学稳定性，抑制界面高温易燃的隐患，实现高温（90～170℃）下固态 Li-CO_2 电池安全稳定运行，见图 5-12（b），三元熔融盐 Li-CO_2 电池在 150℃的高温下，比容量提升到 80893mAh/g，充电电压平台值降到 3.0V、在 500mA/g 电流密度、500mAh/g 限定比容量的条件下可以稳定循环 457 圈，甚至能承受 25A/g 的大电流密度。$LiNO_3/KNO_3/CsNO_3/NaNO_3/Ca(NO_3)_2$（15：30：30：10：15，摩尔比）五元硝基熔融盐电解质的共晶熔融温度低，将 Li-CO_2 电池工作温度延伸到 150℃，此时发电厂烟气排放的高温 CO_2 就可以被直接捕获利用。高温下，CO_2 溶解度及捕获能力增加，放电电荷过电势间隙减小，充电过程中 CO_2 析出速率随着温度从 150℃的约 $CO_2/6.0e^-$ 上升到 100℃的约 $CO_2/2.0e^-$。电池功率密度可达 33.4mW/cm^2，并在 150℃高温、20A/g 的大电流密度下稳定循环 300 圈，如图 5-12（c）。熔融盐电解质的研发为分离捕集高温烟道气中 CO_2 组分并直接应用于 Li-CO_2 电池提供了可能，为实现碳捕集和利用提供技术支持。

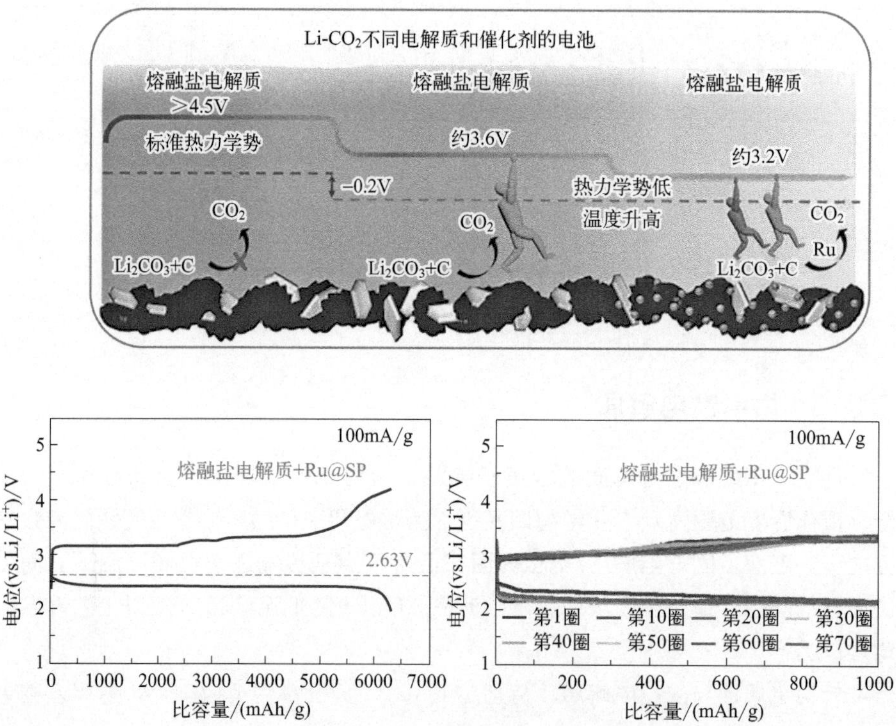

(a) 二元$LiNO_3/KNO_3$熔融盐电解质Li-CO_2电池电化学性能

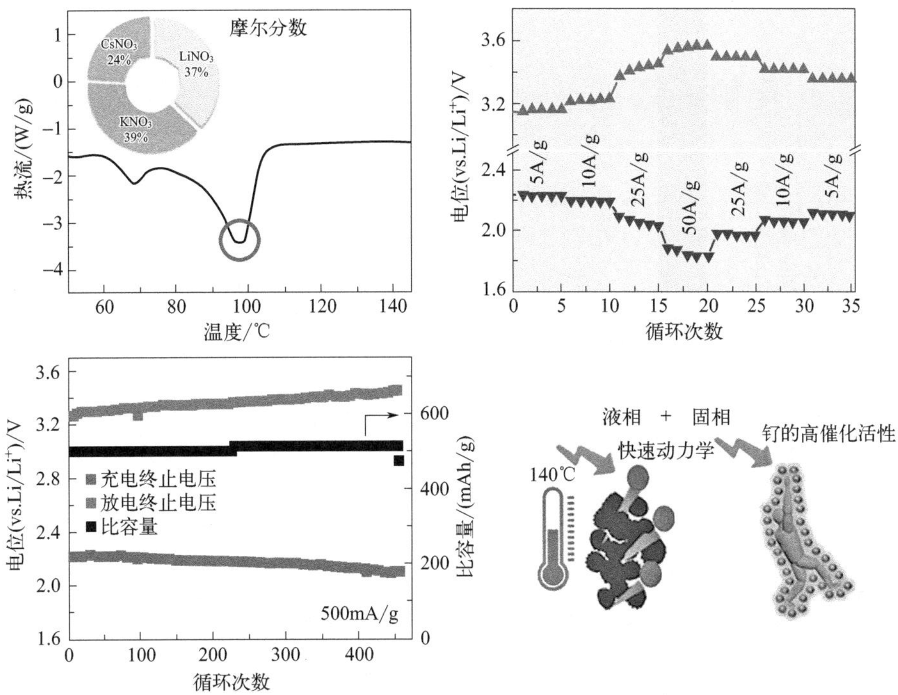

(b) 三元$LiNO_3/KNO_3/CsNO_3$熔融盐电解质$Li-CO_2$电池电化学性能

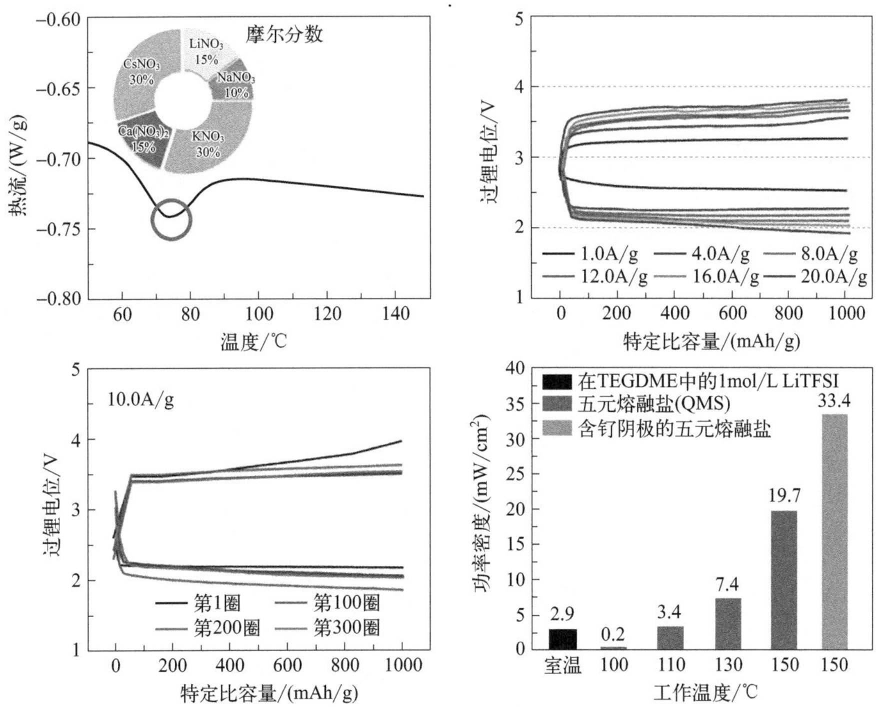

(c) 五元$LiNO_3/KNO_3/CsNO_3/NaNO_3/Ca(NO_3)_2$熔融盐电解质$Li-CO_2$电池电化学性能

图 5-12　多元熔融盐电解质 $Li-CO_2$ 电池电化学性能

5.4 电解液添加剂

Li_2CO_3 是 Li-CO_2 电池的主要放电产物，是一种不溶性绝缘材料，具有宽带隙、热力学稳定的特性，而 Li_2CO_3 分解速度慢是 Li-CO_2 电池面临的重大挑战。催化剂可加快其分解速度。然而，仅使用催化剂分解 Li_2CO_3 遇到了诸多困难，绝缘的 Li_2CO_3 堆积在正极材料中，会堵塞气体扩散通道、阻隔催化位点、导致充电电位升高，并最终导致电池失效。氧化还原介质（RM，液相催化剂）是一种溶解性催化剂，作为中间电荷载体，不仅能促进氧化/还原反应中两个反应物之间的电荷转移，降低最终产物形成所需的能垒，还能保证催化剂与不溶性材料更好地接触，显著提升电池的可逆性，降低电池过电位，因而被引入 Li-CO_2 电池体系中。

液相的氧化还原介质能克服固相催化剂的某些缺陷：

① 催化剂、放电产物和 CO_2 三者之间的接触面积有限；

② 固相催化剂在反应过程中表面逐渐被“钝化”，限制其进一步催化；

③ 固相催化剂可能会引发电解液和正极材料的分解。

氧化还原介质需具备以下特征：

① 氧化还原电位应略高于 Li_2CO_3 分解的热力学电位。稍高的氧化还原电位有助于将充电过电位降至最低。

② 所选氧化还原介质应具备高稳定性，不能与反应过程中涉及的其他物质发生反应。

③ 氧化还原介质在溶剂中应具有足够的溶解度，以促进 Li_2CO_3 完全分解。

氧化还原介质的催化过程主要分为电化学反应和化学反应，可协同加快整体反应进程，有效降低电池的过电位。图 5-13（a）介绍了放电过程可能的两种反应模式。一种是 RM 分子先捕获 CO_2 形成 RM^+-CO_2^- 配合物，扩散到正极，再得电子生成产物并重新释放 RM。另一种是 RM 分子先被还原成带负电的 RM^-，再与 CO_2 结合，生成产物和释放 RM。放电电位由 RM/RM^+-CO_2^- 和 RM^-/RM 的氧化还原电位决定。当再次充电时，RM 分子失去电子形成 RM^+ 并与产物相互作用释放 CO_2［图 5-13(b)］。

常见的氧化还原介质及其对应的电位见图 5-14。Tarascon 在高氯酸锂/乙腈（$LiClO_4$/MeCN）电解液中添加醌类化合物 2，5-二丁基-1，4-苯醌作为氧化还原介质，研究醌类化合物（Q）在 Li-CO_2 电池中的 CRR 过程，发现 Q 首先在电极表面被电化学还原为 Q^{2-}，Q^{2-} 将电子转移至 CO_2 并还原为 Li_2CO_3，同时自身被重新氧化为 Q，其中对位醌与 CO_2 的相互作用强于邻位醌。引入醌类化合

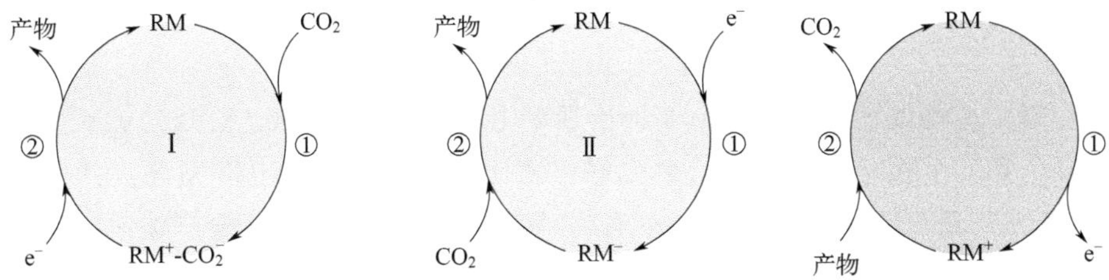

(a) 放电RM介导反应示意图　(b) 充电RM介导反应示意图

图 5-13　Li-CO_2 电池基于 RM 介导的反应示意图

物，在电子转移媒介的助力下，电池的过电位有效降低，容量得到提升。Pipes 将二苯二硫醚（PDS）加入 LiTFSI/DMSO 电解液中，在电池放电过程，PDS 生成苯硫酚阴离子与 CO_2 结合，促进 CO_2 的捕获和还原，使电池的放电容量、能量效率和循环寿命都得到了显著提升。

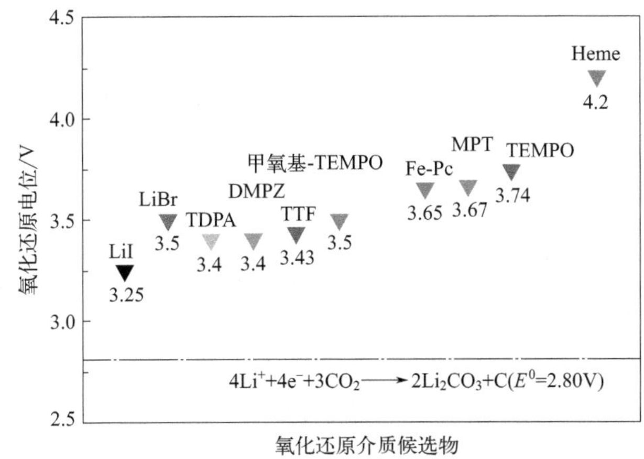

图 5-14　几种常见的氧化还原介质及其对应的电位

TDPA—噻蒽-5,10-二氧化物-2,7-二丙酸；DMPZ—N,N'-二甲基吩嗪；TTF—四硫富瓦烯；TEMPO—2,2,6,6-四甲基哌啶-1-氧自由基；MPT—甲基吩噻嗪；Heme—血红素（铁卟啉配合物）

另外，Li 和 Feng 等人在电解液中分别添加了双核酞菁钴及酞菁铋，并配制准固态凝胶聚合物电解质，发现 Li-CO_2 电池充电过电位有效降低。此外，加入电解液添加剂，还可以起到保护金属负极的作用，对于延长金属-空气电池的工作寿命具有重要意义。Huang 等人在 DMSO 基电解液中加入硼酸，作为 SEI 成膜助剂，在锂表面形成稳定致密的 SEI 膜，即便长期暴露于外界环境，仍能保持光亮，使电池的循环性能得到提高。

Wang 在可充电 Li-CO_2 电池中首次采用 LiBr。在充电过程中，电化学产生的 Br_2 有助于 Li_2CO_3 的分解，原理如下：

$$3Br^- \longrightarrow Br_3^- + 3e^- \tag{5-2}$$

$$2Br_3^- \longrightarrow 3Br_2 + 6e^- \tag{5-3}$$

$$2Li_2CO_3 + C + 2Br_2 \longrightarrow 3CO_2 + 4LiBr \tag{5-4}$$

Li-CO_2 电池在 3.6V 和 4.0V 时出现氧化峰，分别对应 Br^- 和 Br_3^- 的氧化；此外，第二个循环，Br^-/Br_3^- 氧化峰强度比减小，表明放电产物覆盖并导致 Br^- 无法与正极接触。而 Br_3^-/Br_2 氧化峰强度比增强，证实放电产物被新形成的 Br_2 还原。LiBr 辅助 Li-CO_2 电池，其全放电比容量达到 11500mAh/g，库仑效率为 81%，可稳定循环 38 周。相比之下，不添加 LiBr 电池的放电比容量仅为 2800mAh/g，而且几乎不可逆，如图 5-15（a）。

I_2 作为 RM 也被引入 Li-CO_2 电池，在放电初始阶段，I_2 反应生成 LiI，随后 LiI 加速 CO_2 还原，为了抑制 I_2 穿梭，Shiga 在正-负极之间插入 0.15mm 厚的锂离子导电玻璃陶瓷［$Li_{1+x+y}Al_x(TiGe)_{2-x}Si_yP_{3-y}O_{12}$］。$Li_2CO_3$ 绝缘产物的积累会导致催化正极表面钝化，使充电电压高于 4.5V。通常情况下，Li_2CO_3 的分解电位为 3.82V，高于 $3I_2/2I_3^-$ 的氧化还原电位（3.5V vs. Li^+/Li）。在此电池中，I_2 溶于磷酸三甲酯（TMP）溶剂中，$3I_2/2I_3^-$ 的氧化还原电位可达 3.8V 以上，能够在充电过程中分解 Li_2CO_3，Li-CO_2 电池放电呈现出两个平台分别为 3.1V 和 2.4V，对应 LiI 生成和 CO_2 还原，放电比容量可达 79.8mAh/g，如图 5-15（b）。

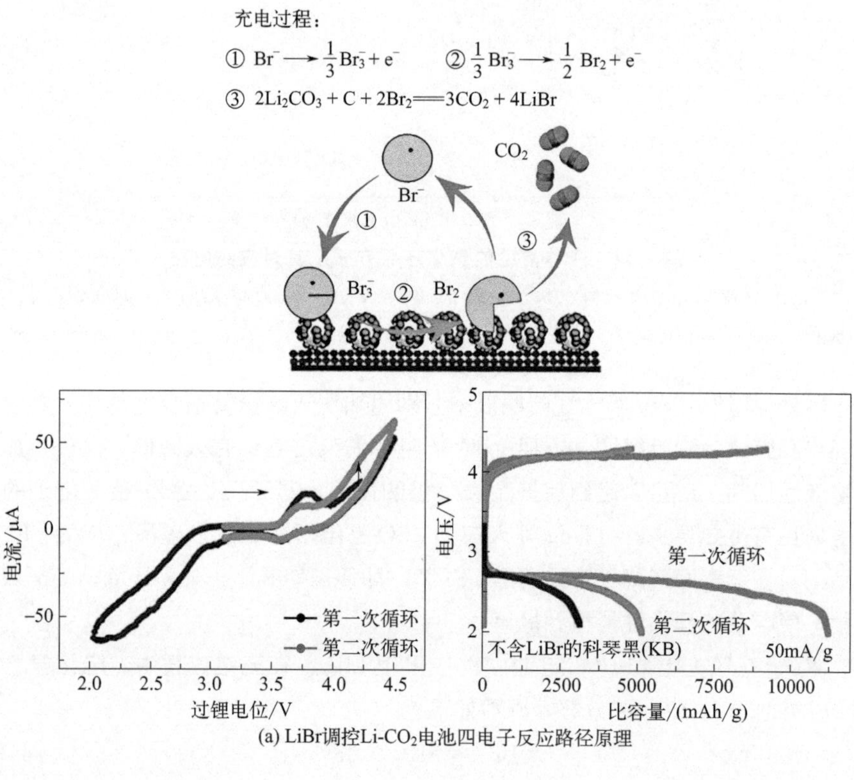

(a) LiBr调控Li-CO_2电池四电子反应路径原理

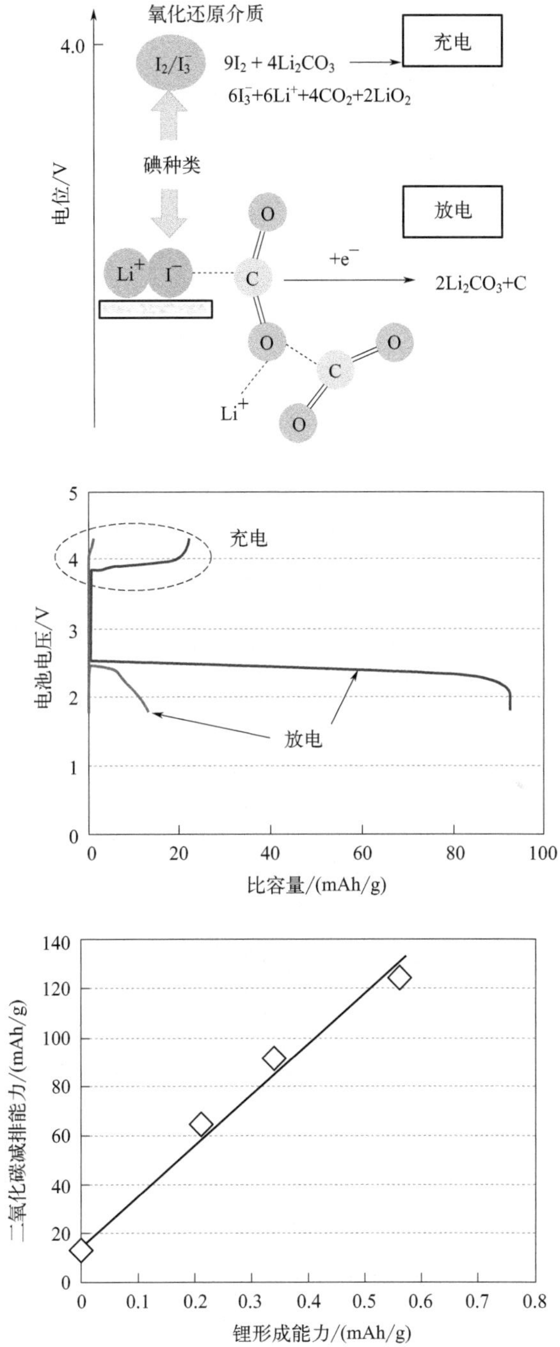

(b) LiI调控Li-CO_2电池四电子反应路径原理

图 5-15

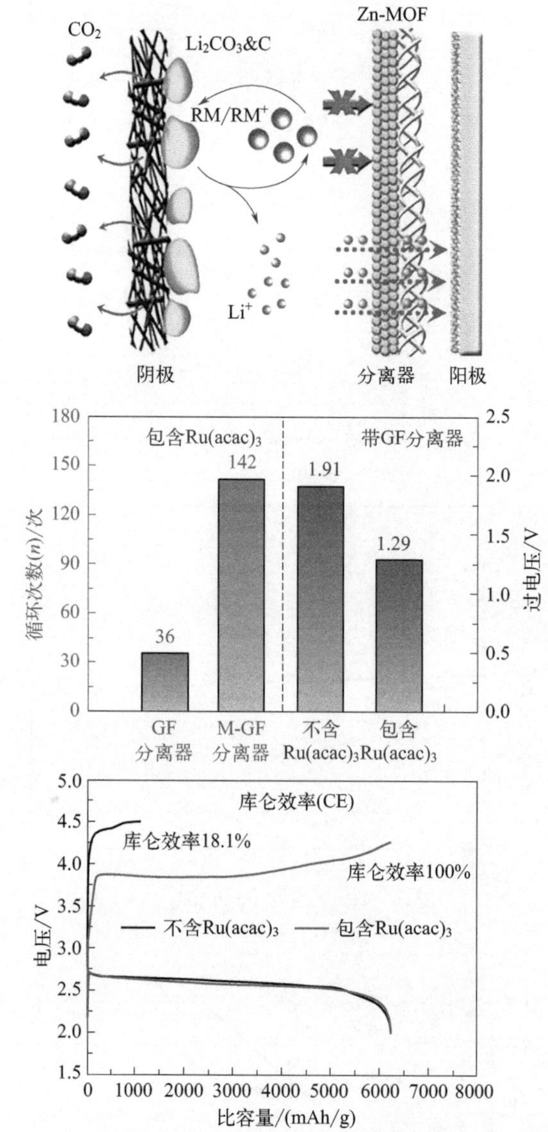

(c) $Ru(acac)_3$调控$Li-CO_2$电池四电子反应路径原理(GF表示玻璃纤维)

图 5-15 氧化还原介质调控 $Li-CO_2$ 电池四电子反应路径原理

Cao 将杂环化合物吩噁噻（PHX）用作 Li_2CO_3 分解的氧化分解介质，PHX 抑制单线态氧和 CO_2 生成，即便用科琴黑作正极，仍可降低过电位，提升电池循环性能，以 100mA/g 充电，电位平台降低 0.2V，通过^{1}H NMR 和 DEMS 揭示反应原理为：

$$4PHX - 4e^- \longrightarrow 4PHX^+ \tag{5-5}$$

$$4PHX^+ + 2Li_2CO_3 \longrightarrow 2CO_2 + 4PHX + 4Li^+ + {}^1O_2 \tag{5-6}$$

在调整 Li-CO_2 电池介导途径和降低过电位方面，RM 具有广阔的应用前景。然而，RM 也存在一些固有缺陷，如电子穿梭和与锂负极的副反应等，导致负极严重腐蚀、粉化，以及生成 LiOH，对 Li-CO_2 电池造成不利影响。Lian 引入乙酰丙酮酸钌［Ru(acac)$_3$］，为了避免 Ru(acac)$_3$电子穿梭造成负极锂的消耗，利用表面活性剂（CTAB）和 ZIF-Zn 制备出八角形的 ZIF-L 纳米板，附着在空气扩散层充当过滤器，ZIF-L 具有高度有序的孔隙，其平均尺寸为 3.4Å，介于 Ru(acac)$_3$和 Li^+ 尺寸之间，允许 Li^+ 通过而过滤掉 Ru(acac)$_3$，避免和锂负极直接接触，将 Li-CO_2 电池的循环寿命延长至 142 次（1420h），如图 5-15（c）。

相较于形成 Li_2CO_3，调控放电产物到 $Li_2C_2O_4$，有利于提高电池循环寿命。某些可溶性金属复合物能够实现 CRR 二电子路径，双核 Cu(Ⅰ)复合物（$[Cu_2C_{30}H_{36}N_6S_2]^{4+}$）中的 Cu(Ⅰ)有效捕获 CO_2 并加成为 Cu(Ⅱ)-草酸盐（$[Cu_4C_{64}H_{72}N_{12}O_8S_4]^{4+}$），随后还原生成 $Li_2C_2O_4$，如图 5-16（a）。

$$2Cu(Ⅰ)复合物+4CO_2 \longrightarrow 2Cu(Ⅱ)\text{-}(C_2O_4)_2 \quad (5\text{-}7)$$

$$2Cu(Ⅱ)\text{-}(C_2O_4)_2+4Li^+ +4e^- \longrightarrow 2Cu(Ⅰ)复合物+2Li_2C_2O_4 \quad (5\text{-}8)$$

上述 RM 经过二电子路径将 CO_2 还原为 $Li_2C_2O_4$，也将电池充电平台从四电子产物的 4.27V 下降至 3.99V，Li-CO_2 电池全放电比容量为 8058mAh/g，能量效率达到 75.4%。在 LiTFSI/TEGDME 电解液中加入三-(2,2-联吡啶)二氯化钌(Ⅱ)，金属钌(Ⅱ)中心也发挥了稳定放电中间产物 $Li_2C_2O_4$ 的作用，电池的充电电压仅为 3.86V，如图 5-16（b）。

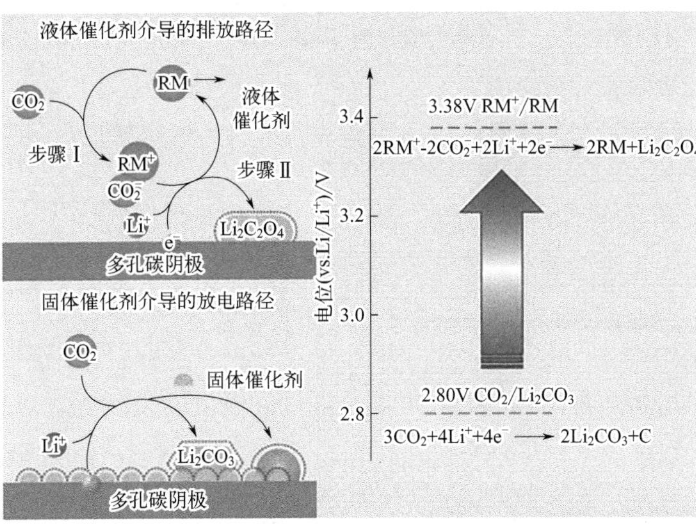

图 5-16

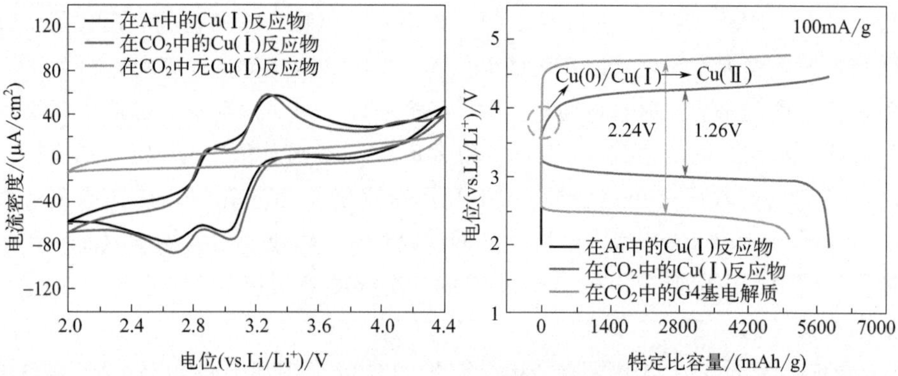

(a) Cu(Ⅰ)调控Li-CO_2电池二电子反应路径原理

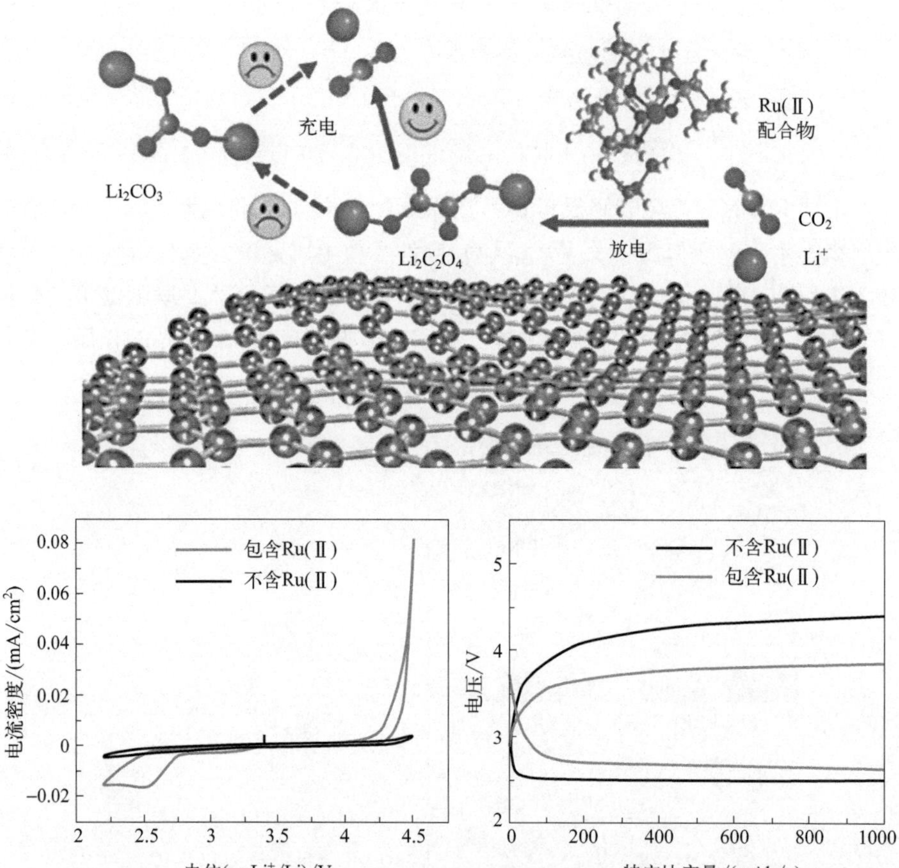

(b) Ru(Ⅱ)调控Li-CO_2电池二电子反应路径原理

图 5-16 氧化还原介质调控 Li-CO_2 电池二电子反应路径原理

5.5 隔膜

锂、钠、钾、锌等金属，因其卓越的理论比容量和较低的电极电势特性，被视为解决当前锂离子电池容量瓶颈问题的有力候选者。然而，由于电池中液相传质的不均匀性，金属离子在负极表面的沉积-剥离过程易生成金属枝晶，枝晶过度生长，可能穿透隔膜，触及正极，导致电池短路甚至热失控。在金属-空气/二氧化碳电池体系中，放电产物分解机理的复杂性，使得电池循环过程中产生腐蚀金属负极和电解液的超氧自由基、氧气等，这会严重影响库仑效率和循环稳定性。此外，CO_2 气体参与金属-二氧化碳电池反应，电池处于半开放体系，电解液极易挥发，直接影响电池寿命，严重阻碍电池的应用前景。

5.5.1 玻璃微纤维滤纸隔膜

金属-空气/二氧化碳电池的隔膜常采用吸液性能好的 Whatman GF/D 玻璃微纤维滤纸。为了提高在半开放环境下有机体系金属-二氧化碳电池的使用寿命，就必须对多孔电极和透气膜进行保护。长期（或低速率）工作（如 30 天）的一次锂-二氧化碳电池，只需要少量的 CO_2 来维持它的放电电流。因此，可以使用低二氧化碳渗透性的隔膜作为电池的外包装。同时，这种膜还可以起到阻隔水分扩散进入电池或阻隔电解液流出的作用。在同类型的锂-空气电池中引入一种可热封的聚酯薄膜，用作 O_2 扩散膜和防潮层，可最大限度地减少电解液的蒸发。唐永炳在金属-二氧化碳电池隔膜侧面紧密结合一层具有高杨氏模量的非晶碳涂层，来抑制锂枝晶。电池运行过程中非晶碳发生原位锂/钠/钾/锌化反应转变为离子导体，能促进金属离子传输。非晶碳涂层具有较好的气体屏蔽性，可屏蔽 CO_2、O_2、N_2 等一类或几类混合气体透过非晶碳涂层复合隔膜，避免腐蚀金属负极。正极侧掺杂非晶碳涂层，可抑制阴离子迁移腐蚀负极，该涂层解决了金属负极及电池循环稳定性差的问题。此外，耐低温、耐高温的多孔膜被研发出来以扩展金属-二氧化碳电池的工作温域。

5.5.2 聚电解质复合物隔膜

聚电解质复合物（PEC）隔膜作为可充电锌空气电池（ZABs）隔膜，重点解决传统隔膜在选择性阻挡锌酸根离子［$Zn(OH)_4^{2-}$］和允许氢氧根离子（OH^-）通过方面的不足。Dubas 首次使用阳离子型聚二烯基二甲基氯化铵（PDADMAC）和阴离子型聚苯乙烯磺酸钠（PSS）混合 PEC 膜，使 $Zn(OH)_4^{2-}$

扩散速率达到 $1.98\times10^{-7}cm^2/min$。电池充放电测试证明，使用 PEC 膜可以显著改善电池性能，尤其在抑制锌酸根跨膜扩散方面效果突出，可延长电池的使用寿命。

聚丙烯隔膜具备防腐蚀特性，因此被应用于铝空气电池，特别是采用双电解质系统时，电池性能得到了显著提升。聚丙烯隔膜能够将腐蚀减少 40%，并提高铝负极利用率至 93%。此外，采用双电解质系统（碱性电解质作为正极电解质，酸性电解质作为负极电解质）能使氧还原反应（ORR）在正极得到增强，提高电池整体性能。在单电解质系统中，铝负极腐蚀是电池寿命的主要限制因素，而双电解质系统通过优化正极反应，延长电池的使用时间并提高能量密度。电化学阻抗谱（EIS）分析并构建等效电路模型发现双电解质系统的阻抗比单电解质系统低，尤其在正极处，ORR 的催化性能提升显著。

5.5.3 固态电解质隔膜

学者逐渐使用固态电解质（如 NASICON、LiPON 等）作隔膜，以提高钠-空气电池的离子导电性和安全性。采用 NASICON 结构的固体电解质和由钠金属溶解在联苯和醚混合溶液中制成的液态负极，电池可表现出高达 2.88V 的放电电压、$0.1mA/cm^2$ 下仅为 0.14V 的低电压间隙，以及 95.3%的库仑效率，其功率密度达到 $39mW/cm^2$，这是目前碱金属-空气电池报道中的最高值。液态负极设计可以有效地减少钠枝晶的形成，降低钠与水和氧反应的风险，并且在整个充-放电过程中未观察到显著的能量效率下降，显示出良好的循环性能，使传统钠-空气电池面临的钠枝晶和安全隐患等问题得到有效解决。

一种新型的天然木材衍生隔膜（V-HW 隔膜）被设计并应用于锂-氧电池（LOB）中。该隔膜的制备工艺非常简便，仅需一步热处理即可保持木材本身的对齐微通道结构。与传统的玻璃纤维（GF）隔膜相比，V-HW 隔膜不仅表现出优异的电解液吸收和保持能力，还具有更高的离子电导率（5.11mS/cm）和锂离子迁移数（0.74）。采用 V-HW 隔膜的 LOB 展现出优异的阳极可逆性（超过 1200h）和显著延长的阴极寿命（超过 300 次循环）。此外，快速的 Li^+ 传输能有效抑制木材通道表面的沉淀物形成及锂负极的腐蚀。 DFT 计算进一步证实，纤维素中丰富的官能团和均匀的电子分布可以增加木材表面的 Li^+ 浓度，促进 Li^+ 的迁移。

参考文献

[1] Takechi K, Shiga T, Asaoka T. A Li-O_2/CO_2 battery [J]. Chemical Communications, 2011, 47 (12): 3463-3465.

[2] Bryantsev V S, Giordani V, Walker W, et al. Predicting solvent stability in aprotic electrolyte Li-air batteries: Nucleophilic substitution by the superoxide anion radical ($O_2^{\bullet -}$) [J]. The Journal of Physical Chemistry A, 2011, 115 (44): 12399-12409.

[3] Freunberger S A, Chen Y H, Peng Z Q, et al. Reactions in the rechargeable lithium-O_2 battery with alkyl carbonate electrolytes [J]. Journal of the American Chemical Society, 2011, 133 (20): 8040-8047.

[4] Zhang X, Zhang Q, Zhang Z, et al. Rechargeable Li-CO_2 batteries with carbon nanotubes as air cathodes [J]. Chemical Communications, 2015, 51 (78): 14636-14639.

[5] Yang S X, Qiao Y, He P, et al. A reversible lithium-CO_2 battery with Ru nanoparticles as a cathode catalyst [J]. Energy & Environmental Science, 2017, 10 (4): 972-978.

[6] Yang S X, He P, Zhou H S. Exploring the electrochemical reaction mechanism of carbonate oxidation in Li-air/CO_2 battery through tracing missing oxygen [J]. Energy & Environmental Science, 2016, 9 (5): 1650-1654.

[7] Schroeder M A, Kumar N, Pearse A J, et al. DMSO-Li_2O_2 interface in the rechargeable Li-O_2 battery cathode: Theoretical and experimental perspectives on stability [J]. ACS Applied Materials & Interfaces, 2015, 7 (21): 11402-11411.

[8] Lu Z H, Xiao M, Wang S J, et al. A rechargeable Li-CO_2 battery based on the preservation of dimethyl sulfoxide [J]. Journal of Materials Chemistry A, 2022, 10 (26): 13821-13828.

[9] Peng Z Q, Freunberger S A, Chen Y H, et al. A reversible and higher-rate Li-O_2 battery [J]. Science, 2012, 337 (6094): 563-566.

[10] Ottakam Thotiyl M M, Freunberger S A, Peng Z Q, et al. A stable cathode for the aprotic Li-O_2 battery [J]. Nature Materials, 2013, 12 (11): 1050-1056.

[11] Mozhzhukhina N, Méndez De Leo L P, Calvo E J. Infrared spectroscopy studies on stability of dimethyl sulfoxide for application in a Li-air battery [J]. The Journal of Physical Chemistry C, 2013, 117 (36): 18375-18380.

[12] Qiao Y, Yi J, Guo S H, et al. Li_2CO_3-free Li-O_2/CO_2 battery with peroxide discharge product [J]. Energy & Environmental Science, 2018, 11 (5): 1211-1217.

[13] Yin W, Grimaud A, Azcarate I, et al. Electrochemical reduction of CO_2 mediated by quinone derivatives: Implication for Li-CO_2 battery [J]. The Journal of Physical Chemistry C, 2018, 122 (12): 6546-6554.

[14] Qiao Y, Yi J, Guo S H, et al. Li_2CO_3-free Li-O_2/CO_2 battery with peroxide discharge product [J]. Energy & Environmental Science, 2018, 11 (5): 1211-1217.

[15] Jin Y C, Hu C G, Dai Q B, et al. High-performance Li-CO_2 batteries based on metal-free carbon quantum dot/holey graphene composite catalysts [J]. Advanced Functional Materials, 2018, 28 (47): 1804630.

[16] Zhai Y J, Tong H, Deng J L, et al. Super-assembled atomic Ir catalysts on Te substrates with synergistic catalytic capability for Li-CO_2 batteries [J]. Energy Storage Materials, 2021, 43: 391-401.

[17] Li J X, Wang L, Zhao Y, et al. Li-CO_2 batteries efficiently working at ultra-low temperatures [J]. Advanced Functional Materials, 2020, 30 (27): 2001619.

[18] Pathak A D, Sharma C S. Candle soot carbon cathode for rechargeable Li-CO_2-Mars battery chemistry for Mars exploration: A feasibility study [J]. Materials Letters, 2021, 283: 128868.

[19] Guo Z Y, Zhu G N, Qiu Z J, et al. High performance Li-O_2 battery using γ-MnOOH nanorods as a catalyst in an ionic-liquid based electrolyte [J]. Electrochemistry Communications, 2012, 25: 26-29.

[20] Kuboki T, Okuyama T, Ohsaki T, et al. Lithium-air batteries using hydrophobic room temperature ionic liquid electrolyte [J]. Journal of Power Sources, 2005, 146 (1-2): 766-769.

[21] Xu S M, Das S K, Archer L A. The Li-CO_2 battery: A novel method for CO_2 capture And utilization [J]. RSC Advances, 2013, 3 (18): 6656-6660.

[22] Xue H R, Gong H, Lu X Y, et al. Aqueous formate-based Li-CO_2 battery with low charge overpotential and high working voltage [J]. Advanced Energy Materials, 2021, 11 (35): 2101630.

[23] Suo L M, Borodin O, Gao T, et al. "Water-in-salt" electrolyte enables high-voltage aqueous lithium-ion chemistries [J]. Science, 2015, 350 (6263): 938-943.

[24] Feng N N, Wang B L, Yu Z, et al. Mechanism-of-action elucidation of reversible Li-CO_2 batteries using the water-in-salt electrolyte [J]. ACS Applied Materials & Interfaces, 2021, 13 (6): 7396-7404.

[25] Liu Y L, Wang R, Lyu Y C, et al. Rechargeable Li/CO_2-O_2 (2∶1) battery and Li/CO_2 battery [J]. Energy & Environmental Science, 2014, 7 (2): 677-681.

[26] Yang S X, He P, Zhou H S. Exploring the electrochemical reaction mechanism of carbonate oxidation in Li-air/CO_2 battery through tracing missing oxygen [J]. Energy & Environmental Science, 2016, 9 (5): 1650-1654.

[27] Li C, Guo Z Y, Yang B C, et al. A rechargeable Li-CO_2 battery with a gel polymer electrolyte [J]. Angewandte Chemie International Edition, 2017, 56 (31): 9126-9130.

[28] Hu X F, Li Z F, Chen J. Flexible Li-CO_2 batteries with liquid-free electrolyte [J]. Angewandte Chemie International Edition, 2017, 56 (21): 5785-5789.

[29] Li C, Guo Z Y, Yang B C, et al. A rechargeable Li-CO_2 battery with a gel polymer electrolyte [J]. Angewandte Chemie International Edition, 2017, 56 (31): 9126-9130.

[30] Zhou J W, Li X L, Yang C, et al. A quasi-solid-state flexible fiber-shaped Li-CO_2 battery with low overpotential and high energy efficiency [J]. Advanced Materials, 2019, 31 (3): 1804439.

[31] Li J X, Zhang K, Zhao Y, et al. High-efficiency and stable Li-CO_2 battery enabled by carbon nanotube/carbon nitride heterostructured photocathode [J]. Angewandte Chemie International Edition, 2022, 61 (4): e202114612.

[32] Mushtaq M, Guo X W, Bi J P, et al. Polymer electrolyte with composite cathode for solid-state Li-CO_2 battery [J]. Rare Metals, 2018, 37: 520-526.

[33] Li J L, Zhao H M, Qi H C, et al. Drawing a pencil-trace cathode for a high-performance polymer-based Li-CO_2 battery with redox mediator [J]. Advanced Functional Materials, 2019, 29 (11): 1806863.

[34] Liu L M, Qin Y Y, Zhao H Y, et al. Suppression of CO_2 induced lithium anode corrosion by fluorinated functional group in quasi-solid polymer electrolyte enabling long-cycle and high-safety Li-CO_2 batteries [J]. Energy Storage Materials, 2023, 57: 260-268.

[35] Murugan R, Thangadurai V, Weppner W. Fast lithium ion conduction in garnet-type $Li_7La_3Zr_2O_{12}$ [J]. Angewandte Chemie International Edition, 2007, 46 (41): 7778-7781.

[36] Qiu G R, Shi Y D, Huang B L. A highly ionic conductive succinonitrile-based composite solid electrolyte for lithium metal batteries [J]. Nano Research, 2022, 15 (6): 5153-5160.

[37] Wang R, Zhang X J, Cai Y C, et al. Safety-reinforced rechargeable Li-CO_2 battery based on a composite solid state electrolyte [J]. Nano Research, 2019, 12 (10): 2543-2548.

[38] Savunthari K V, Chen C H, Chen Y R, et al. Effective Ru/CNT cathode for rechargeable solid-state Li-CO_2 batteries [J]. ACS Applied Materials & Interfaces, 2021, 13 (37): 44266-44273.

[39] Du Y M, Liu Y J, Yang S X, et al. A rechargeable all-solid-state Li-CO_2 battery using a $Li_{1.5}Al_{0.5}Ge_{1.5}(PO_4)_3$ ceramic electrolyte and nanoscale RuO_2 catalyst [J]. Journal of Materials Chemistry A, 2021, 9 (15): 9581-9585.

[40] Na D, Jeong H, Baek J, et al. Highly safe and stable Li-CO_2 batteries using conducting ceramic solid electrolyte and MWCNT composite cathode [J]. Electrochimica Acta, 2022, 419: 140408.

[41] Wang D, Yang J G, He P, et al. A low-charge-overpotential lithium-CO_2 cell based on a binary molten salt electrolyte [J]. Energy & Environmental Science, 2021, 14 (7): 4107-4114.

[42] Wang S, Xu K, Song H C, et al. A high-energy long-cycling solid-state lithium-metal battery operating at high temperatures [J]. Advanced Energy Materials, 2022, 12 (38): 2201866.

[43] Baek K, Jeon W C, Woo S, et al. Synergistic effect of quinary molten salts and ruthenium catalyst for high-power-density lithium-carbon dioxide cell [J]. Nature Communications, 2020, 11 (1): 456.

[44] Chen J M, Zou K Y, Ding P, et al. Li-CO_2 batteries: Conjugated cobalt polyphthalocyanine as the elastic and reprocessable catalyst for flexible Li-CO_2 batteries (adv. mater. 2/2019) [J]. Advanced Materials, 2019, 31 (2): 1970014.

[45] Li J L, Zhao H M, Qi H C, et al. Drawing a pencil-trace cathode for a high-performance polymer-based Li-CO_2 battery with redox mediator [J]. Advanced Functional Materials, 2019, 29 (11): 1806863.

[46] Wang X G, Wang C Y, Xie Z J, et al. Improving electrochemical performances of rechargeable Li-CO_2 batteries with an electrolyte redox mediator [J]. ChemElectroChem, 2017, 4 (9): 2145-2149.

[47] Shiga T, Kato Y, Inoue M, et al. Bifunctional catalytic activity of iodine species for lithium-carbon dioxide battery [J]. ACS Sustainable Chemistry & Engineering, 2019, 7 (16): 14280-14287.

[48] Cao D Q, Liu X J, Yuan X H, et al. Redox mediator-enhanced performance and generation of singlet oxygen in Li-CO_2 batteries [J]. ACS Applied Materials & Interfaces, 2021, 13 (33): 39341-39346.

[49] Lian Z, Lu Y C, Ma S Y, et al. An integrated strategy for upgrading Li-CO_2 batteries: Redox mediator and separator modification [J]. Chemical Engineering Journal, 2022, 450: 138400.

[50] Sun X Y, Mu X W, Zheng W, et al. Binuclear Cu complex catalysis enabling Li-CO_2 battery with a high discharge voltage above 3.0 V [J]. Nature Communications, 2023, 14 (1): 536.

[51] Zhang Z, Bai W L, Cai Z P, et al. Enhanced electrochemical performance of aprotic Li-CO_2 batteries with a ruthenium-complex-based mobile catalyst [J]. Angewandte Chemie, 2021, 133 (30): 16540-16544.

[52] Arif M B, Kheawhom S, Dubas S T. Polyelectrolyte complex membranes as a selective zincate separator for secondary zinc-air battery [J]. Journal of Energy Storage, 2023, 74: 109425.

[53] Tan W C, Saw L H, Yew M C, et al. Characterization of the aluminium-air battery utilizing a polypropylene separator with corrosion inhibition ability [J]. Chemical Engineering Journal, 2024, 488: 151106.

[54] Liang F, Qiu X C, Zhang Q K, et al. A liquid anode for rechargeable sodium-air batteries with low voltage gap and high safety [J]. Nano Energy, 2018, 49: 574-579.

[55] Xiang Z L, Liu C Y, Chen C H, et al. Synthesis of stable single-crystalline carbon dioxide clathrate powder by pressure swing crystallization [J]. Cell Reports Physical Science, 2023, 4 (5): 101383.

[56] Khurram A, Yin Y M, Yan L F, et al. Governing role of solvent on discharge activity in lithium-CO_2 batteries [J]. The Journal of Physical Chemistry Letters, 2019, 10 (21): 6679-6687.

[57] Wu M, Kim J Y, Park H, et al. Understanding reaction pathways in high dielectric electrolytes using β-Mo_2C as a catalyst for Li-CO_2 batteries [J]. ACS Applied Materials & Interfaces, 2020, 12 (29): 32633-32641.

[58] Lim H K, Lim H D, Park K Y, et al. Toward a lithium- "air" battery: The effect of CO_2 on the chemistry of a lithium-oxygen cell [J]. Journal of the American Chemical Society, 2013, 135 (26): 9733-9742.

[59] Ahmadiparidari A, Warburton R E, Majidi L, et al. A long-cycle-life lithium-CO_2 battery with carbon neutrality [J]. Advanced Materials, 2019, 31 (40): 1902518.

[60] Zou J S, Liang G M, Zhang F L, et al. Revisiting the role of discharge products in Li-CO_2 batteries [J]. Advanced Materials, 2023, 35 (49): 2210671.

第6章

金属-二氧化碳电池表征与失效分析

6.1 固体产物的组分及结构分析

6.1.1 固体产物形貌的 SEM 分析

(1) 四电子固体产物

$Li\text{-}CO_2$ 电池的放电产物形貌、状态与产物生长路径有关，主要存在两种模式：溶剂介导生长和表面吸附生长。其中 Li_2CO_3 生长模式取决于它在活性位点的吸附能。Li_2CO_3 具有一定的溶解度，若其与活性位点的结合能较弱，则趋向于溶剂介导生长模式，Li_2CO_3 优先在电解液中成核-生长，然后堆积于正极表面；反之，当 Li_2CO_3 与活性位点的结合能较强时，则直接在正极表面吸附生长。值得注意的是，Li_2CO_3 在 RuO_2 表面的吸附弱于 TiO_2。在 $RuO_2\text{-}TiO_2$ 体系中，二者实现了协同作用，TiO_2 捕获 CO_2 和 Li^+ 形成 Li_2CO_3，生成的 Li_2CO_3 从 RuO_2 表面扩散到电解液中，释放出更多的催化位点及存储空间，此时在溶液辅助下，RuO_2 表面生成的 Li_2CO_3 呈现出花状。

简单以 Li_2CO_3 吸附能来研究反应途径是不准确的，因为 Li_2CO_3 是分两步形成的（见 6.3.1 分析），像 $Li_2C_2O_4$ 这类关键反应中间体不容忽视。郑州大学刘清朝教授认为反应中间体活性位点的结合能同样会对放电产物的生长途径产生影响。他们以 Co_3O_4 和 SA $Ru\text{-}Co_3O_4$ 催化剂为例，计算 $Li_2C_2O_4/Li_2CO_3$ 吸附能，CO_2 吸附能、键长和键角，发现与 SA $Ru\text{-}Co_3O_4$ 相比，Co_3O_4 更容易吸附和活化 CO_2，两者 Li_2CO_3 吸附能相差不大，产物形貌差异的原因在于对

中间体 $Li_2C_2O_4$ 的吸附强度不同，SA Ru-Co_3O_4 为－4.927eV，而 Ru-Co_3O_4 为－2.836eV， $Li_2C_2O_4$ 优先在 SA Ru-Co_3O_4 表面成核-生长形成 Li_2CO_3 薄片，而不是在 Ru-Co_3O_4 表面的块状产物，如图 6-1。

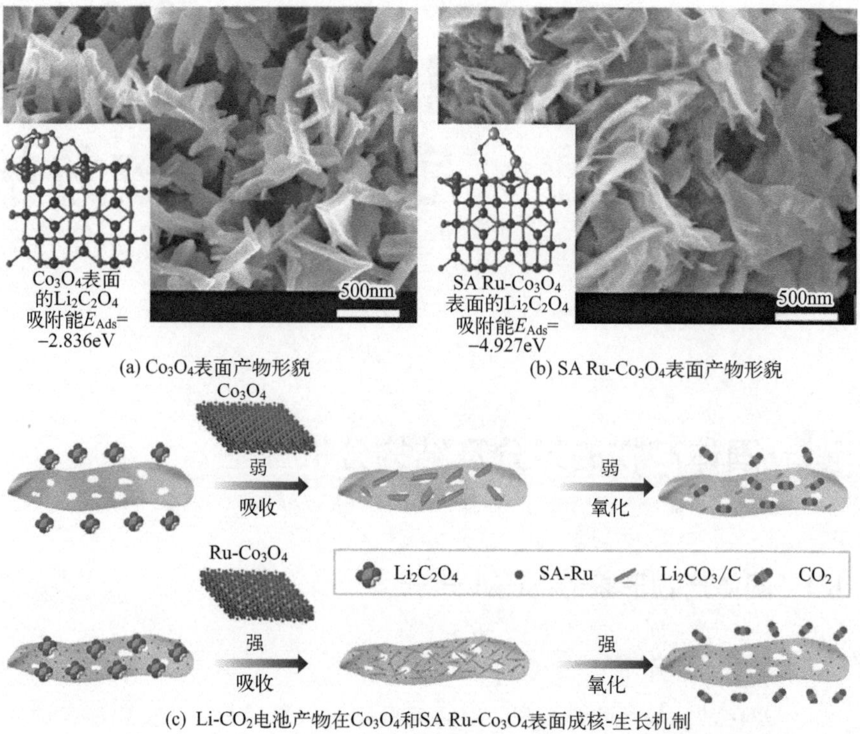

图 6-1 Li-CO_2 电池产物在 Co_3O_4 和 SA Ru-Co_3O_4 表面成核-生长机制

即便是生长路径相同，产物形貌和分布状况与成核-生长速率也有很大关系，如图 6-2（a）。催化位点不足或活性较低时，产物生长过程占主导地位，会在催化剂表面以 Volmer-Weber 模式呈现分散的聚集体；当催化位点充足或活性较高时，更多的活性表面可供均匀成核，此时成核过程占据主导，放电产物以 Frank-van der Merwe 模式在催化剂表面形成连续薄膜状。成核-生长速率受放电深度、气体成分以及环境温度等影响。在 CNT@C_3N_4 电极表面观察到球状 Li_2CO_3 纳米颗粒，产物颗粒大小受反应动力学影响，在光照条件下产生电子-空穴对，球形产物粒径由 200nm（黑暗，低速传质）减小到 70nm（高速传质），光电子提供丰富的成核位点促进成核，空穴参与反应提高正极的放电效率，使产物粒径变小，如图 6-2（b）。球形产物由可溶解的初级单元逐渐团聚而成，这与 Li-O_2 电池产物 Li_2O_2 的形成原理相似；当放电比容量为 1000mAh/g、产物粒径为 360nm 左右时，继续深度放电，Li_2CO_3 会堆积成 1μm 的八面体结构，如图 6-2（c）。

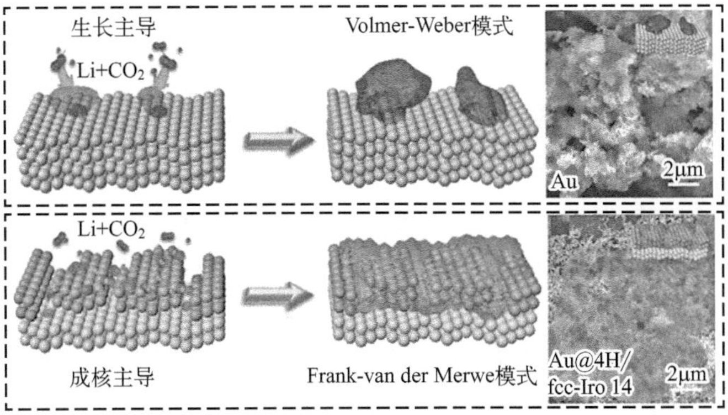

(a) 产物生长和成核主导机制

(b) 光照和黑暗环境下产物形貌

(c) 1000mAh/g(左)和25000mAh/g(右)放电比容量下产物形貌

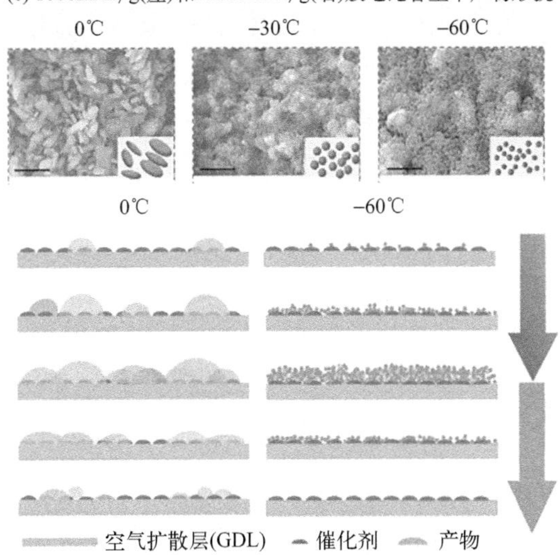

(d) 不同温度下产物形貌及生长示意图

图 6-2　不同反应环境下放电产物形貌

刘清朝团队通过引入 CO 气体，调控产物 Li_2CO_3 从晶体到无定形转变，随着 CO 气体含量增加，Li_2CO_3 的 XRD 特征峰逐渐消失，产物形貌由块体向薄层过渡，物质结构的转变得益于生成的导电碳提供了更多的电子传输通道，有效避免了 Li_2CO_3 晶体成核生长。彭慧胜课题组采用 DOL 小分子环醚电解液，与常规 TEGDME 醚类电解液凝固点（－40℃）相比，DOL 环醚电解液的凝固点为－100℃，LiTFSI/DOL 即便在－80℃下离子电导率也高达 2.26mS/cm，将 Li-CO_2 电池的工作温度向低温扩宽到－60℃。放电产物在 0℃下呈 100～300nm 的薄片状，温度降到－30℃和－60℃，产物变为球形颗粒，粒径分别为 50～70nm 和 30～50nm。不同温度下产物形貌及尺寸差异与成核速率有关。0℃下成核慢但生长迅速，电极表面就会堆积大颗粒；－60℃下产物易成核但生长缓慢，颗粒粒径小且分布松散，如图 6-2（d）。不管是片状还是颗粒状产物都是在溶液中成核-生长的，此时产物易在充电过程中被氧化分解，小粒径产物由于接触面大或活性位点丰富更易被分解，确保了低温电池良好的循环性能。

通常情况下，在常规电解液中（如 1.0mol/L LiTFSI/TEGDME）产物 Li_2CO_3 易生成球状颗粒，但在凝胶电解液中，更倾向生成薄膜状结构。动力学模型解释为，$LiCO_2^*$ 电化学还原诱发的 Li_2CO_3 被紧密吸附于催化剂表面，很难进行移动并聚集，最终呈现出薄膜状形貌；相反，Li_2CO_3 在电解液中成核，受范德瓦耳斯力影响互相聚集，以低表面能的球形颗粒沉积在催化剂表面。前者受催化剂表面积的影响，Li_2CO_3 沉积量少，Li-CO_2 电池的放电容量低，库仑效率高；后者因 Li_2CO_3 堆积聚集，电池放电容量高，库仑效率低。

虽然 Li_2CO_3 和 CO_2 的生成/分解获得证实，但是放电产物 C 的追踪仍然是一个谜，它是理解 CRR 和 CER 电化学反应路径的关键，直接观察产物 C 显得十分必要。为了避免碳电极自身的干扰，选择多孔金或铂作为 Li-CO_2 电池正极，在 TEM 下观察到大片、疏松的无定形碳，经超声电子能量损失能谱（EELS）检测，在 282eV 出现碳的 K 层特征电离能，碳带从 1s 轨道向 π^* 反键轨道跃迁以及 1s 轨道到 σ^* 的跃迁，如图 6-3。

（2）二电子固体产物

与 Li_2CO_3 相比，$Li_2C_2O_4$ 热力学不稳定，因此在 4.0V 以下更易分解，这也意味着二电子过程的能量效率更高。电池放电后，催化剂表面被 $Li_2C_2O_4$ 均匀覆盖，也在 TEM［图 6-4（a）］中发现相邻晶面间距为 0.25nm、0.26nm 和 0.28nm，与标准 $Li_2C_2O_4$ 的（020）、（111）和（－111）面一致。为了验证 $C_2O_4^{2-}$ 的生成，向放电后的 CC@MoN NFs 和 CC 电极依次加入 H_2O、$CaCl_2$ 和 H_3PO_4 溶液，图 6-4（b）中明显看到 CC@MoN NFs 瓶中仍有白色沉淀，而 CC 瓶中白色沉淀溶解，溶液变清澈，这是因为存在酸强度序列“$H_2C_2O_4$＞H_3PO_4＞

H_2CO_3”，生成的 $CaCO_3$（CC）能被 H_3PO_4 溶解，但 $Ca(C_2O_4)_2$（CC@MoN NFs）不能被溶解，从而可以将四电子和二电子产物清晰区分开。

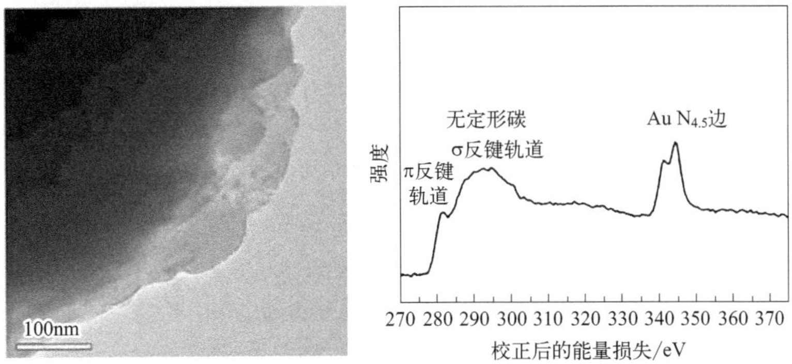

(a) TEM图谱　　(b) EELS图谱

图 6-3　Li-CO_2 电池中放电后多孔金电极表面产物 TEM 和 EELS 图谱

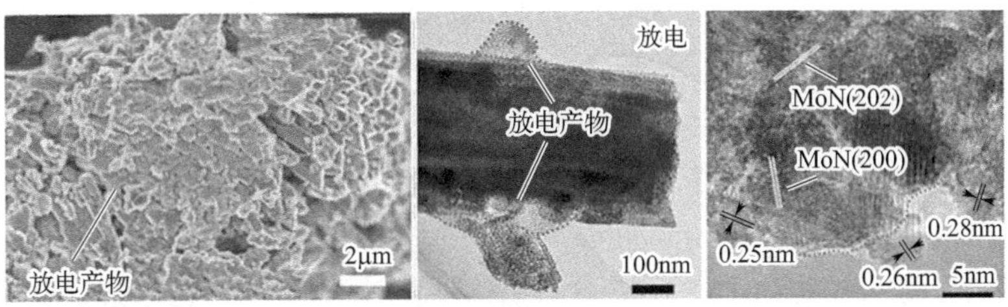

(a) CC@MoN表面放电产物形貌和结构

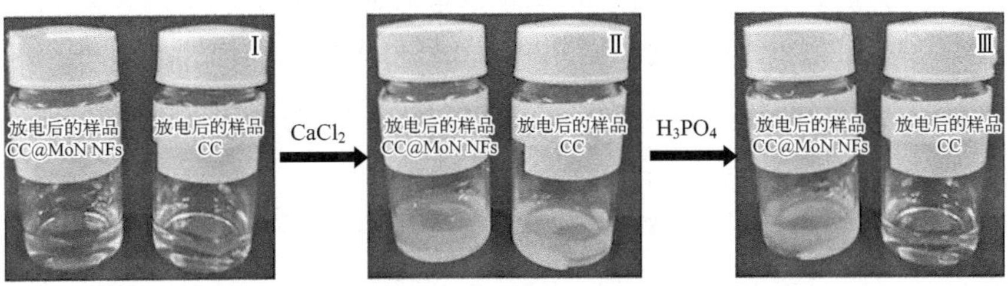

(b) CC和CC@MoN表面放电产物显色反应

图 6-4　CC@MoN 表面放电产物形貌和物质组成

6.1.2　固体产物形貌的原位 TEM 分析

为了实现对 Li-CO_2 电池充-放电产物原位观察，黄健宇团队基于纳米固态电池，将产物成核-生长限制在催化剂/固态电解质界面，而不经过溶液相，并以天然 Li_2O/Li_2CO_3 作固态电解质，模拟 Li-CO_2 电池的 CRR/CER 电化学过程并追踪产物生长情况。TEM 采用高放大倍数和高剂量率［约 2.0e/(Å^2・s)］的电子束原位成像，除了产物生长外，还发生副反应形成小粒径球状产物。TEM 对样品有束流效应，在高剂量电子束条件下，样品受到高能电子撞击而发生分解或损伤。为缓解束流效应，原位测试必须合理控制电子束大小，将电子束电压降低到 80kV，剂量率降至<0.5e/(Å^2·s)，此时电子束影响可忽略不计。

CNT 因具备良好的电子/离子导电性而被广泛应用于 Li-CO_2 电池体系。本团队以 CNT/Al 为正极、Li/Al 为负极，搭配天然 Li_2O/Li_2CO_3 固态电解质，构建了纳米电池［图 6-5（a）］，采用原位 TEM 观察高度石墨化 CNT 在 Li-CO_2 电池充-放电过程的演化规律。真空 TEM 测试舱要用高纯 CO_2 气体多次吹扫，避免残留气体污染。注入 CO_2，对纳米电池室温（25℃）施加负电压，放电 971s 后，CNT 层状结构为 Li^+ 嵌入提供空间，在 0.5V 放电电位下，CNT 因 Li^+ 嵌入发生饱和溶胀而发生弯曲［图 6-5（b）］，继续放电，CNT 表面或尖端积累 CRR 产物，整个放电过程 CNT 直径膨胀 225%，总体积膨胀 914%［如图 6-5（c）］，表征发现表面产物主要为 Li_2CO_3；施加反向＋4V 偏压充电 2140s 后，产物几乎没有被分解。为了促进分解，升温至 300℃，此时电化学和高温协同驱动 Li_2CO_3 被分解，而在不加电场的情况下，Li_2CO_3 热分解温度达到 500℃。

受 CNT 电极干扰，并未观察到产物 C，团队继续以单晶纳米银线（Ag NW，JCPDS 65-2871）为电极分析 CRR/CER 机理。电池放电 3665s，观察到 Li_2CO_3 薄层［图 6-5（d）］，充电 5192s，Li_2CO_3 薄层被纳米碳球取代，充电结束后几乎检测不到 Li_2CO_3，但仍有无定形碳积存［图 6-5（c）］，认为 Li-CO_2 电池充电过程仅发生 Li_2CO_3 自分解。不溶性宽带隙 Li_2CO_3 自分解需要克服的能垒来自 Li^+ 从 Li_2CO_3 脱出和 CO_3^* 分解。当施加 4.0V 电压时，Li^+ 从 Li_2CO_3 脱出势能从 380kJ/mol 降低到 99kJ/mol，CO_3^* 分解势能始终保持为 99kJ/mol，Li_2CO_3 的分解温度也从 500℃ 降低为 300℃。需要注意的是原位 TEM 施加的放

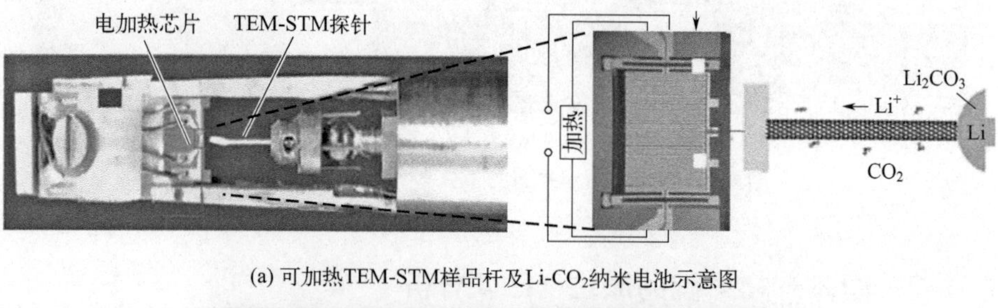

(a) 可加热TEM-STM样品杆及Li-CO_2纳米电池示意图

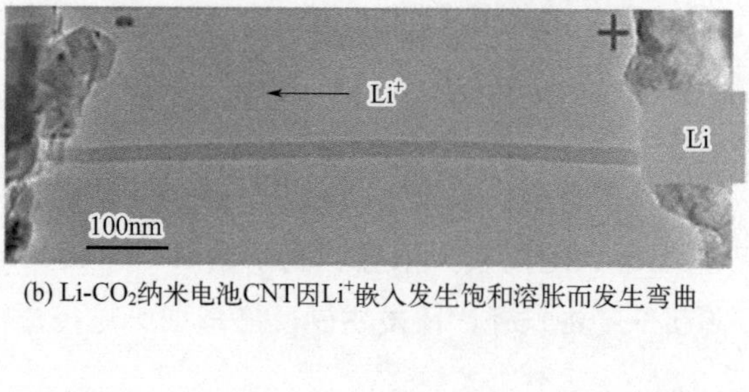

(b) Li-CO_2纳米电池CNT因Li^+嵌入发生饱和溶胀而发生弯曲

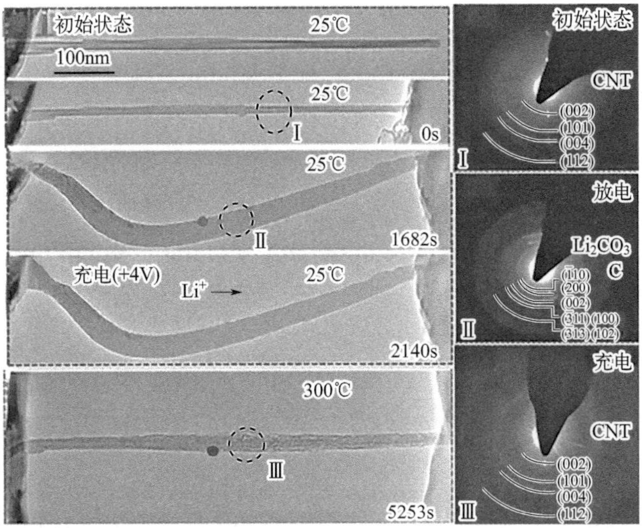

(c) CNT电极在放电-充电过程中的形貌、结构变化

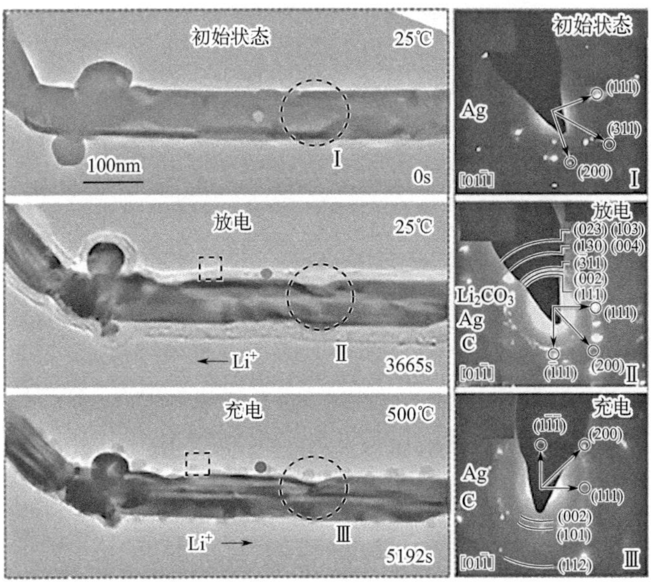

(d) Ag纳米线电极在放电-充电过程中的形貌、结构变化

图 6-5　$Li-CO_2$ 纳米电池的可加热 TEM-STM 样品杆及其电极形貌与结构演变

电电压高于电池实际电压，不同电位（$-0.6V/-1.2V/-3.0V$）下放电产物的形貌基本相同，放电反应对外加电压不敏感，可能是因为固态纳米电池中 CNT 与 Li 以 Li_2O/Li_2CO_3 固态电解质隔离，驱动 Li^+ 从 Li 侧穿过电解质到达 CNT 要

克服较大的界面接触电阻才能触发电化学反应，主压降在接触区，仅小部分电压用于驱动电化学反应。此外，团队还研究 Ni@Ru@MnO_2 复合电极催化 CRR/CER 行为，放电一段时间后 Li_2CO_3 沿着正极 MnO_2 纳米线的（001）晶向生长，充电时，Li_2CO_3 覆盖层逐渐变薄；纳米电池运行多次后，电极表面仅有无定形碳和最外层未分解的 Li_2CO_3 薄壳，产物-电极界面电子传输受阻导致 Li_2CO_3 未被完全分解。

直接观察碳消耗对于理解 Li-CO_2 电池的 CER 至关重要，碳的存在是电池促进产物可逆分解的关键，然而目前关于碳消耗的直接证据不足。文献报道，Li_2CO_3 自身难以分解，但在碳的协助下，3.2V 电压可将其电化学分解，这一情况在 Na-CO_2 电池中得以证实。陈军院士发现预填 Na_2CO_3/C 电极比预填 Na_2CO_3 非碳电极的充电电压低 0.5V，证实碳的存在能够降低 Na_2CO_3 分解反应能垒。

不含碳的情况下，Na_2CO_3 发生电化学自分解反应：

$$2Na_2CO_3 \longrightarrow 4Na+2CO_2+O_2 \quad (\Delta_r G=1306kJ/mol,\ E^0=-3.38V\ vs.\ Na/Na^+)$$

含碳的情况下，Na_2CO_3 和 C 发生电化学共分解反应：

$$2Na_2CO_3+C \longrightarrow 4Na+3CO_2 \quad (\Delta_r G=905.6kJ/mol,\ E^0=-2.35V\ vs.\ Na/Na^+)$$

原位 TEM 追踪 Na-CO_2 电池放电-充电过程中电极的形态演变，放电开始，Na^+ 插入 Pt@NCNT，如图 6-6（a）（书后另见彩图）红色箭头，随放电深入，在 NCNT 内部和表面发生 Na^+ 迁移，如图 6-6（a）黄色箭头，其厚度增加约 10nm；约 40s 后，Na^+ 在 NCNT 中的插层速率减缓，球形 Na_2CO_3 成核长大（橙色圆圈），充电结束后 NCNT 内部仍被产物填充如图 6-6（a）。由于 Pt@NCNT 导电性及 Na^+ 输运能力强于 NCNT，Na_2CO_3 主要生长于 Pt@NCNT、CO_2 和 Na 界面而非 NCNT 表面，见图 6-6（b），放电产物生长受扩散控制，生长过程与时间呈线性关系，见图 6-6（c）（书后另见彩图），在 Pt@NCNT 表面的生长速度（$2.5\times10^4 nm^3/s$）比 NCNT（$3.4\times10^3 nm^3/s$）高一个数量级，单原子 Pt 大大提高了反应动力学。

6.1.3 固体产物原位 Raman 及 SERS 分析

（1）拉曼（Raman）光谱分析

拉曼（Raman）光谱基于拉曼散射效应，对与入射光频率不同的散射光谱进行解析以得到分子振动、转动等信息，用于研究分子结构。利用原位拉曼光谱可实时追踪 M-CO_2 电池充-放电过程催化剂表面产物的原子振动模式，定性分析产物。测试时要考虑拉曼测试池［图 6-7（a）］的密封性和石英玻璃窗对拉曼信号的干扰。

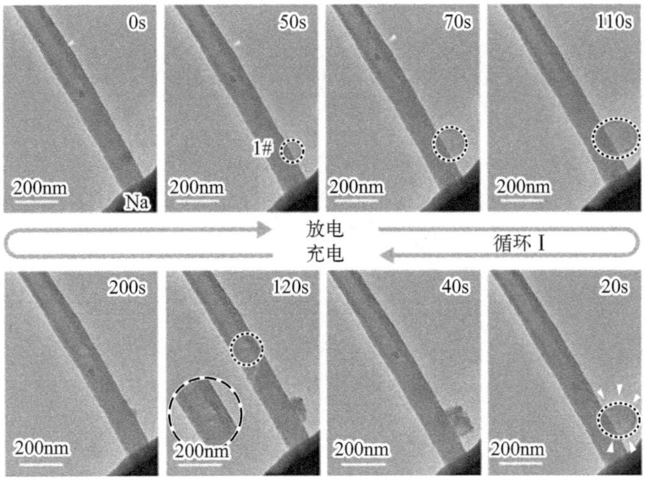

(a) Pt@NCNT在Na-CO_2纳米电池放电-充电电化学过程的形态演变

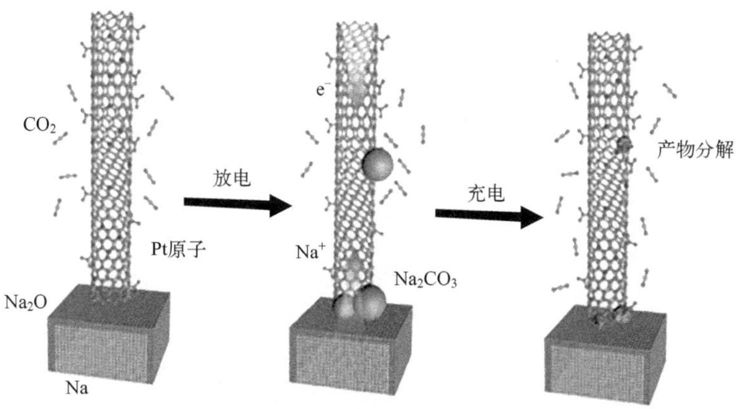

(b) Pt@NCNT在Na-CO_2纳米电池放电-充电电化学过程的示意图

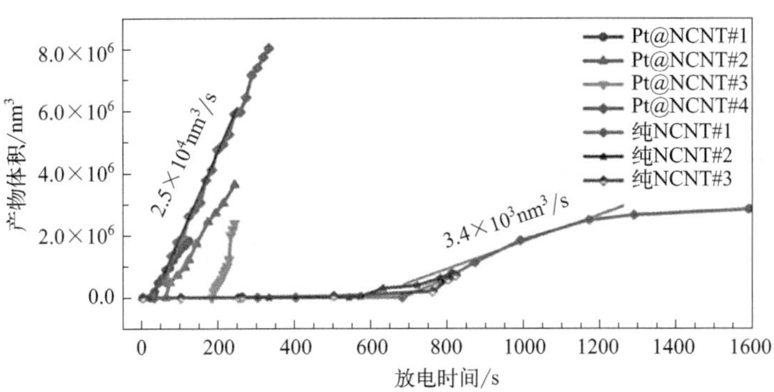

(c) 放电产物Na_2CO_3的增长率

图 6-6　Pt@NCNT 在 Na-CO_2 纳米电池放电-充电过程的形态演变、电化学过程示意图及放电产物 Na_2CO_3 的增长率

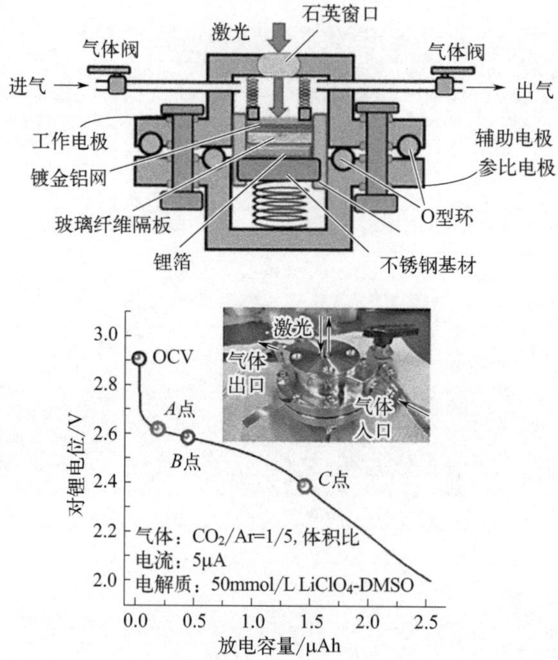

(a) 原位拉曼池示意图及实物图

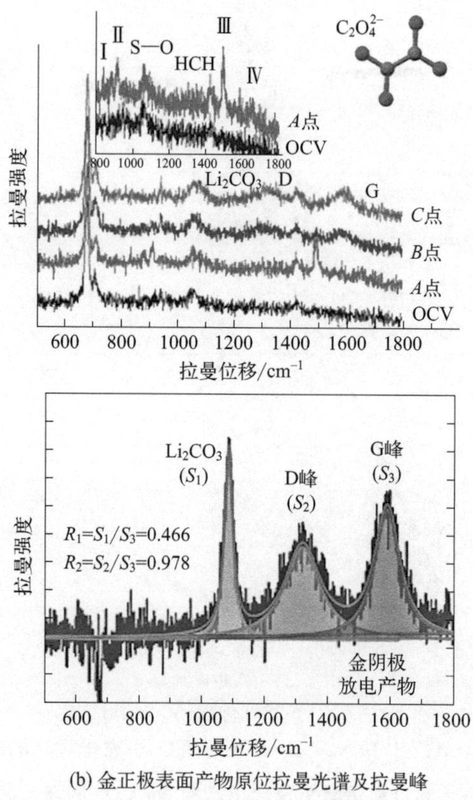

(b) 金正极表面产物原位拉曼光谱及拉曼峰

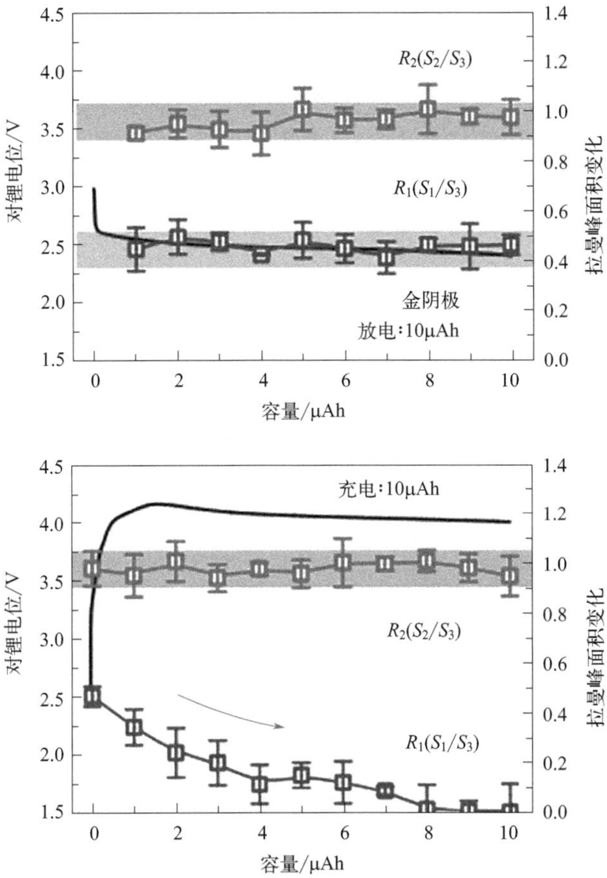

(c) 放电和充电过程R_1和R_2随容量变化情况

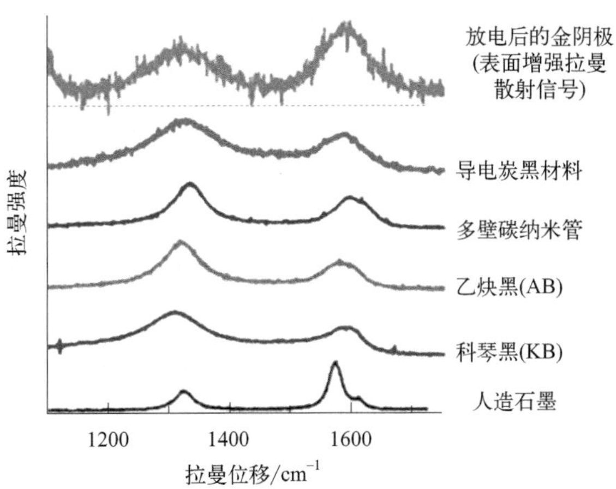

图 6-7

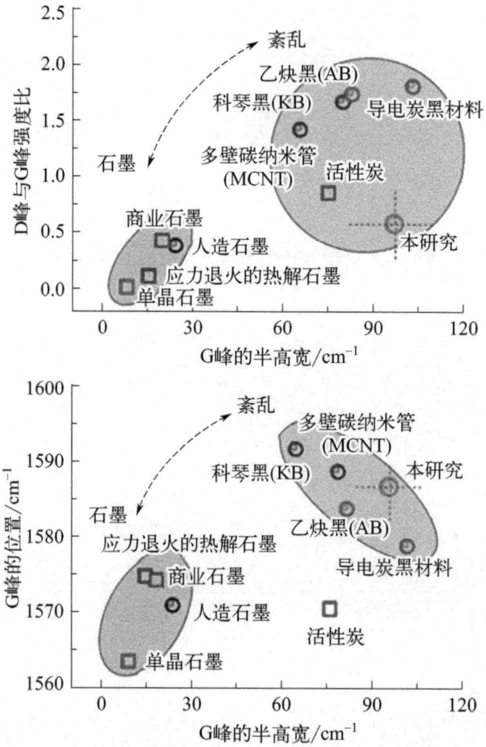

(d) 放电产物和不同碳种的拉曼光谱、I_D/I_G比值、G峰位置和峰的半高宽关系

图 6-7 Li-CO_2 电池原位拉曼分析

Li-CO_2 电池的二电子中间产物不稳定，会迅速继续结合电子向四电子产物转化，研究初期并未检测到中间产物。周豪慎团队通过降低反应物浓度以减缓 CRR 速率，调控 CO_2 分压（CO_2：Ar=1：5，体积比）、锂离子浓度（50mmol/L），图 6-7（b）显示在放电初始阶段 A 成功于 876cm^{-1}、907cm^{-1}、1492cm^{-1} 和 1653cm^{-1} 处检测到草酸根（$C_2O_4^{2-}$）拉曼峰，其中 876cm^{-1} 和 907cm^{-1} 的峰位归因于 C—C 拉伸，1492cm^{-1} 和 1653cm^{-1} 对应 C—O 拉伸，876cm^{-1} 处的 C—C 拉伸源于 $C_2O_4^{2-}$ 和 Li^+ 的弱结合，随着放电进入 C 阶段，$C_2O_4^{2-}$ 完全消失，取而代之的是 1085cm^{-1} 处的 CO_3^{2-}，成为主要产物。通过对碳材料 Raman 图谱的细致解析，深入了解其结构特性和种类分布，为深入研究 M-CO_2 电池电化学反应原理提供有力支持。

纳米金催化下，Raman 图谱确凿地证实了碳的生成，在 1355cm^{-1}、1575cm^{-1} 处检测出碳材料的 D、G 峰。为更深入地解析产物关联，利用放电-充电过程中产物峰面积比变化趋势进行量化分析。如图 6-7（b），定义 Li_2CO_3、D 带和 G 带拉曼峰面积分别为 S_1、S_2 和 S_3，$R_1=S_1/S_3$，$R_2=S_2/S_3$，鉴于碳的 D、G 峰的内在关联性，其面积比相当稳定（$R_2=0.98$），R_1 在放电过程中变化不显著，产物 Li_2CO_3 与碳变化同步，产率相当；然而，在充电初期，R_1 明显下降，说明 Li_2CO_3 与碳的分解过程并不同步，碳分解速度明显慢于 Li_2CO_3，充电结束，R_1 趋于零，如图 6-7（c），意味着此时 Li_2CO_3 几乎完全分解，而碳仍留在电极。同时，通过对 D、G 峰的半高宽、出峰位置及峰强比值分析获取碳材料的结构信息。图 6-7（d）（书后另见彩图）对比几种典型碳材料的拉曼信息，将其分为两个区域：结晶良好的类石墨碳（如人造石墨、单晶石墨等）集中在左下方区域（红圈），非晶碳（如导电炭黑材料、MCNT、科琴黑等）则聚集在右上方（绿圈）。研究发现碳产物落在无定形区域（见橙色点），这解释了 XRD 未能检测到碳峰的原因，该结论也得到 ELLS 的验证。

（2）原位表面增强拉曼光谱法（SERS）分析

表面增强拉曼光谱法（SERS）：将纳米金颗粒喷涂于不锈钢网/铝箔，吸附在纳米金颗粒表面上的分子拉曼信号被增强，便于收集；该基底为无碳基底，用作无碳催化体系，用来表征 M-CO_2 充-放电过程的产物类型及结构演变，特别是无定形碳的检测。

Zhao 在 Au 表面欠电位沉积单层 Cu 制备 Cu_{ML}@Au，其电子结构明显区别于 Au 和 Cu，Cu_{ML}@Au 的 d 态密度显著增加，更靠近费米能级，构建催化剂表面电子结构与 CRR 活性的构效关系，如图 6-8，发现可增强中间体和产物（CO_2^-、CO、$C_2O_4^{2-}$ 和 Li_2CO_3）的表面吸附，促进电子转移动力学及 CRR 活性，通过原位增强拉曼光谱表征技术，放电至 2.5V 时，除了 Li_2CO_3 拉曼峰外，在 2135cm^{-1} 处还追踪到 CO 拉曼振动峰，而非 C 信号，证明没有 C 的生成，也没有追踪到中间产物 $Li_2C_2O_4$，推断电池放电反应路径为：

$$CO_2 + e^- + Li^+ \longrightarrow LiCO_2 \tag{6-1}$$

$$LiCO_2 + CO_2 \longrightarrow LiCO_3 + CO \tag{6-2}$$

$$LiCO_3 + e^- + Li^+ \longrightarrow Li_2CO_3 \tag{6-3}$$

6.1.4　固体产物原位 X 射线衍射（XRD）分析

X 射线衍射（XRD）仪（如图 6-9），利用波的干涉与衍射原理，当特定波长（λ）的 X 射线对晶体进行照射时，各原子散射波之间相互干涉，特定晶面间距（d）和 λ 满足布拉格衍射方程：$n\lambda = 2d\sin\theta$（n 表示衍射级数；θ 表示角度）。射线叠加而增强，涉及晶体理论、倒易点阵-厄瓦尔德图解等主要原理。在 Li-CO_2 电池充-放电过程中，利用原位 XRD 技术对催化剂正极表面产物进行实时物相分析，这一表征依赖于 XRD 测试池和金属铍测试窗口。采用反射模式，X 射线从电池测试窗口进入，穿过窗口到达材料，衍射的 X 射线信号从窗口出来，被探测器接收并反馈。

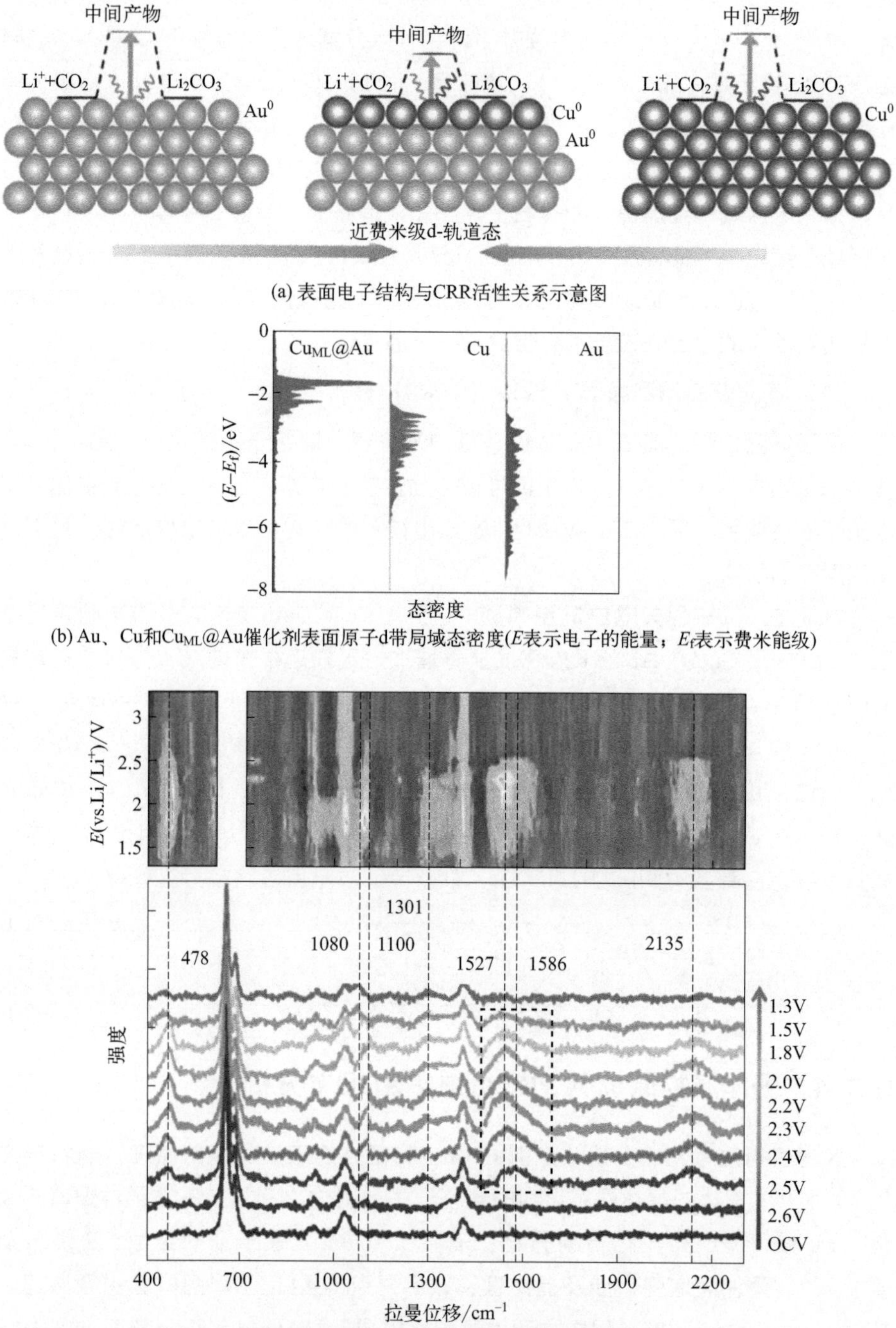

(a) 表面电子结构与CRR活性关系示意图

(b) Au、Cu和Cu_{ML}@Au催化剂表面原子d带局域态密度(E表示电子的能量；E_f表示费米能级)

(c) Li-CO_2电池放电过程中Cu_{ML}@Au表面原位拉曼光谱

图 6-8　Au、Cu 和 Cu_{ML}@Au 表面电子结构及其在 Li-CO_2 电池放电过程的原位拉曼光谱

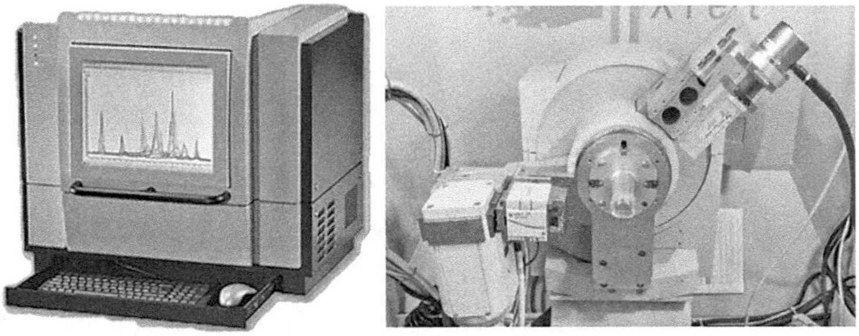

图 6-9 X 射线衍射仪

测试过程中，以 Cu-Kα 射线轰击样品，最大管电压 30kV，最大管电流 10mA，$\lambda=1.5406\text{Å}$，输入样品测试的起始、终止角度，并设置扫描速度为 1°/min，步长为 0.02，进行 XRD 数据与标准卡片比对并分析。为了准确反映各催化剂原始信息并精确追踪充放电产物变化情况，在设定的测试范围内，调节扫描速率及步长，控制每 15～20min 采集一条 XRD 谱线，在一个放电-充电循环中（以 10h 为例），获得 20～40 条 XRD 谱线来反映产物衍射峰位置及峰强弱的变化。

Mo_3N_2@TiN 作为 Li-CO_2 电池催化剂，电池的充电电位可以低至 3.2V，利用原位 XRD 捕捉电池放电-充电过程产物的演变规律，在图 6-10 中除了 Mo_3N_2 的（111）、（200）、（211）、（220）晶面（37.4°、43.4°、53.9°、63.1°）和 TiN 的（111）、（200）、（220）晶面（36.0°、41.8°、60.6°）处的衍射峰，在放电阶段，随着放电深度增加，2θ 在 19.9°、31.6°、33.9° 和 34.8° 处逐渐出现新的衍射峰，放电结束后其强度达到最大，分别对应于 $Li_2C_2O_4$（JCPDS No. 24-0646）的（011）、（110）、（111）和（020）晶面。进入充电阶段，随充电时间增加，衍射峰强度逐渐降低直至消失，证明 $Li_2C_2O_4$ 发生可逆分解。

6.1.5 固体产物原位红外分析

红外光谱（IR）是分析化合物结构的重要手段，普通的透射光谱（如 KBr 压片法）对样品研磨或挤压会改变样品表面的微观状态，而傅里叶变换衰减全反射红外光谱（ATR-FTIR）克服了传统透射法测试的不足，简化样品制作和处理过程，成为分析物质表面结构的一种有力手段，可以实现原位、实时、无损测量。

此外，Li_2CO_3 和 $Li_2C_2O_4$ 红外峰位置有明显差异，对 Li-CO_2 电池电化学反应过程进行原位 ATR-FTIR 表征，实时监测 Li-CO_2 电池充-放电过程中正极催化剂表面产物变化情况，区分电池反应路径。

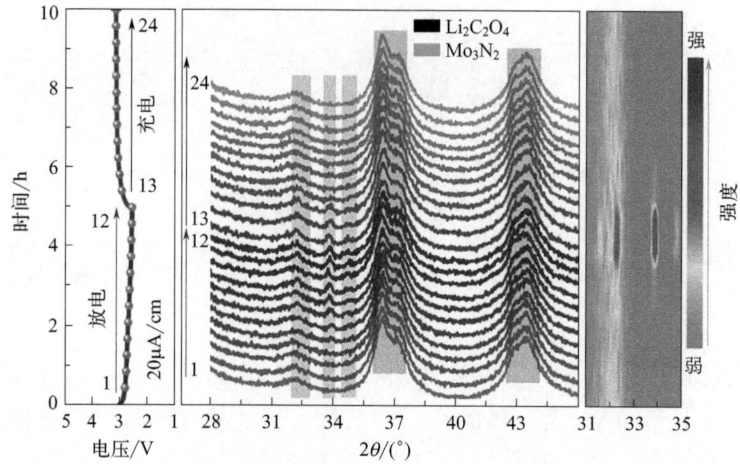

图 6-10 Li-CO_2 电池充-放电过程 Mo_3N_2@TiN 电极表面原位 XRD 图谱

放电产物一般在 600～2000cm^{-1} 的波数范围，采样分辨率设置为 4cm^{-1}，随着放电进行，产物 CO_3^{2-} 振动峰明显增加，非对称伸缩振动峰（1413cm^{-1}）、平面外弯曲振动峰（1087cm^{-1} 和 858cm^{-1}）增加，此时产物 Li_2CO_3 在正极表面持续积累；充电时，Li_2CO_3 的 ATR-FTIR 信号随充电深度增加而逐渐减弱，反应遵循四电子路径，见图 6-11（a）。然而在 Mo_3N_2 催化下，电池在 769cm^{-1}、1319cm^{-1} 和 1637cm^{-1} 处信号峰开始显现并增强，这些信号峰来源于 $Li_2C_2O_4$ 的 $C_2O_4^{2-}$ 振动，并在充电阶段逐渐减弱并消失，反应遵循二电子路径，见图 6-11（b）。

6.1.6 固体产物的原位 APXPS 分析

原位常压 X 射线光电子能谱仪（XPS）是一种表面分析技术，通过检测固体材料在吸收 X 射线光子后发射的 X 射线光电子，根据 X 射线光电子的结合能，确定材料中各元素的组成、化学以及电子状态。因此，XPS 广泛应用于电池放电-充电产物化学状态识别，电解质与电极间的相互作用研究。然而，由于 XPS 研究需要在超高真空条件下进行（10^{-8}～10^{-10}mbar），真空环境无法研究气体/固体/液体界面的相互作用，限制了其在金属-气体电池中的应用。为了弥补这一不足，环境压力 X 射线光电子能谱（APXPS）技术应运而生。APXPS 可在 1～150mbar 气体环境中运行，从而模拟金属-气体电池的实际工作环境。因此，原位 APXPS 为探索 M-CO_2 电池的 CRR/CER 中间产物提供可能。

Wang 使用原位 APXPS 研究离子液体中多孔碳正极表面水分子参与下的 Li-CO_2 电池反应，见图 6-12（a），电解液由 1-丁基-1-甲基吡咯双三氟甲磺酰亚胺盐（Pyr_{14}TFSI）和 LiTFSI（0.5mol/L）组成，由于离子液体对 Li^+ 有较强的溶

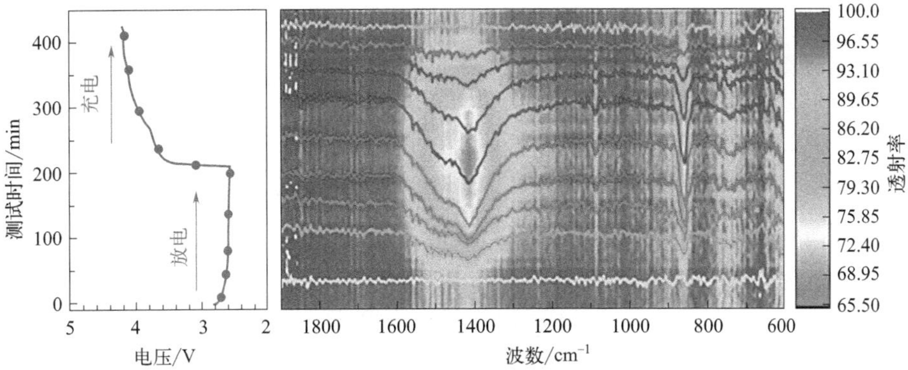

(a) $Li-CO_2$电池充-放电过程四电子产物ATR-FTIR光谱

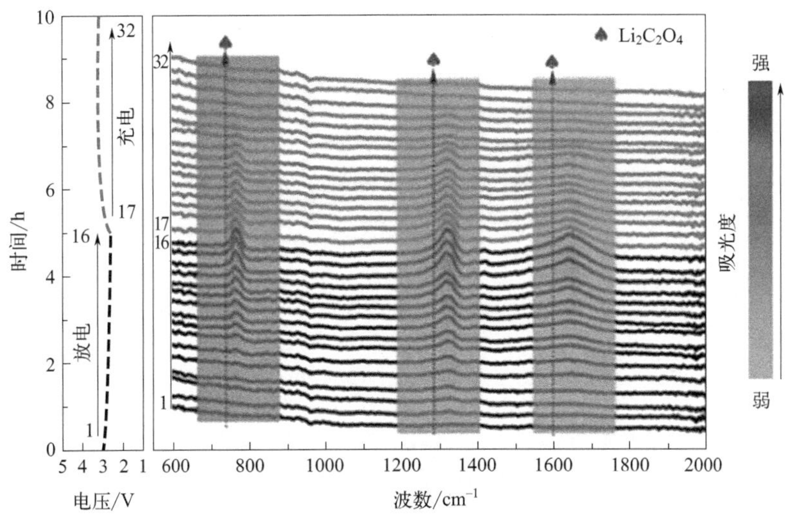

(b) $Li-CO_2$电池充-放电过程二电子产物ATR-FTIR光谱

图 6-11　$Li-CO_2$ 电池充-放电过程产物 ATR-FTIR 光谱

剂化作用，可促进 CO_2 捕获并稳定 CRR 中间产物。研究发现，室温下，多孔碳电极对 CO_2 没有电化学活性，H_2O 可以显著改善其动力学，这是 CRR 动力学差异的原因，电池放电产物为 LiOH 和 C。当 H_2O 存在时，形成的 LiOH 逐渐转化为 Li_2CO_3，充电过程中，LiOH 和 Li_2CO_3 分解产生超氧自由基、单线态氧等高活性副产物，引起电解液中 $TFSI^-$ 阴离子的严重分解。基于离子液体电解液，研究首次发现，O_2 参与的 $Li-CO_2$ 电池［图 6-12（b）］中，CRR 产生低价态的无定形碳和 Li_2O_2/Li_2O。与 Li_2CO_3 氧化相比，无定形碳、Li_2O_2/Li_2O 具有更高的可充电性和更快的动力学速率。

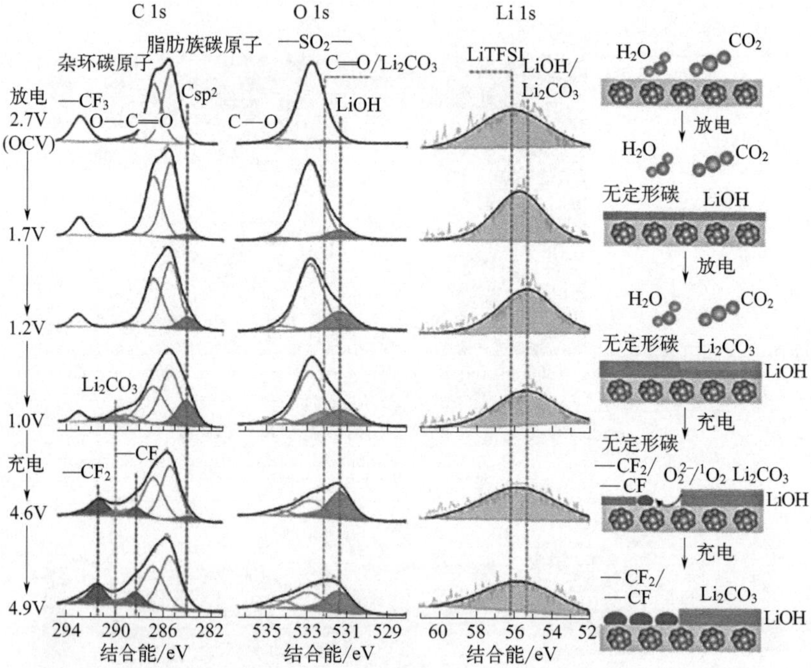

(a) Li-CO_2电池在CO_2∶H_2O混合环境(p=5mbar，CO_2∶H_2O=2∶1)充-放电过程C 1s、O 1s和Li 1s演变

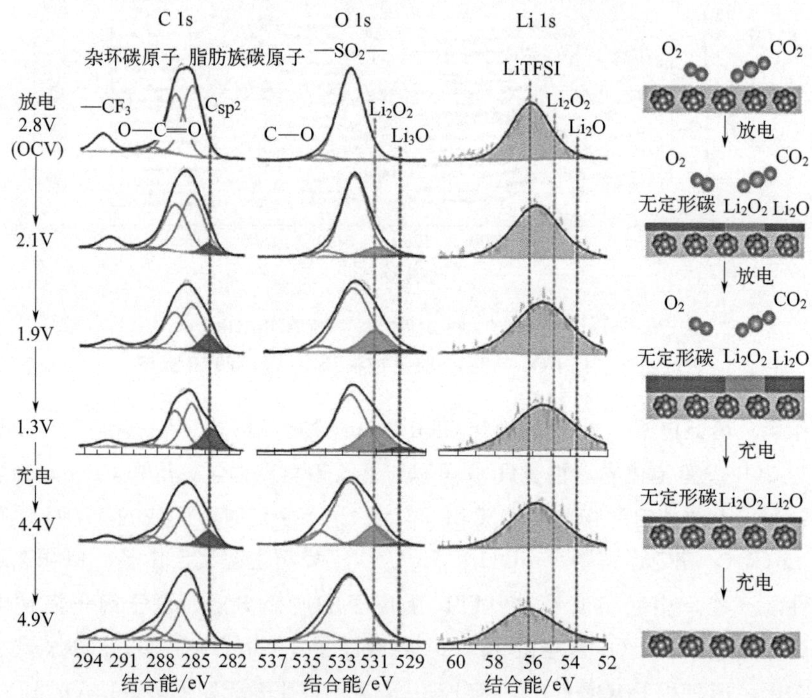

(b) Li-CO_2电池CO_2∶O_2混合环境(p=5mbar，CO_2∶O_2=2∶1)充-放电过程C 1s、O 1s和Li 1s演变

图 6-12 Li-CO_2 电池在 CO_2 混合 H_2O、O_2 气氛中充-放电过程演变规律

6.2 气体产物的组分及气体消耗-生成速率分析

6.2.1 原位 DEMS 分析

微分电化学质谱（DEMS）是电化学和质谱技术相结合的一种现代电化学现场测试手段，可实时检测电化学反应中的挥发性气体产物，追踪电荷/物质的动态关系，推断电化学反应路径，量化 CO_2 的消耗量（放电阶段）及释放量（充电阶段），分析充-放电过程实际的库仑效率。

将组装好的 DEMS 电化学池连接到管路中，质谱测试前，电池静置至少 10h 以稳定气体基线，然后实时监测电池放电-充电过程气体变化数据，处理得到工作气体消耗率或析出率，对气体消耗率或析出率与时间进行积分得到相应气体消耗量或析出量。值得注意的是，鉴于 DEMS 对气体压力检测精度有一定要求，当气体变化量较大时便于检测，体现在较高的测试电流上。放电过程载气一般为 Ar，工作气体为 CO_2，放电结束，停止通入 CO_2，用 Ar 气吹扫去除预留在连接管道的杂质气体（特别是 CO_2），尽可能避免其对检测结果的干扰，同时稳定气流基线。待基线稳定后，启动再充电程序，充电过程仅需要载气，通过气体流量计精确控制出口流量，在气体进入质谱仪前均需通过放有干冰的冷阱防止电解液挥发污染质谱仪，放电-充电过程的气体管路连接方式如图 6-13 所示。

6.2.2 气体消耗-生成量计算

根据理想气体定律，O_2、Ar、CO_2 等气体的分压被转换为物质的量，得到气体流量 $f(t)$，单位为 mol/s。$f(t)$ 是时间 t 的函数，在数据处理软件中对其进行基线扣除与平滑处理，根据式（6-4）求积分后得到体系中气体的变化量[n（气体）]。

$$n（气体）=\int_{t_1}^{t_2} f(t)\,\mathrm{d}t \tag{6-4}$$

以 M-CO_2 充电过程为例：

$f(CO_2)$ 为时间（t）的函数；$n(CO_2)$ 为生成或消耗 CO_2 的物质的量，mol。

积分面积就是 CO_2 实际释放量；CO_2 实际释放量与生成电子的转换：1mol 电子所带电量为 96320C。

充电过程理论电量 Q（恒流）：

$$Q=It \tag{6-5}$$

式中，Q 为电荷量，C；I 为电流，A；t 为充放电时间，s。

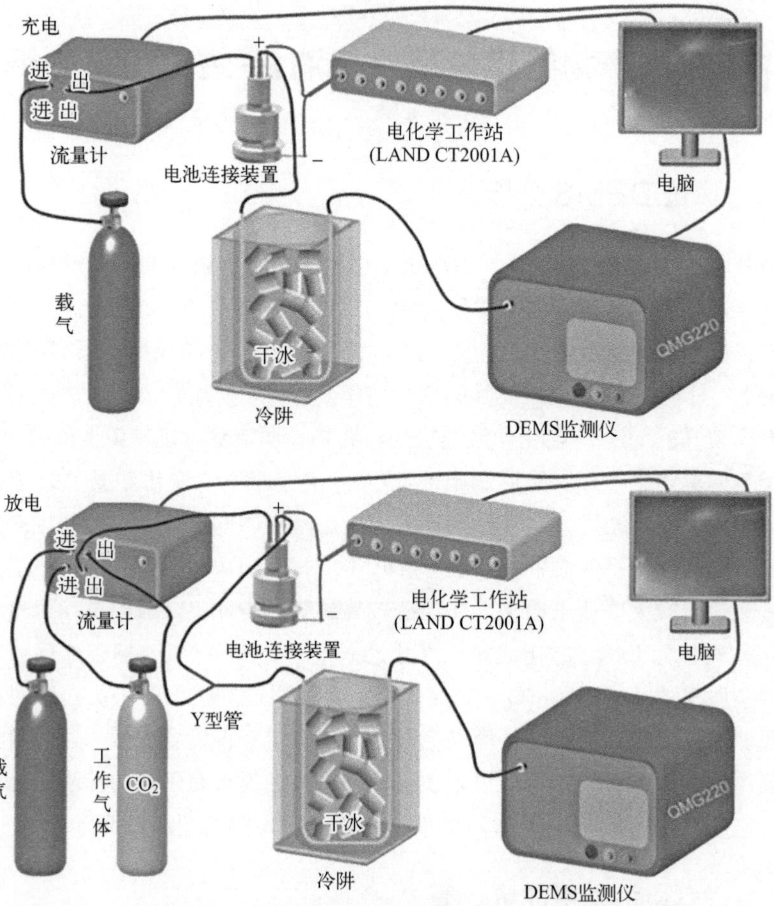

图 6-13　放电-充电的原位 DEMS 分析装置

电子数 [$n(e^-)$]:

$$n(e^-)=\frac{Q}{96320} \quad (6\text{-}6)$$

电池充电-放电过程，转移电子数与 CO_2 变化量的比值（R）为:

$$R=n(e^-)/n(\text{气体}) \quad (6\text{-}7)$$

将实际荷质比 R 与电池反应理论荷质比进行比较，可以分析在不同电极材料、电解液体系的 Li-CO_2 电池的可逆性。

王开学团队利用原位 DEMS 定量监测 Li-CO_2 电池放电-充电过程中 CO_2 转化速率，研究 RuO_2/LDO 电极在电池中的工作机理。恒电流为 0.5mA，放电阶段，CO_2 消耗并发生还原反应；充电初期，RuO_2/LDO 在约 3.2V 的电压下分解 Li_2CO_3 释放出 CO_2，气体消耗/生成速率校准后，对其随时间的变化进行积分得到总电荷如图 6-14（书后另见彩图）。按 $4Li^+ + 3CO_2 + 4e^- \longrightarrow 2Li_2CO_3 + C$ 进行可逆转换，每交换 4/3 个电子就产生一个 CO_2，e^-/CO_2 的荷质比值为 4/3。理论上，在 50min 内完全放电至 2.2V 将消耗 11.7μmol CO_2，而充电到 0.5mA/h 将释放 14μmol CO_2。实际上，放电阶段 CO_2 消耗量为 10.5μmol，电荷质量比为 $1.48e^-/CO_2$，充电阶段 CO_2 生成量约 13.5μmol，电荷质量比为 $1.38e^-/CO_2$，这与荷质比为 4/3 的 Li_2CO_3 的可逆形成-分解反应基本吻合。

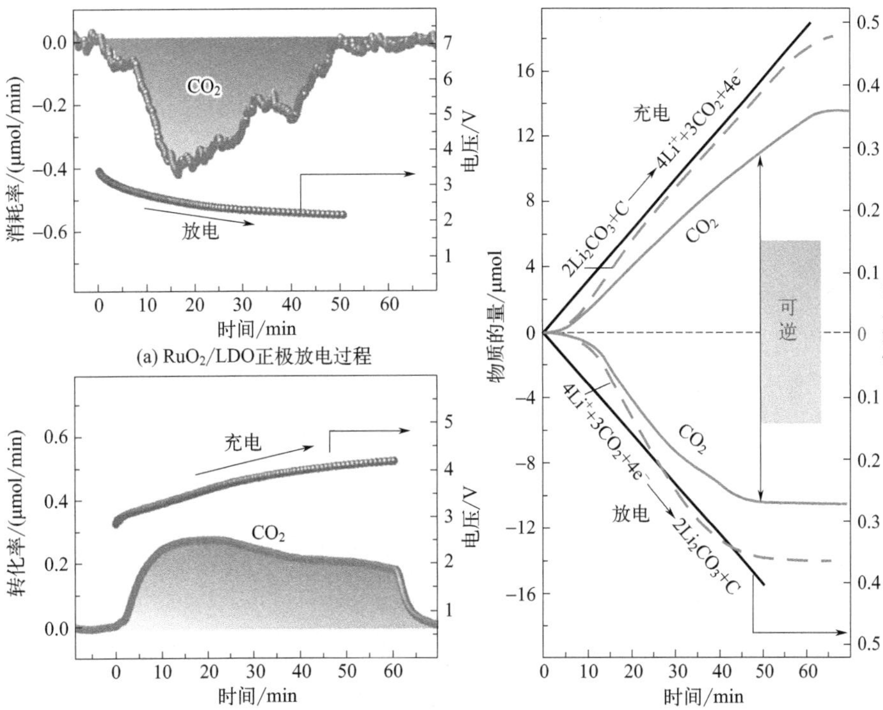

(a) RuO_2/LDO正极放电过程

(b) RuO_2/LDO正极充电过程

(c) 放电-充电过程中CO_2的累积量

图 6-14 Li-CO_2 电池中 RuO_2/LDO 正极放电-充电过程 DEMS 曲线和 CO_2 的累积量

(灰色实线表示实际值，蓝色实线表示理论值，灰色点划线表示电荷累积量)

王斌团队运用原位 DEMS 定量监测 FGDY 催化剂在不同电解液（BMImTFSI 和 TEGDME）体系下 Li-CO_2 电池充电过程析出的气体组分和含量，以更好地揭示反应过程机理。如图 6-15 所示，即便在不同电解液中，FGDY 催化 Li-CO_2 电池充电过程也只析出 CO_2，不产生 O_2 和 CO 等副产物，在 BMImTFSI 中转移电子数与 CO_2 析出量的比值为 $3.96e^-/3CO_2$，在 TEGDME 中比值为 $4.02e^-/3CO_2$，前者 CO_2 的转化率更高，但两者都十分接近电池理论反应的 $4e^-/3CO_2$，证实 FGDY 能有效催化 Li_2CO_3 可逆分解并重新释放 CO_2。

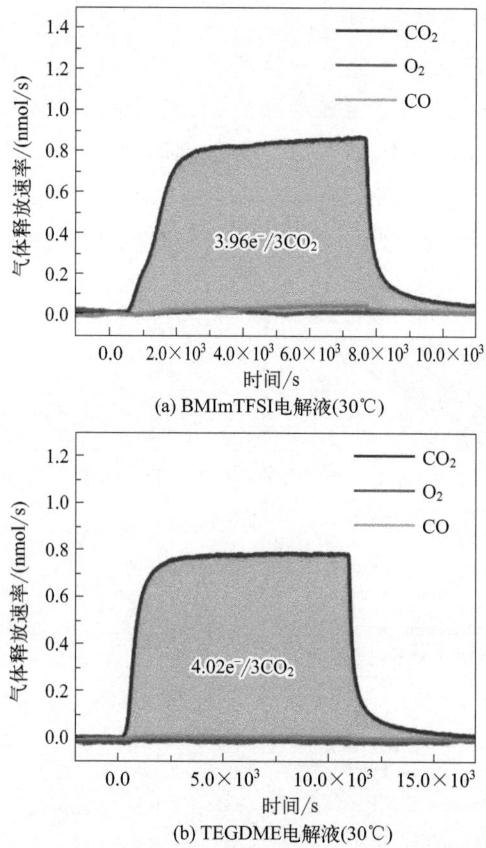

图 6-15 基于原位 DEMS 定量监测的 FGDY 催化剂在不同电解液体系下 $Li\text{-}CO_2$ 电池充电过程中的气体释放速率和总量

原位 DEMS 同样适用于 $Li\text{-}CO_2$ 电池的二电子反应，该团队以 Mo_3N_2 正极稳定过程产物 $Li_2C_2O_4$ 将反应路径控制在二电子反应。以 $20\mu A/cm^2$ 的电流密度在 $100\mu Ah$ 的截止容量下测试电池放电过程气体消耗量，如图 6-16（a）所示，整个放电过程中 O_2 消耗率几乎恒定，表明 O_2 并未直接参与放电反应。CO_2 却明显减少，其总消耗量为 $3.71\mu mol$，说明 CO_2 气体参与放电反应且迅速减少，其消耗速率随恒流放电保持恒定，同时，放电过程总电子转移量为 $3.73\mu mol$，此时质荷比为 0.995，接近 $2CO_2/2e^-$，证实 $Li_2C_2O_4$ 是电流密度为 $20\mu A/cm^2$ 下的唯一放电产物。此外，利用电感耦合等离子体质谱（ICP-MS）追踪 Li^+ 浓度和 $Li_2C_2O_4$ 产量以深入理解放电反应动力学，如图 6-16（b），将浓度与时间进行线性拟合以初步了解其放电过程中的反应动力学，经数据采集和拟合计算，$Li_2C_2O_4$ 在 Mo_3N_2 表面以线性关系（$y=0.01359x+0.00678$）均匀进行累计，其中 y 和 x 分别表示 Li^+ 浓度和放电时间，拟合值和实际值偏差不大，放电 5h 后 Li^+ 含量约为 $3.74\mu mol$，Li^+ 和 CO_2 的比率约为 1，再次有力地证实放电产物以 $Li_2C_2O_4$ 形式存在。

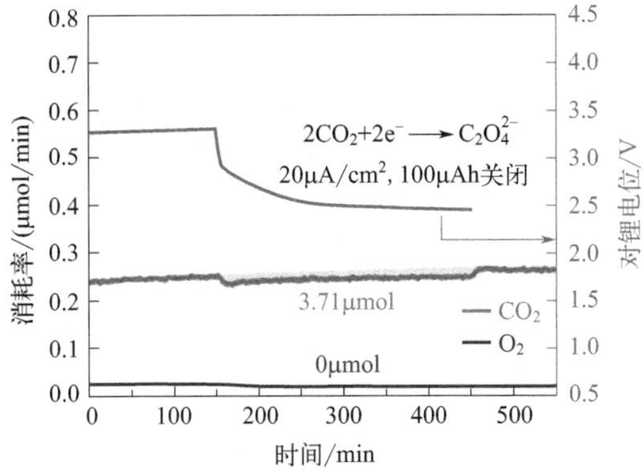

(a) DEMS分析放电过程CO_2和O_2消耗量

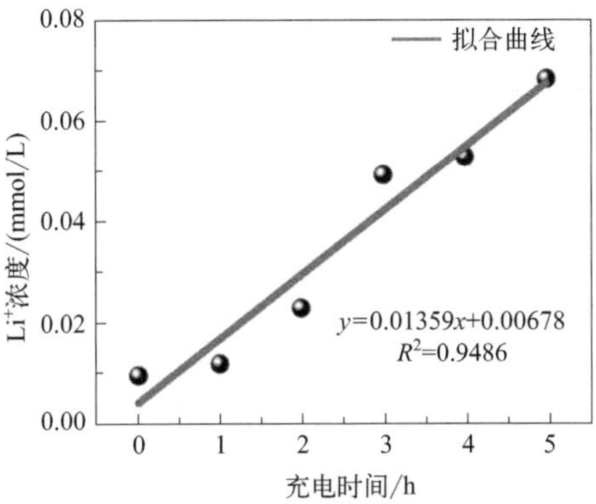

(b) Mo_3N_2正极在不同放电时间的Li^+浓度实际值及拟合曲线

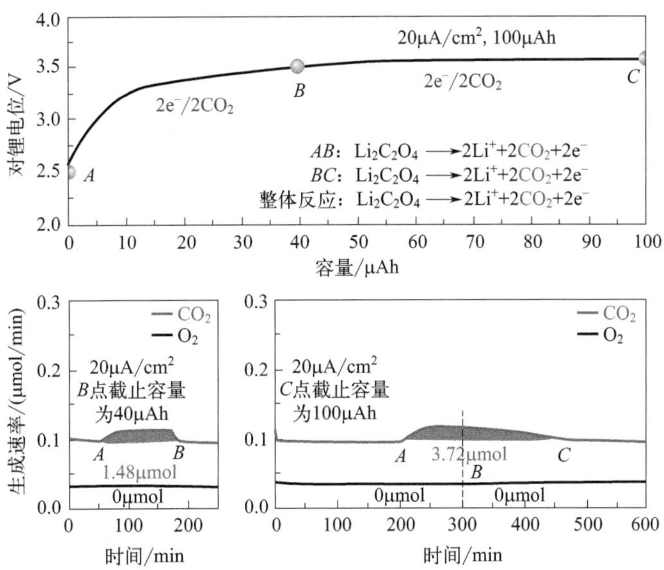

(c) DEMS分析20μA/cm²时40μAh和100μAh容量的CO_2和O_2释放量

图 6-16

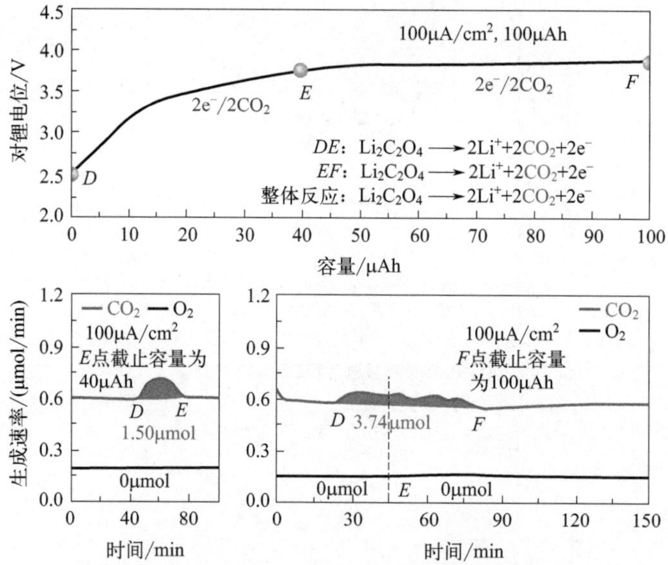

(d) DEMS分析100μA/cm²时40μAh和100μAh容量的CO₂和O₂释放量

图 6-16 DEMS 分析 Li-CO_2 电池放电过程 CO_2 和 O_2 消耗量

同理，分析电池在 20μA/cm² 下（截止容量：100μAh）充电过程的电化学特征，分别在电位拐点 *B* 处（40μAh）及平台 *C* 点（100μAh）监测气体变化以了解充电前期和后期的电化学反应。从图 6-16（c）观察到，*AB* 段和整个 *AC* 段均释放 CO_2 而没有明显的 O_2 生成-消耗，*AB* 和 *AC* 段 CO_2 的析出量分别为 1.48μmol 和 3.72μmol，相应的电子转移量为 1.45μmol 和 3.73μmol，其质荷比都接近 1，表明放电产物 $Li_2C_2O_4$ 在充电过程可直接分解为 Li^+ 和 CO_2。将电流密度提高至 100μA/cm²（截止容量：100μAh），研究大电流充电过程中气体变化情况，*DE* 和 *DF* 段只产生 CO_2，CO_2 析出量分别为 1.50μmol 和 3.74μmol，质荷比同样接近 1，即便在大电流下 $Li_2C_2O_4$ 依然被分解为 Li^+ 和 CO_2。

6.2.3 气体产物的同位素分析

在 M-CO_2 电池体系中，同位素示踪技术一般与 DEMS 联合使用，重点用于追踪电池充电过程释放 CO_2 的来源，分析电池放电-充电的可逆性。

在 Li-CO_2 电池体系，Li_2CO_3 和 C 的放电过程已经被广泛接受，然而，在充电过程中，Li_2CO_3 的分解路径仍不清晰，周豪慎团队使用原位气相色谱-质谱联用仪（in-situ GC-MS）和同位素示踪方法，标记^{13}C 导电添加剂，并选用 $LiCF_3SO_3$/TEGDME 为电解液，以此检测电池在 Li_2CO_3-^{12}C 和 Li_2CO_3-^{13}C 体系充电阶段所释放的气体成分，同时检测到 CO_2、碎片-15、碎片-45，并未检测到 O_2，如图 6-17（a），排除 Li_2CO_3 自分解路径 （$2Li_2CO_3 \longrightarrow 4Li^+ + 2CO_2 + O_2 + 4e^-$），其中碎片-45 并不是 $^{13}CO_2$，而是源于电解液的高压分解，此外还检测到碎片-88，证实 TEGDME 中的β-C 被 Li_2CO_3 分解产物 O_2^- 和溶解 O_2 攻击进行结构重

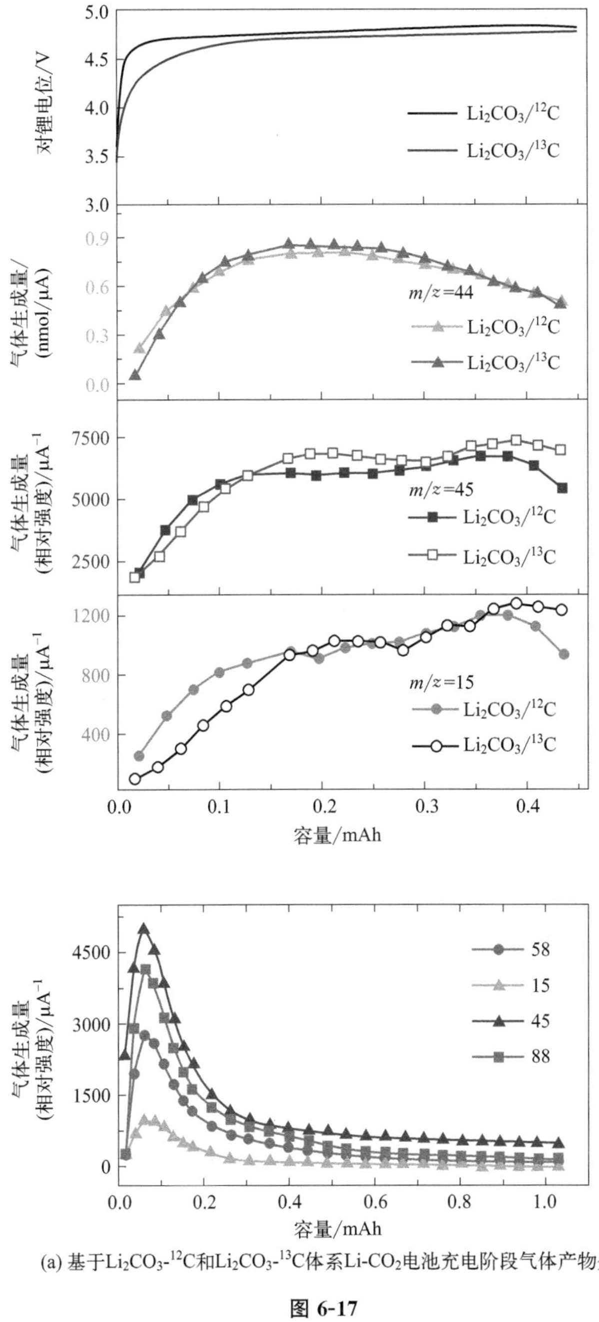

(a) 基于 Li_2CO_3-^{12}C 和 Li_2CO_3-^{13}C 体系 Li-CO_2 电池充电阶段气体产物分析

图 6-17

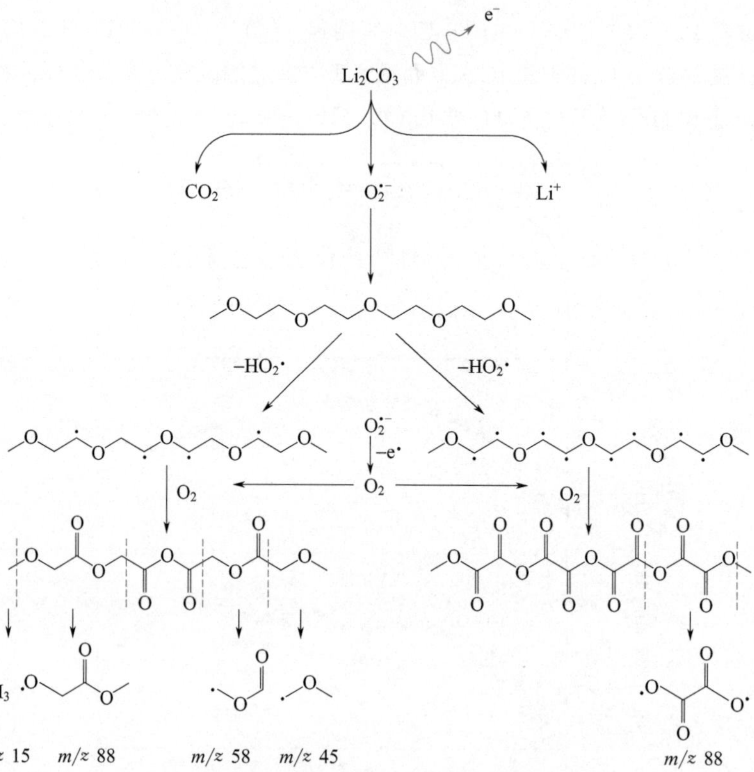

(b) 醚类电解液高压分解反应机理

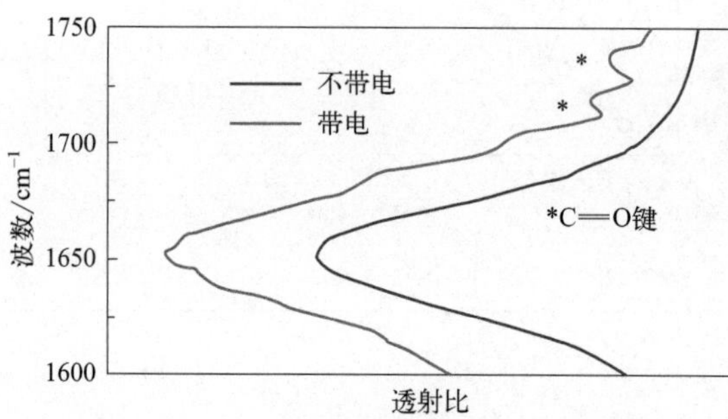

(c) 醚类电解液高压分解红外图谱

图 6-17　醚类电解液在电池反应过程的结构演变

排，并继续反应形成酯类有机物，如图 6-17（b）高压分解产生上述碎片，红外表征也在电池放电后监测到 C═O 伸缩［如图 6-17（c）］，证实酯类形成。提出分解路径：

$$2Li_2CO_3 \longrightarrow 4Li^+ + 2CO_2 + O_2^- + 3e^- \quad (6\text{-}8)$$

$$O_2^- \longrightarrow O_2 + e^- \quad (6\text{-}9)$$

$$O_2^- + O_2 + e^- \longrightarrow \text{未确定产物} \tag{6-10}$$

再次证实醚类电解液在低压（<4.5V）下稳定，充电电压高于 4.5V 时，Li_2CO_3 分解产生 O_2^- 和溶解 O_2 进而攻击醚类电解液。

Baek 团队对同位素标记的 $^{13}CO_2$-^{12}C 和 $^{12}CO_2$-^{13}C 电池体系进行探究，在传统 LiTFSI/TEGDME 电解液下，放电反应是生成 Li_2CO_3/C 的 $4e^-/3CO_2$ 反应，即 $2Li_2CO_3 + C \longrightarrow 4Li^+ + 3CO_2 + 4e^-$。然而，充电过程 CO_2 的析出并不完全可逆，基于 ^{13}C 同位素标记的正极，充电过程监测到 $^{12}CO_2$ 和 $^{13}CO_2$ 同时析出［图 6-18（a）］，表明充电过程随着 Li_2CO_3/C 的分解，无定形碳正极或 TEGDME 电解液也发生分解。而在五元熔融盐电解质下，Li-CO_2 电池充电过程也会发生无定形碳的分解，但分解轻微［见图 6-18（b）］，LSV 和 DEMS 分析证实电池在 $^{13}CO_2$ 环境中充电析出 $^{13}CO_2$ 主要源于放电产物 $Li_2{}^{13}CO_3$/C 的分解［如图 6-18（c）和（d）］，CO_2 析出可逆性优于传统电解液。

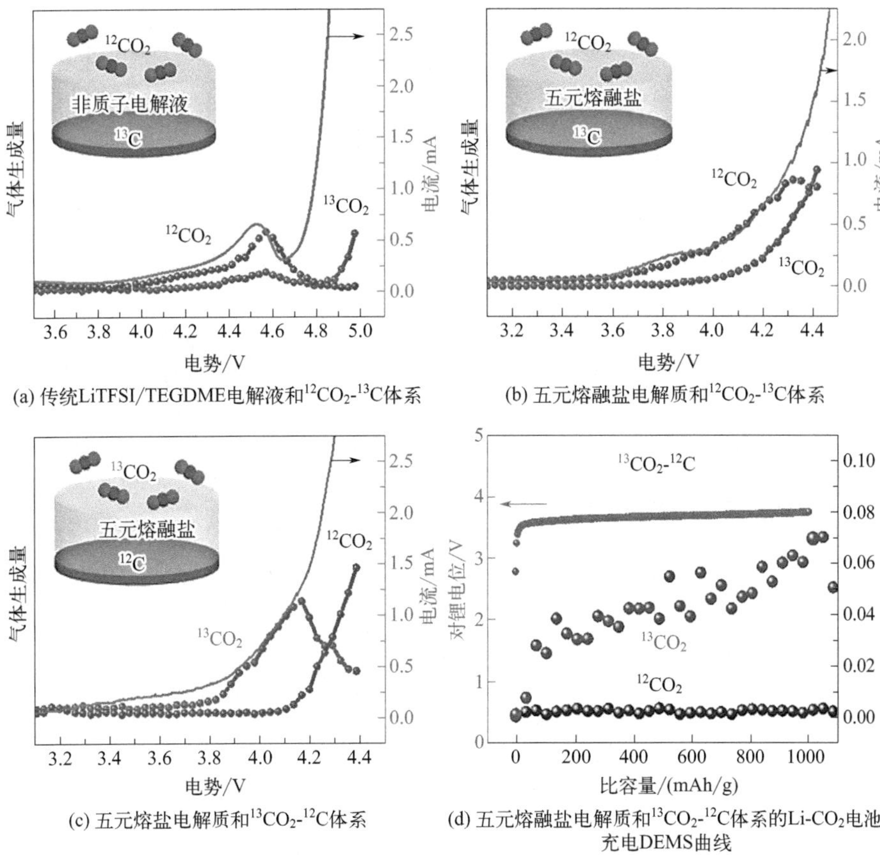

(a) 传统LiTFSI/TEGDME电解液和$^{12}CO_2$-^{13}C体系

(b) 五元熔融盐电解质和$^{12}CO_2$-^{13}C体系

(c) 五元熔盐电解质和$^{13}CO_2$-^{12}C体系

(d) 五元熔融盐电解质和$^{13}CO_2$-^{12}C体系的Li-CO_2电池充电DEMS曲线

图 6-18　Li-CO_2 电池线性伏安曲线（放电容量 1mAh，扫描速率为 0.1mV/s）下气体产物分析

为了排除因胺、电解质或碳电极分解而产生 Li_2CO_3 的可能性，使用同位素标记的 $^{13}CO_2$-^{12}C 体系对 Li-CO_2 电池进行放电分析。用磷酸选择性分解 Li_2CO_3，释放出 CO_2；检测显示，其中的 94% 来自 $Li_2{}^{13}CO_3$，只有 6% 来自 $Li_2{}^{12}CO_3$，说明电池发生微量副反应，绝大部分 $Li_2{}^{13}CO_3$ 归因于物理溶解的 $^{13}CO_2$ 与胺动态结合并还原。再用芬顿试剂选择性氧化电极中可能残留的羧酸锂盐（HCO_2Li、 CH_3CO_2Li），并未产生任何 $^{12}CO_2$ 或 $^{13}CO_2$，排除了羧酸锂盐的存在，证实氨基甲酸（—COOH）基团的存在，基团周围不含质子，胺再生与 CO_2 重新结合，在 $^{12}CO_2$-^{13}C 体系下放电并没有观察到 $^{13}CO_2$，表明 ^{13}C 电极并未分解，如图 6-19。

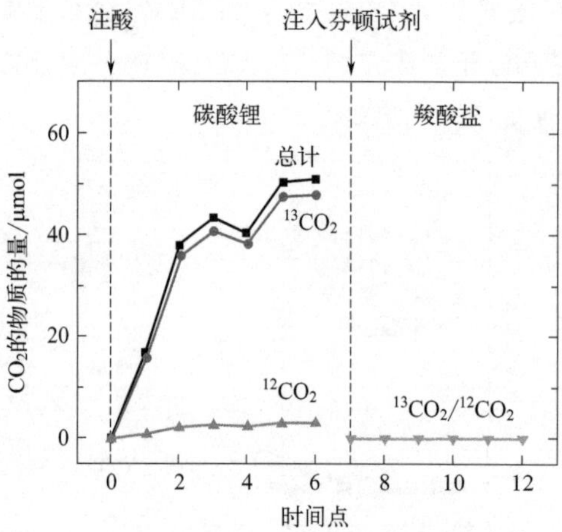

(a) Li-CO_2电池放电气体产物原位质谱分析

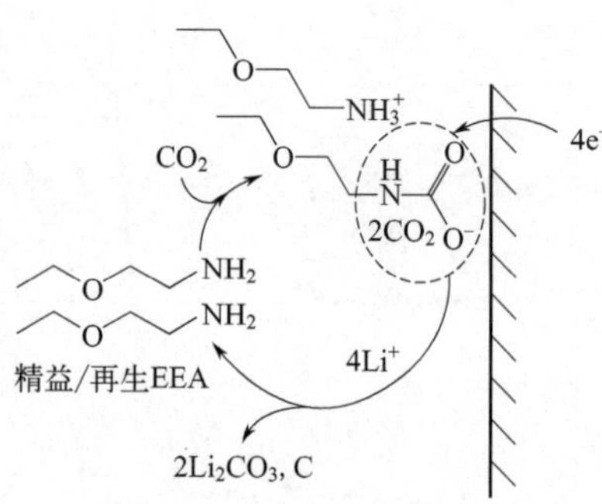

(b) N-C选择性裂解控制CO_2还原途径

图 6-19 Li-CO_2 电池放电气体产物原位质谱分析与 N-C 选择性裂解控制 CO_2 还原途径

6.3 反应机制分析

6.3.1 反应路径的推断与验证

湖南大学郭坤琨团队提出 CRR 的五种反应路径，如表 6-1，可将 CRR 分为两个阶段：第一阶段［(1)～(4)］是形成 $^*Li_2CO_3$ 和 $^*CO$（*代表催化表面）中间体，第二阶段［(5)～(8)］是形成 $^*Li_2CO_3$ 和 C。第二阶段反应步骤较复杂，尚不清楚。一些学者提出简化的反应步骤：$^*CO$ 与 CO_2 反应直接生成 $^*CO_3$ 和 $^*C$，然后 $^*CO_3$ 与 2 Li 反应生成第二个 Li_2CO_3。需要注意的是，路径Ⅴ发生在高催化活性的材料表面，连续优先吸附 2 个 $^*CO_2$，形成关键中间体

$C_2O_4^{2-}$，特定催化剂可以稳定 $Li_2C_2O_4$ 为最终放电产物，从而阻止其进一步歧化形成 Li_2CO_3。DFT 计算发现，β-Mo_2C（001）和（101）晶面利于 $Li_2C_2O_4$ 成核，表现出最低的 ΔG。$Li_2C_2O_4$ 在热力学上更具优势，其分解电位低且可逆性高，可稳定二电子反应机理，这对于二次 Li-CO_2 电池非常重要，避免了电解液分解等副反应。

表 6-1　几种可能的 Li-CO_2 电池放电反应路径

(1)	(2)	(3)	(4)	(5)	(6)	(7)	(8)
Ⅰ：$^{*}\xrightarrow{Li}{}^{*}Li\xrightarrow{CO_2}{}^{*}LiCO_2\xrightarrow{Li}{}^{*}Li_2CO_2\xrightarrow{CO_2}{}^{*}Li_2CO_3+{}^{*}CO\longrightarrow{}^{*}CO+Li_2CO_3\xrightarrow{CO_2}{}^{*}CO_3+{}^{*}C\xrightarrow{Li}{}^{*}Li_2CO_3+C\xrightarrow{Li}{}^{*}Li_2CO_3+{}^{*}C$							
Ⅱ：$^{*}\xrightarrow{Li}{}^{*}Li\xrightarrow{CO_2}{}^{*}LiCO_2\xrightarrow{CO_2}{}^{*}LiCO_3+{}^{*}CO\xrightarrow{Li}{}^{*}Li_2CO_3+{}^{*}CO\longrightarrow{}^{*}CO+Li_2CO_3\xrightarrow{CO_2}{}^{*}CO_3+{}^{*}C\xrightarrow{Li}{}^{*}LiCO_3+C\xrightarrow{Li}{}^{*}Li_2CO_3+{}^{*}C$							
Ⅲ：$^{*}\xrightarrow{CO_2}{}^{*}CO_2\xrightarrow{Li}{}^{*}LiCO_2\xrightarrow{CO_2}{}^{*}LiCO_3+{}^{*}CO\xrightarrow{Li}{}^{*}Li_2CO_3+{}^{*}CO\longrightarrow{}^{*}CO+Li_2CO_3\xrightarrow{CO_2}{}^{*}CO_3+{}^{*}C\xrightarrow{Li}{}^{*}LiCO_3+C\xrightarrow{Li}{}^{*}Li_2CO_3+{}^{*}C$							
Ⅳ：$^{*}\xrightarrow{CO_2}{}^{*}CO_2\xrightarrow{Li}{}^{*}LiCO_2\xrightarrow{Li}{}^{*}Li_2CO_2\xrightarrow{CO_2}{}^{*}Li_2CO_3+{}^{*}CO\longrightarrow{}^{*}CO+Li_2CO_3\xrightarrow{CO_2}{}^{*}CO_3+{}^{*}C\xrightarrow{Li}{}^{*}LiCO_3+C\xrightarrow{Li}{}^{*}Li_2CO_3+{}^{*}C$							
Ⅴ：$^{*}\xrightarrow{CO_2}{}^{*}CO_2\xrightarrow{CO_2}{}^{*}CO_3+{}^{*}CO\xrightarrow{Li}{}^{*}LiCO_3+{}^{*}CO\xrightarrow{Li}{}^{*}Li_2CO_3+{}^{*}CO\longrightarrow{}^{*}CO+Li_2CO_3\xrightarrow{CO_2}{}^{*}CO_3+{}^{*}C\xrightarrow{Li}{}^{*}LiCO_3+C\xrightarrow{Li}{}^{*}Li_2CO_3+{}^{*}C$							

6.3.2　反应位点催化机理研究

M-CO_2 电池针对 CO_2 活性物质反应动力学缓慢及其衍生的副反应和电池失效等诸多难题，迫切需要研发双功能催化剂加速放电和充电过程的转化反应动力学。本章以 Li-CO_2 电池催化剂应用为例，分析充、放电过程中催化反应的机理机制。催化剂基面和边缘部位往往具有一定的催化活性，构建高含量亲电和亲核位点，调控位点从 CO_2 分子成键 σ 轨道获取电子，或向 CO_2 分子反键 π^* 轨道填充电子，以及诱导 Li^+ 电极化，从而降低反应决速步骤的能垒，是实现高效催化的关键，对电池过电位降低、极化减缓、放电容量及循环寿命改善有积极作用。

目前，所涉及的碳基、金属基催化剂，金属碳基复合催化剂以及兴起的单原子催化剂都能够通过缺陷调控策略来进一步提升催化特性。对于碳基催化剂，通过制造原子空位、改变碳环构型（五元环、七元环等）引入内部缺陷，引入亲核性的 N 与亲电性的 B、S 等杂原子制造外部缺陷，打破原始 C 平衡，引起电子态密度非均匀分布，进而提高电导率，伴随引入的缺陷和暴露的活性位点，产生有利的酸、碱位点，从而触发并诱导 Li^+ 及 CO_2 分子中缺电子的碳原子之间的电极化。

氮掺杂石墨烯（NG）凭借优异的比表面积及丰富的 N—C 位点，成为合成金属单原子（$M-N_4-C$）的理想基面，周光敏和成会明院士采用密度泛函理论（DFT）从 Cr、Mn、Fe、Co、Ni、Cu 等非贵金属系列筛选出 Cr，合成单原子 Cr（SACr@NG），弱电负性的 SACr 更易与亲电的氧成键，具有优异的 CO_2 吸附、Li_2CO_3 分解能力，是高性能 $Li-CO_2$ 电池的潜在催化剂。通过计算吸附能评估 CO_2 在 SAM 和 NG 的吸附强度。 SAM@NG 对 CO_2 的吸附有不同程度的改善，其中 SACr@NG 的吸附能最低（−0.517eV），其次分别是 $Mn-N_4$、$Co-N_4$、$Fe-N_4$、$Cu-N_4$ 和 $Ni-N_4$，如图 6-20（a）和（b）。随着吸附能的增加，CO_2 吸附构型从垂直于 $Cr-N_4$ 变为平行于 $Ni-N_4$。图 6-20（c）中的态密度分析表明， Cr 的 d 带中心位于 0.372eV，远高于其他过渡金属。高 d 带中心 Cr 具有高反键态和强化学吸附键，因此表现出对 CO_2 的强吸附能力，在电池放电过程快速捕获 CO_2 并还原。在随后的充电过程中，Li_2CO_3 分解是 CO_2 氧化的关键步骤，分析 SAM@NG 和 NG 与 Li_2CO_3 的相互作用，发现， SACr@NG 吸附强度最高，为−2.179eV，而 NG 的吸附强度最弱，为−0.707eV。对于其他 SAM@NG 构型，如图 6-20（d），放电产物 Li_2CO_3 的吸附能随着 SAM 上过渡金属电负性的降低而增加，依次为 Mn、Fe、Co、Cu 和 Ni。在 NG 中只有 Li—N 离子键吸附 Li_2CO_3，而 SAM@NG 可通过 Li—N 和 M—O 离子键吸附，吸附能高于 NG。强吸附 Li_2CO_3 的 SACr@NG 分解放电产物的势垒最低，为 1.674eV，$Cr-N_4$ 能有效改善充电过程中的反应动力学。相反，弱吸附 Li_2CO_3 的 SACu@NG 的分解势垒高达 2.928eV，甚至高于 NG，如图 6-20（e）。

由于催化剂表面的电荷分布差异（亲核/亲电性），在电池放电阶段，首先体现在对活性物质的吸附，亲核性强的位点如 NG 会优先吸附 $^*Li$，进而启动表 6-1 的Ⅰ或Ⅱ还原路径；亲电性强的 $Cr-N_4$ 优先吸附 $^*CO_2$ 而触发Ⅲ、Ⅳ或Ⅴ还原路径，通过计算吉布斯自由能变化（ΔG），反应趋向低能垒路径，推断 NG 选择路径Ⅱ，$Cr-N_4$ 遵循路径Ⅲ，即便路径存在差异，但 CRR 决速步骤都在于 $^*CO_3$ 和 $^*C$ 的形成［步骤（6）］，$\Delta G_{SA\ Cr@NG}=2.79eV$ 远低于 $\Delta G_{NG=}$ 8.14eV［如图 6-20（f）］，有效改善放电过程的反应动力学。

二维过渡金属硫化物（TMDSs）占主要表面积的基面，其催化活性明显小于边缘位点，周光敏对 TMDSs（MoS_2、WS_2、ReS_2）的基面进行原子改性，以 ReS_2 为例，如图 6-21（a）和（b）（书后另见彩图）在基面制造亲核性的 N 掺杂和亲电性的 S 空穴双中心，$N_3S_V-ReS_2$ 与 $^*LiCO_2$ 和 $^*Li_2CO_2$ 中间产物呈现合适吸附作用，加快向 $^*Li_2CO_3$ 和 $^*CO$ 转化，显著加快 CRR 和 CER 的反应动力学。

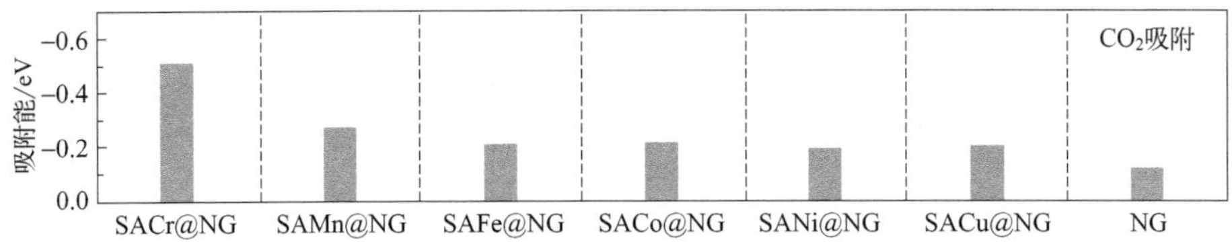

(a) CO_2在SAM@NG(M=Cr、Mn、Fe、Co、Cu、Ni)和NG表面的吸附能

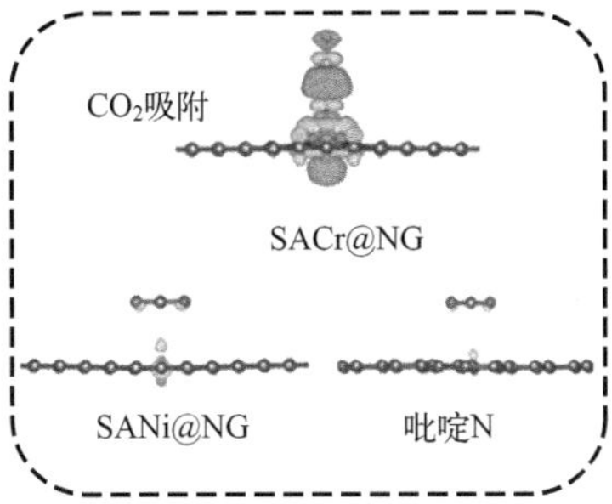

(b) CO_2在SACr@NG、SANi@NG和NG表面的电荷密度差分

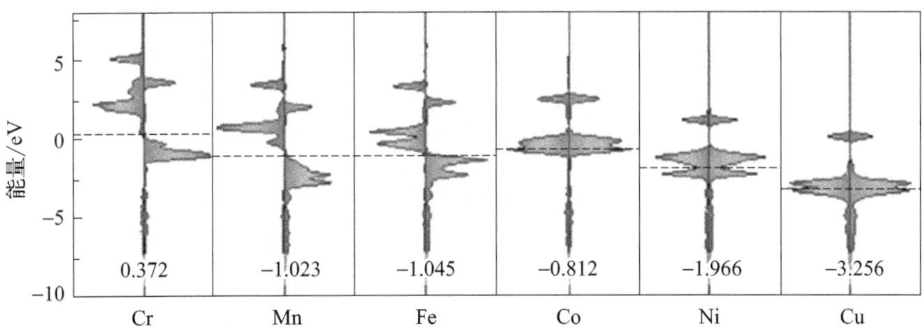

(c) Cr、Mn、Fe、Co、Ni和Cu的局域态密度(虚线表示d带中心)

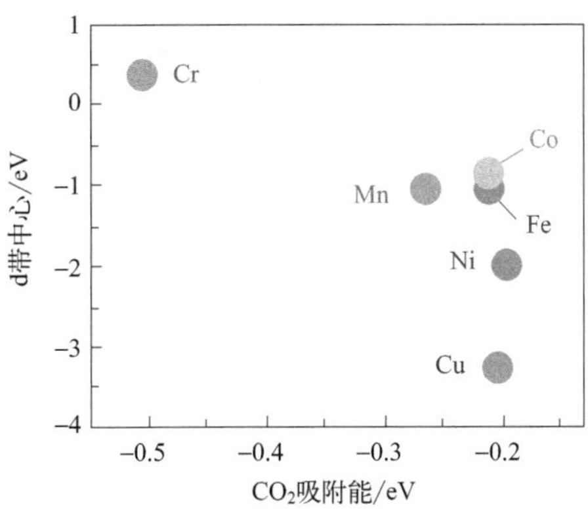

(d) d带中心-CO_2吸附能的关系

图 6-20

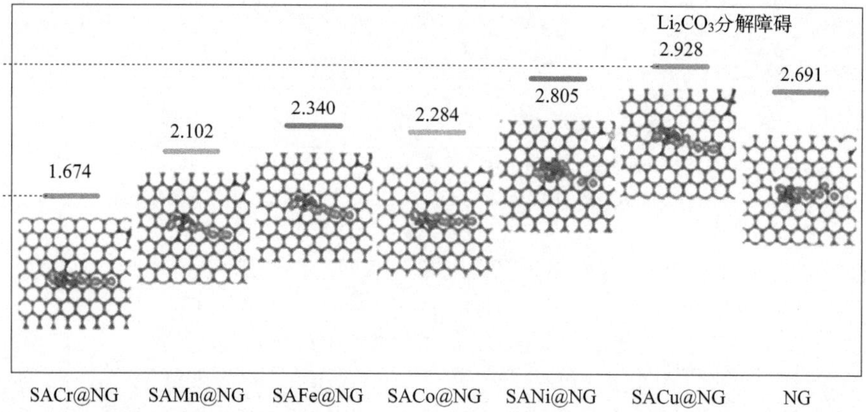

(e) Li_2CO_3在SAM@NG(M=Cr、Mn、Fe、Co、Cu、Ni)和NG的分解能垒

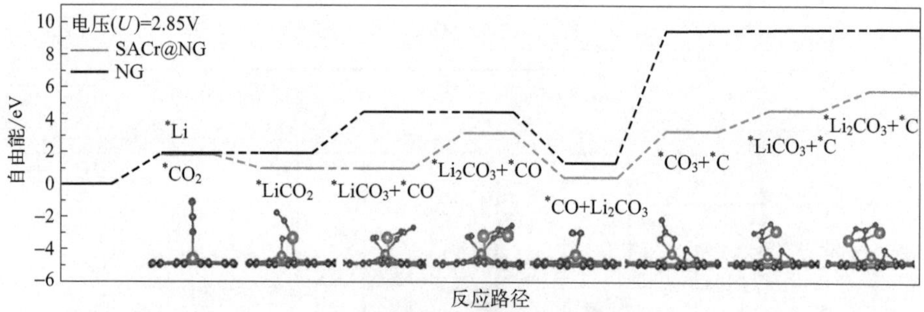

(f) SACr@NG和NG表面催化CRR路径

图 6-20 SAM@NG（M=Cr、Mn、Fe、Co、Cu、Ni）和 NG 催化 CRR 路径分析

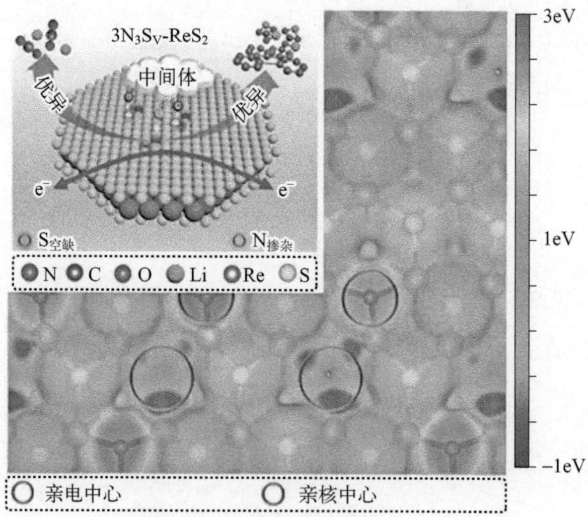

(a) N_3S_V-ReS_2亲核N掺杂和亲电S空穴双中心电荷分布图

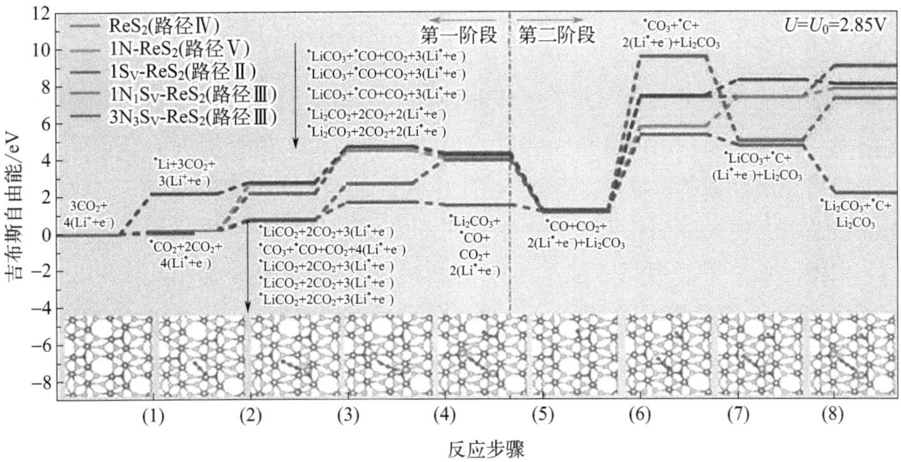

(b) N$_3$S$_V$-ReS$_2$催化CRR路径(U表示电压；U_0表示理论电压)

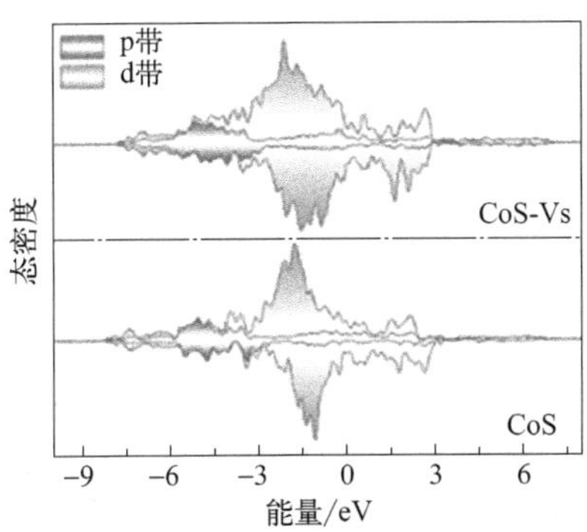

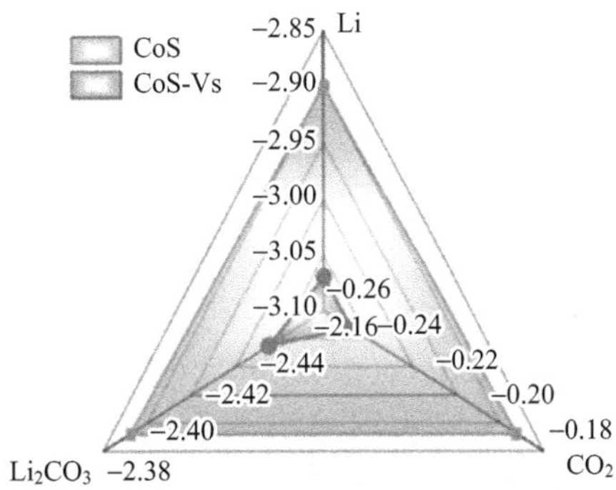

(c) CoS和CoS-Vs的d带p带中心和局域态密度 (d) CoS和CoS-Vs对Li、CO$_2$和Li$_2$CO$_3$吸附能

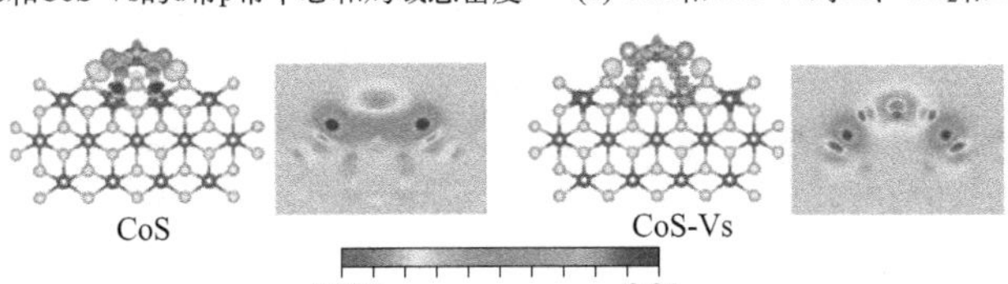

(e) CoS和CoS-Vs吸附Li$_2$CO$_3$的差分电荷密度

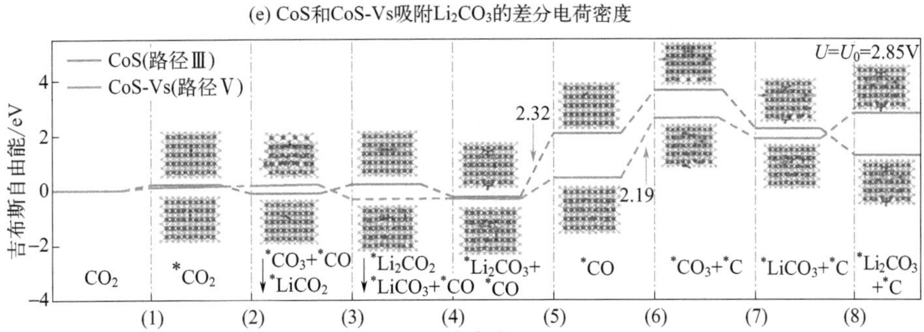

(f) CoS和CoS-Vs催化CO$_2$RR路径

图 6-21 N$_3$S$_V$-ReS$_2$ 及 CoS 和 CoS-Vs 催化 CRR 路径与关键特性分析

同样在 CoS 中引入亲电 S 空位调整其电子结构，亲电 S 空位显著促进 Li 和 CO_2 吸附以及 Li_2CO_3 分解，电位极化降低，仅为 0.62V，更改变了放电产物在催化剂表面的沉积方式。DFT 计算发现，引入硫空位后，CoS-Vs 在费米能级上的电子多于 CoS，这意味着电导率有所提高，与费米能级相关的自旋向上/向下的具有更高能级的 d 轨道，与催化剂-中间体的相互作用密切相关。自旋向下的 d 轨道占据更高能级，更多地参与催化反应。

如图 6-21（书后另见彩图）所示，CoS-Vs 的 p 带和 d 带中心（−2.0eV, −0.11eV）高于 CoS(−2.89eV，−0.46eV)，S-p 轨道和 Li-s 轨道杂化形成成键态 s-p 和反键态 s-p*，高 p 带中心使 s-p* 转移到能量更高的位置，反键态占据的能量更少，从而增强与 Li 的相互作用。此外，高 d 带中心改善与 CO_2 等非金属元素的杂化，增强 d-CO_2 的反键轨道，提高 CO_2 吸附能力，这是影响 CO_2 氧化还原动力学的关键因素。因此 Li 和 CO_2 在 CoS-Vs 上的吸附能远高于 CoS，这将增加催化剂表面的反应物浓度。对于 CRR，催化剂对 CO_2 和 Li 的强吸附利于 CO_2 和 Li 的捕获，加速反应启动。CoS-Vs 对 Li_2CO_3 具有更强的吸附能，能更快地捕捉到生成的 Li_2CO_3 而降低 CRR 电化学活性区放电产物的浓度，进一步促进反应平衡向前发展。从差分电荷密度图可以看出，CoS-Vs 表现出更快的电荷转移速率和与 Li_2CO_3 更强的相互作用。对于 CER，CoS 和 CoS-Vs 对 Li_2CO_3 的分解能垒分别为 1.06eV 和 0.91eV，表明 CoS-Vs 对 Li_2CO_3 表现出更好的分解能力。CoS-Vs 与 CoS 都优先吸附 $^*CO_2$，但和反应中间产物之间的化学键形式不同，导致反应机理和路径产生差异。CoS 最佳路径为Ⅳ，$^*CO$ 的形成（$\Delta G=2.32eV$）是反应决速步骤，在 CoS-Vs 与 $^*CO$ 反应过程中形成 Co—C 化学键，加速中间体和催化剂之间电子交换。而 CoS-Vs 倾向于遵循路径Ⅴ，$^*CO_3$ 和 $^*C$ 的形成（$\Delta G=2.19eV$）证实，硫空位的引入可诱导更高的 CRR 活性。

6.4 金属-二氧化碳电池失效分析

金属-二氧化碳电池反应原理主要基于可逆的二氧化碳电化学还原与氧化，为了保障二氧化碳的充分供给，电池在特殊的半开放环境中运行，无疑对电池的稳定性提出了新的挑战。

金属-二氧化碳电池失效原因主要集中于正极活性位点失去活性、电解液有效成分分解、金属负极腐蚀及钝化方面，在本书第 3 章、第 4 章、第 5 章中都有提及，现概括如下：

① 电池运行时在正极表面发生沉积-分解反应，产物电化学惰性高，易堆积而阻断电子传导，反应物与催化位点反应，致使催化剂失活，这是目前金属-二

氧化碳电池面临的主要挑战之一。

② 在金属-二氧化碳电池充电过程中，放电产物分解时释放出的金属阳离子需要重新返回负极。液态电解质中，金属阳离子在负极表面不均匀剥离-沉积会触发负极表面的钝化、腐蚀等问题以及形成固体电解质界面（SEI）。此外，锂（Li）、钠（Na）和钾（K）等金属表面较活泼，易生成枝晶，不仅增加电池极化程度，还严重影响电池寿命，甚至危及电池安全性能。CO_2 溶解在电解液中并渗透到负极表面，引起负极粉化，进而造成大多数 M-CO_2 电池出现突然“坏死”现象。

③ 金属-二氧化碳电池的液体电解质面临泄漏、挥发、易燃、充放电过程与正极反应而被消耗、对电池反应的副产物如超氧自由基等的稳定性差、在高充电电压下会发生分解等问题。

参考文献

［1］ Xu J J，Wang Z L，Xu D，et al. Tailoring deposition and morphology of discharge products towards high-rate and long-life lithium-oxygen batteries［J］. Nature Communications，2013，4（1）：2438.

［2］ Zhou J W，Wang T S，Chen L，et al. Boosting the reaction kinetics in aprotic lithium-carbon dioxide batteries with unconventional phase metal nanomaterials［J］. Proceedings of the National Academy of Sciences of the United States of America，2022，119（40）：e2204666119.

［3］ Park M，Liang C P，Lee T H，et al. Regulating the catalytic dynamics through a crystal structure modulation of bimetallic catalyst［J］. Advanced Energy Materials，2020，10（8）：1903225.

［4］ Qiao Y，Wu S C，Yi J，et al. From O_2^- to HO_2^-：Reducing by-products and overpotential in Li-O_2 batteries by water addition［J］. Angewandte Chemie International Edition，2017，129（18）：5042-5046.

［5］ Gao X W，Chen Y H，Johnson L，et al. Promoting solution phase discharge in Li-O_2 batteries containing weakly solvating electrolyte solutions［J］. Nature Materials，2016，15（8）：882-888.

［6］ Johnson L，Li C M，Liu Z，et al. The role of LiO_2 solubility in O_2 reduction in aprotic solvents and its consequences for Li-O_2 batteries［J］. Nature Chemistry，2014，6（12）：1091-1099.

［7］ Wang J H，Zhang Y，Liu M，et al. Single-metal site-embedded conjugated macrocyclic hybrid catalysts enable boosted CO_2 reduction and evolution kinetics in Li-CO_2 batteries［J］. Cell Reports Physical Science，2021，2（10）：100583.

［8］ Yan K，Wang J Y，Zhao S Q，et al. Temperature-dependent nucleation and growth of dendrite-free lithium metal anodes［J］. Angewandte Chemie，2019，131（33）：11486-11490.

［9］ Liu Y L，Wang R，Lyu Y C，et al. Rechargeable Li/CO_2-O_2（2∶1）battery and Li/CO_2 battery［J］. Energy & Environmental Science，2014，7（2）：677-681.

[10] Zhang Z，Zhang Q，Chen Y N，et al. The first introduction of graphene to rechargeable Li-CO_2 batteries [J]. Angewandte Chemie International Edition，2015，54 (22)：6550-6553.

[11] Zhang Z，Wang X G，Zhang X，et al. Verifying the rechargeability of Li-CO_2 batteries on working cathodes of Ni nanoparticles highly dispersed on N-doped graphene [J]. Advanced Science，2018，5 (2)：1700567.

[12] Hou Y Y，Wang J Z，Liu L L，et al. Mo_2C/CNT：An efficient catalyst for rechargeable Li-CO_2 batteries [J]. Advanced Functional Materials，2017，27 (27)：1700564.

[13] Qi G C，Zhang J X，Chen L，et al. Binder-free MoN nanofibers catalysts for flexible 2-electron oxalate-based Li-CO_2 batteries with high energy efficiency [J]. Advanced Functional Materials，2022，32 (22)：2112501.

[14] Jia P，Yu M Q，Zhang X D，et al. In-situ imaging the electrochemical reactions of Li-CO_2 nanobatteries at high temperatures in an aberration corrected environmental transmission electron microscope [J]. Nano Research，2022，15 (1)：542-550.

[15] Yang T T，Li H，Chen J Z，et al. In situ imaging electrocatalytic CO_2 reduction and evolution reactions in all-solid-state Li-CO_2 nanobatteries [J]. Nanoscale，2020，12 (47)：23967-23974.

[16] Li Y T，Chen X，Dolocan A，et al. Garnet electrolyte with an ultralow interfacial resistance for Li-metal batteries [J]. Journal of the American Chemical Society，2018，140 (20)：6448-6455.

[17] Hu X F，Sun J C，Li Z F，et al. Rechargeable room-temperature Na-CO_2 batteries [J]. Angewandte Chemie International Edition，2016，55 (22)：6482-6486.

[18] Liu Q N，Tang Y F，Sun H M，et al. In situ electrochemical study of Na-O_2/CO_2 batteries in an environmental transmission electron microscope [J]. ACS Nano，2020，14 (10)：13232-13245.

[19] Zhu Y M，Feng S H，Zhang P，et al. Probing the electrochemical evolutions of Na-CO_2 nanobatteries on Pt@ NCNT cathodes using in-situ environmental TEM [J]. Energy Storage Materials，2020，33：88-94.

[20] Qiao Y，Yi J，Wu S C，et al. Li-CO_2 electrochemistry：A new strategy for CO_2 fixation and energy storage [J]. Joule，2017，1 (2)：359-370.

[21] Zhao Z W，Pang L，Su Y W，et al. Deciphering CO_2 reduction reaction mechanism in aprotic Li-CO_2 batteries using in situ vibrational spectroscopy coupled with theoretical calculations [J]. ACS Energy Letters，2022，7 (2)：624-631.

[22] Wang Y，Wang W W，Xie J，et al. Electrochemical reduction of CO_2 in ionic liquid：Mechanistic study of Li-CO_2 batteries via in situ ambient pressure X-ray photoelectron spectroscopy [J]. Nano Energy，2021，83：105830.

[23] Xu S M，Ren Z C，Liu X，et al. Carbonate decomposition：Low-overpotential Li-CO_2 battery based on interlayer-confined monodisperse catalyst [J]. Energy Storage Materials，2018，15：291-298.

[24] Zhang J X，Qi G C，Cheng J L，et al. Boosted reaction kinetics of Li-CO_2 batteries by atomic layer-deposited Mo_2N on hydrogen substituted graphdiyne [J]. ACS Sustainable Chemistry &

Engineering，2023，11（45）：16185-16193.

[25] Yang S X，He P，Zhou H S. Exploring the electrochemical reaction mechanism of carbonate oxidation in Li-air/CO_2 battery through tracing missing oxygen [J]. Energy & Environmental Science，2016，9（5）：1650-1654.

[26] Baek K，Jeon W C，Woo S，et al. Synergistic effect of quinary molten salts and ruthenium catalyst for high-power-density lithium-carbon dioxide cell [J]. Nature Communications，2020，11（1）：456.

[27] Khurram A，He M F，Gallant B M. Tailoring the discharge reaction in Li-CO_2 batteries through incorporation of CO_2 capture chemistry [J]. Joule，2018，2（12）：2649-2666.

[28] Yang C，Guo K K，Yuan D W，et al. Unraveling reaction mechanisms of Mo_2C as cathode catalyst in a Li-CO_2 battery [J]. Journal of the American Chemical Society，2020，142（15）：6983-6990.

[29] Liu Y Q，Zhao S Y，Wang D S，et al. Toward an understanding of the reversible Li-CO_2 batteries over metal-N_4-functionalized graphene electrocatalysts [J]. ACS Nano，2022，16（1）：1523-1532.

[30] Chen B，Wang D S，Tan J Y，et al. Designing electrophilic and nucleophilic dual centers in the ReS_2 plane toward efficient bifunctional catalysts for Li-CO_2 batteries [J]. Journal of the American Chemical Society，2022，144（7）：3106-3116.

[31] Lu B Y，Wu X R，Zhang M T，et al. Steering the orbital hybridization to boost the redox kinetics for efficient Li-CO_2 batteries [J]. Journal of the American Chemical Society，2024，146（30）：20814-20822.

[32] Li J X，Wang L，Zhao Y，et al. Li-CO_2 batteries efficiently working at ultra-low temperatures [J]. Advanced Functional Materials，2020，30（27）：2001619.

[33] Chourasia A K，Pathak A D，Bongu C，et al. In situ/operando characterization techniques：The guiding tool for the development of Li-CO_2 battery [J]. Small Methods，2022，6（12）：2200930.

[34] Zou J S，Liang G M，Zhang F L，et al. Revisiting the role of discharge products in Li-CO_2 batteries [J]. Advanced Materials，2023，35（49）：2210671.

[35] Xu S M，Ren Z C，Liu X，et al. Carbonate decomposition：Low-overpotential Li-CO_2 battery based on interlayer-confined monodisperse catalyst [J]. Energy Storage Materials，2018，15：291-298.

[36] Ezeigwe E R，Dong L，Manjunatha R，et al. A review of lithium-O_2/CO_2 and lithium-CO_2 batteries：Advanced electrodes/materials/electrolytes and functional mechanisms [J]. Nano Energy，2022，95：106964.

[37] Chen B，Wang D S，Tan J Y，et al. Designing electrophilic and nucleophilic dual centers in the ReS_2 plane toward efficient bifunctional catalysts for Li-CO_2 batteries [J]. Journal of the American Chemical Society，2022，144（7）：3106-3116.

第 7 章 金属-二氧化碳电池技术发展展望

7.1 金属-二氧化碳电池系统的设计

基于可逆氧化还原反应的非质子型碱金属-二氧化碳电池是真正意义上的二次电池，具有巨大的发展潜力。当前，碱金属-二氧化碳电池的研究重心主要集中在电池材料和反应过程上，鲜少涉及二次标准电池的全电池装置和电池系统。因此，金属-二氧化碳电池系统的最终设计存在诸多不确定性，市场应用仍处于空白。在此，本章将结合前期研究成果，对这一问题进行分析探讨。

首先，金属-二氧化碳电池系统核心反应是高纯 CO_2 气体的可逆电化学氧化/还原，需要规避空气中 H_2O、O_2、N_2 等组分的干扰，减少副反应（如第 2 章讨论的影响因素），重点优化 CO_2 处理组件。在供应 CO_2 的同时除去 O_2、H_2O 等干扰组分的途径有两种：一种是将 CO_2 储存在密闭容器内；另一种是在开放环境下采用分离装置除去气体中的 O_2（非水体系还需要除去 H_2O），工业高温烟道排放出的 CO_2 也是 CO_2 主要来源之一，若能分离用于金属-二氧化碳电池体系，有助于实现减污降碳增效多重目标。这两种途径都需要将易挥发成分（如电解液等）封闭在电池内。将有机电解液储存在封闭容器，要求体系中易挥发性物质不与高压 CO_2 反应，采用蒸气压较低的离子液体可有效缓解溶剂挥发的问题；然而在开放体系中，定期或不间断地补给溶剂十分必要。两种途径均需使用压缩机对纯 CO_2 和分离捕集到的 CO_2 及时压缩，方便存储、运输和使用。

其次，M-CO_2 电池需要流场以保证 CO_2 在电池表面的分布。因此，设计通常采用类似质子交换膜燃料电池（PEMFC）而非传统锂离子电池的结构，即以双极方式将极片进行堆叠。流场一般采用碳或包覆不锈钢的碳制备。同时还需要考虑稳定碱金属的基体材料、隔离 CO_2 的隔膜，避免基体与溶解的 CO_2、负极金属相互反应。M-CO_2 电池和 PEMFC 电堆最主要的区别在于输出一定功率所需要的面积。M-CO_2 电池针对极小的功率密度进行流场设计，负极以固态形式储存在电池内部，电极上的电流分布和体积变化是 M-CO_2 电池面临的关键问题。

最后，热管理系统、控制系统、电子系统和包装等常规系统部件也是储能系统的重要组成部分。这些部件会对系统的效率及输出功率造成影响。电池管理系统（BMS）作为 M-CO_2 电池运行的重要部件，能够实时监测和控制电池的充放电过程，对电池组、电池单体和电池系统进行智能管理，有效降低电池的热失控风险，提高电池使用寿命和安全性。

综上，金属-二氧化碳电池研究的全电池装置和电池系统以及性能探讨对于电池的产业化应用具有重要意义，也为我国新能源产业和低碳经济提供技术支持。未来研究应关注以下几个方面:

① 优化电池材料和反应过程，提高电池的正负极比容量、循环寿命和能量密度等性能指标。

② 研究全电池装置中各部分之间的相互作用，优化电池结构，提高电池系统的整体性能。

③ 加强对电池管理系统的研究，实现电池的智能化、高效和安全运行。

④ 开展金属-二氧化碳电池的产业化应用研究，推动电池在能源、交通等领域的广泛应用。

7.2 金属-二氧化碳电池中 CO_2 捕集与存储

7.2.1 金属-二氧化碳电池中 CO_2 捕集

温室效应对世界气候的影响日益显著，我国能源结构以化石能源为主，烟道气中的 CO_2 排放量巨大，统计数据显示，大气中一半以上的 CO_2 来自电力和工业部门，CO_2 已成为公众关注的焦点之一。通过碳捕集技术将生产生活产生的混合气体中的 CO_2 分离并收集以减少其在大气中含量，便于资源化利用。

根据分离原理，目前应用于 CO_2 捕集的分离技术主要包括吸收法、吸附法、膜分离法和电化学法等。

(1)吸收法

吸收法采用物理或化学吸收剂从混合气体中吸收 CO_2，再通过提升温度或减小压力等方式将 CO_2 释放出来，从而得到较高浓度的 CO_2。按照 CO_2 与吸收剂之间的相互作用方式，又分为物理吸收和化学吸收。前者主要利用各气体组分在溶剂中的溶解度差异，而后者则涉及 CO_2 与吸收剂之间的化学反应。常用的化学吸收剂有有机胺、热钾、液氨等。化学吸收法操作简便，工作条件温和。

利用碱性氢氧化物溶液的吸收法是从空气中直接提取 CO_2 的方法。碱性氢氧化物溶液直接空气捕集 CO_2 技术包括两个循环反应，一是大气中的 CO_2 与碱性氢氧化物溶液反应生成可溶于水的碳酸盐，二是通过苛化反应实现碱性氢氧化物的再生，并将酯化反应生成的碳酸盐固体加热至 900℃以上释放出 CO_2。

胺溶液吸收法在 CO_2 燃烧后捕集中应用比较广泛。烟道气体中 CO_2 在环境温度下被胺溶液吸收，然后 120℃汽提使胺溶液再生。研究发现烷醇胺溶液等对 CO_2 有很高的亲和力，是一种可从空气中直接捕获 CO_2 的溶液。此外，常用的胺溶液有单乙醇胺、二乙醇胺、甲基二乙醇胺和二异丙醇胺。

(2)吸附法

吸附法利用多孔介质选择性吸附 CO_2，再通过各种手段让吸附剂解吸从而捕集 CO_2，并实现吸附剂再生。吸附 CO_2 的过程中没有污染物产生，且 CO_2 回收率高。与吸收法相似，吸附分离根据 CO_2 与吸附物的相互作用也可分为化学吸附和物理吸附，物理吸附是指 CO_2 气体吸附在吸附剂表面的孔道结构内，气体与吸附剂材料之间的主要作用力是分子间力（如范德瓦耳斯力、偶极-偶极、非极性、静电或疏水性缔合），化学吸附是指 CO_2 气体与吸附剂表面的化学官能团之间发生化学反应形成新的化学键而吸附在吸附剂表面，通常使用的固体吸附剂有沸石、金属有机框架（MOF）和多孔碳材料等。

吸附分离机制主要包括分子筛分、热力学平衡、动力学效应、开孔效应，如图 7-1。

① 分子筛分：分子筛分是基于孔的尺寸/形状筛分分离混合气体来实现选择性吸附。气体混合物中特定组分气体进入孔隙并被吸附，而其他组分气体将被阻止进入吸附剂的孔隙。

② 热力学平衡：热力学平衡是基于吸附剂表面与吸附质分子之间的相互作用来实现选择性吸附。某些特定的组分由于强吸附作用力进而表现出对该组分优先吸附的行为。吸附剂表面与吸附质分子之间的相互作用强度取决于吸附剂的表面特性和吸附质分子的性质，例如极化率、四极矩、酸碱性等。烟气中 CO_2 具

有较高的极化率和四极矩，并且 CO_2 作为酸性气体可以充当路易斯酸，因此理想的吸附剂应具备高极化表面以及较多的路易斯碱性位点。

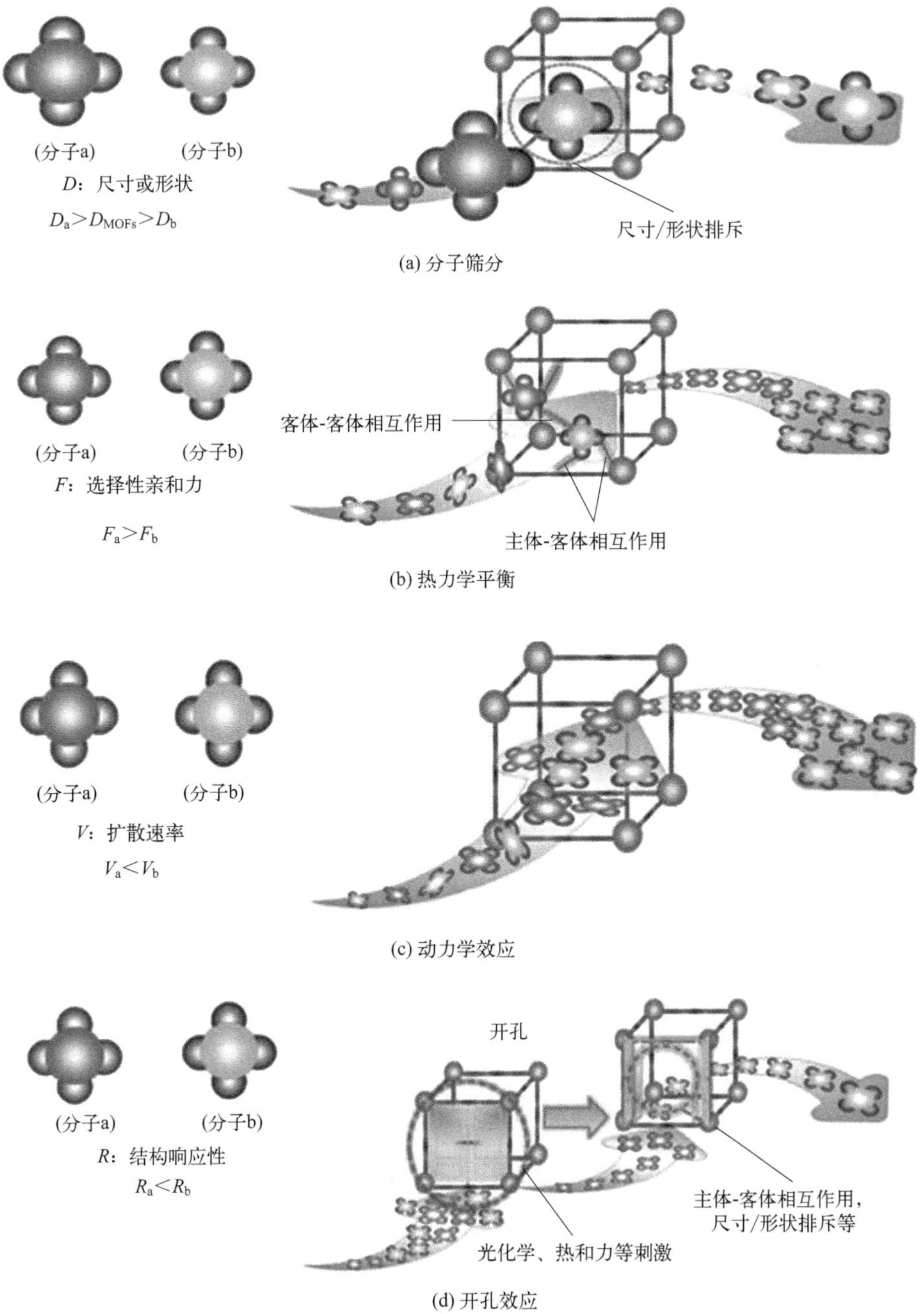

图 7-1　吸附分离机制

③ 动力学效应：动力学效应是基于不同气体组分扩散速率的差异实现选择性分离。当热力学平衡分离不具有分离效果时，动力学分离效果将成为影响分离的另一种机制。具有更高流动性的气体分子将会更快地扩散进入孔道结构，在其他组分达到吸附平衡之前完成分离过程，从而实现较高的分离选择性。

④ 开孔效应：开孔效应是基于 MOF 的柔性结构，使其骨架结构在响应外部刺激后发生从闭孔相转变为开孔相的结构转变，利用特定开孔压力的差异实现客体分子的吸附分离。

沸石分子筛是由 TO_4 四面体（T＝Si、Al 或 P 等）有序排列形成的结晶性无机多孔材料，具备长循环寿命、高结构和热稳定性等优势，在工业上已广泛应用。传统的 5A、13X 沸石分子筛的硅铝比低，骨架中路易斯酸性位点较多，在低压环境中有较高的 CO_2 吸附能力，是用于 CO_2 捕集的潜在材料。通过对沸石分子筛进行表面改性、离子交换或者原子掺杂的方法改变其孔环境，可改善其对 CO_2 的吸附性能。

金属有机框架材料通过设计金属离子与有机配体的组装方式形成不同的拓扑结构，具有比表面积高、孔隙结构发达、结构组成多变等特点，成为近年来空气中捕获 CO_2 领域的研究热点。

胺作为吸附 CO_2 的活性组分，被负载于固体多孔材料得到固态胺吸附剂。胺与 CO_2 在干燥环境反应生成氨基甲酸铵，或在有水环境反应生成碳酸铵或碳酸氢铵。即使在 CO_2 分压较低时（如空气中），负载的胺也可与 CO_2 反应实现高效捕集，且易再生。

(3) 膜分离法

膜分离是一种相对较新的分离技术，利用气体组分通过膜的速率差异，不同组分先后跨过膜实现 CO_2 分离目的。该技术具备环境友好、占地面积小、操作便捷等优势。气体通过聚合物膜的渗透过程是基于溶解-扩散模型，所以膜材料、工艺条件和混合气体组分都会影响气体分离过程。国内外针对 CO_2 选择性聚合物透过膜材料的研究也取得了长足的进步，使膜分离法成为一种具有发展潜力的 CO_2 捕集技术。与多阶段分离等尖端技术协同使用时，能够有效地从空气中直接捕获 CO_2 实现大量 CO_2 分离。

膜中气体的传递机理主要包括努森扩散、表面扩散、毛细管冷凝和分子筛分。

① 努森扩散：当无机膜的孔径远小于气体分子的平均自由程时，发生努森扩散，气体与膜孔壁的碰撞频率高于气体分子间的碰撞频率，因此单个气

体分子独立运动、互不影响。各组分扩散速率不同，可实现气体混合物的分离。

② 表面扩散：当渗透分子吸附在孔壁时，将阻碍非选择性吸附的分子的扩散，其分离选择性是由吸附选择性主导的；具有较大极性和极化率的分子被优先吸附在膜表面，通过流动产生浓度梯度，实现气体分离。膜表面气体的浓度取决于表面的温度、压力等条件。

③ 毛细管冷凝：气体蒸气混合物渗透通过无机膜的孔道，在低于给定温度和饱和压力下蒸气混合物在孔道中冷凝，当孔隙被冷凝气体堵塞时，会阻止其他成分的气体输送，实现分离。此过程中推动力主要是毛细管压力，如果气体发生黏性流动，则很难达到分离目的。

④ 分子筛分：当无机膜孔径介于两种或几种气体的分子动力学直径之间时，会发生分子筛分现象。无机膜的孔径仅允许较小的分子渗透通过，而较大的分子只能截留在膜上游侧，对气体中分子尺寸较小组分表现出高选择性和渗透性。沸石、MOF 和分子筛碳膜中气体的传递机理是典型的分子筛分机理。

用于分离技术的膜具备以下特点：

① 疏水特性，防止膜浸渍并提升传质稳定性；

② 较高的孔隙率，以尽量减少膜阻力；

③ 较高的化学稳定性。

(4) 电化学法

电化学气体分离技术比传统的基于吸附剂的系统更有效，其直接作用于目标分子而不是其他组分及环境流体，避免了加压进料气体或加热溶剂的能量损耗。此外还具备多功能性，易与电气化工业相匹配，适合各种规模运行。电化学法可以是直接或间接的，这取决于吸附剂或第二种物质是否具有氧化还原活性。可逆的氧化还原活性捕集剂和 pH 值波动是电化学体系的基础。在间接反应中，CO_2 与氧化还原物质存在竞争吸附。

CO_2 电化学分离膜是一种通过电化学反应对 CO_2 气体进行选择性分离的装置。其分离机理是通过表面电化学反应生成可在膜内传导的离子，因此这种膜具有很高的选择性。同时，这种分离膜一般为陶瓷或金属复合熔融碳酸盐膜，所以可以在 500℃以上的高温环境中持续工作，对高温烟气脱除 CO_2 和水气变换后的高温气体直接脱除 CO_2 等意义重大。目前这种 CO_2 分离膜对 CO_2 选择性和效率最高，直接在线分离高温气体时能耗低，因此成为备受关注的研究热点。

CO_2 电化学分离膜除了具有膜的一般优点（如成本低、效率高、选择性高等）外，还具备以下优点：

① CO_2 电化学分离膜为全无机双相结构，化学稳定性强，可在500℃以上的高温持续运行，最高可达900℃，克服了传统高分子聚合物膜只能在常温或低温下运行的缺点。

② 电化学分离膜是致密膜，其工作原理是依靠电化学反应将 CO_2 转变成在膜内导通的离子，进而实现离子传导。该膜对 CO_2 的选择性很高，可用于高效分离低氧分压气体中的 CO_2，得到近乎纯净的 CO_2。

③ CO_2 在电化学分离膜中的渗透速率和选择性不受“罗宾逊”效应限制。

④ 适用性广。分离膜可用于 CO_2 燃烧后捕集（从烟气中分离、从甲烷中分离），燃烧前捕集（从富氢气体中分离）。

7.2.2 金属-二氧化碳电池中 CO_2 存储

在金属-二氧化碳电池工业化应用过程中，CO_2 的存储是关键环节之一。与锂-空气电池类似，金属-二氧化碳电池需要从车载储气罐中获取纯净的 CO_2。以电动汽车为例，续航里程为500km时，锂-二氧化碳电池的 CO_2 消耗量与锂-空气电池的 O_2 消耗量相近。然而，CO_2 在储存和供应方面具有显著优势。CO_2 在30℃下的密度高达0.802kg/L，远高于 O_2 的0.160kg/L，且其可压缩性远高于 O_2，仅需相对较低的压力即可安全储存。此外，从储罐中提取的 CO_2 可作为超临界流体供应，既作为活性物质，又作为溶剂。通过添加极性改良剂和辅助电解质，可提高盐的溶解度和离子导电性，实现快速离子传输和高充放电速率。基于二氧化碳/草酸盐在离子液体电解质和特殊催化剂作用下的可逆电化学转换，金属-二氧化碳电池在安全性、环保性、高能量和功率密度以及高效车载存储等方面展现出潜在的工业应用优势。

7.3 金属-二氧化碳电池技术发展展望

金属-二氧化碳电池是一种具有广泛应用前景的能源存储与转换技术，具备变革能源产业的潜力。本书讨论了不同条件下 $M\text{-}CO_2$ 电池的储能机理，总结了经过数十年的研究和改进，电池在配置、电催化剂设计、电解液优化方面的显著进展，并进行了全面评述。此类电池基于 CO_2 还原/氧化反应。在水系电解液体系下，电化学反应不可逆，可将二氧化碳电催化转化为可利用的高附加值燃料，如甲酸、乙醇、乙炔等，从而加以利用；在有机电解液体系下，电化学反应可逆，能够将 CO_2 可逆还原为碳酸盐或草酸盐，实现能量的按需储存与释放，但其在产物氧化分解阶段面临动力学缓慢的问题。将 CO_2 作为电池活性成分，具有减污、降碳、增效的多重优势。特别是锂-二氧化碳电池，相较于传统锂离子电池，其具备较高的理论能量密度和较低的成本，成为电动汽车及其他能源密集型应用的理想之选。然而，金属-二氧化碳电池在实现商业化应用之前，仍有一系列问题急需解决。面临的主要挑战有：

① 二氧化碳还原和氧化反应的效率较低，限制了电池能量密度的提升。放电过程中，正极上形成固体碳酸盐，导致电极钝化和性能降低。

② 低效的二氧化碳氧化反应在正极表面积累绝缘碳酸盐，大大增加充电过电位，堵塞气体扩散通道，阻断电荷传输，导致电池失效。

③ 二氧化碳还原是一个复杂的电化学过程，会形成不必要的副产物，如 CO、O_2^-，降低电池的电化学性能和安全性。

④ 液态电解质高压下易分解，还需严格密封储存防止泄漏。

⑤ 缺乏统一的测试标准，现有数据可比性不强。

由于效率低和循环寿命有限，金属-二氧化碳电池目前无法达到与锂离子电池等其他电池技术相同的能量密度和循环寿命，限制了金属-二氧化碳电池在许多领域的实际使用。

为了应对这些挑战，未来希望能在以下方面实现技术突破。

① 基于 CO_2 电还原和 CO_2 加氢等类似反应路径、已经构建的催化剂演变规律，采用先进的光谱和显微技术（如 DEMS、EXAFS、XPS、XRD 等），捕捉中间产物和催化剂反应过程状态，配合相关理论计算深入研究 M-CO_2 电池运行时各类催化剂活性中心的动态演化过程，解释内在反应机理，从理论上指导高活性、长循环寿命的催化剂制备。此外，金属在 M-CO_2 电池气-固-液系统中的作用机理也急需阐明。

② 借助机器学习，在材料信息库中进行数据挖掘，获取关键信息，构建人工智能算法并导入材料数据，训练具有材料设计功能的人工智能算法模型，辅助开发新材料，对材料进行“自下而上”的靶向设计。对于正极材料，通过调节催化剂类型、晶面、端部和位点（平台和台阶）来调节其对反应中间体及产物的吸附能；对于电解质，重点是增加中间体的溶解度，使其不易吸附在正极表面，调节电解质的特性（如供体数和受体数）和所使用添加剂，加速动力学过程；对于金属负极，重点关注金属离子的均匀沉积-剥离，构建高质量保护层以抑制负极金属钝化和枝晶生长。

③ 在光电效应与等离子体效应等外场辅助方面，需实现多项技术突破。对

于光电效应，要研发新型光电材料，提升光生电子-空穴的产生效率，并优化电池结构，确保光生载流子能快速、高效地传输至反应界面，以加速电化学反应，同时解决光能与电能的高效转化问题。在等离子体效应中，需深入研究等离子体与催化剂的相互作用机制，精准调控等离子体参数，以实现催化剂表面活性分子的有效改性，增强局部电场强度，提高载流子的分离与转移效率，还要解决等离子体的稳定触发与维持难题，以及其与电池整体性能的协同优化问题，从而助力 M-CO_2 电池性能的显著提升，拓宽其应用场景。

④ 测试条件和数据提取需达成一致。实验结果的可重复性是科学研究的基石。对于 M-CO_2 电池而言，制定标准化的测试程序和报告指南对于确保各项指标数据的可比性至关重要。需要详细说明测试温度、压力和电解质成分等实验条件，并采用统一的指标以评估性能。

总之，能够实现大规模应用的 M-CO_2 电池，除了具有较低的充电过电位和较长的循环寿命外，还应能在高电流密度下和实际应用中稳定运行。应对这些挑战需要融合多学科方法，充分利用材料科学、电化学、工程学和计算建模等领域的研究成果，建立 M-CO_2 电池系统管理机制，从而充分释放 M-CO_2 电池潜力，开创高性能可持续储能系统的新时代。

参考文献

[1] Sarkar A，Dharmaraj V R，Yi C H，et al. Recent advances in rechargeable metal-CO_2 batteries with nonaqueous electrolytes [J]. Chemical Reviews，2023，123 (15)：9497-9564.

[2] Fetrow C J，Carugati C，Zhou X D，et al. Electrochemistry of metal-CO_2 batteries：Opportunities and challenges [J]. Energy Storage Materials，2022，45：911-933.

[3] Yuan L，Zhang L H，Feng J P，et al. Upscaling studies for efficiently electric-driven CO_2 reduction to CO in ionic liquid-based electrolytes [J]. Chemical Engineering Journal，2022，450：138378.

[4] Yarlagadda V，Carpenter M K，Moylan T E，et al. Boosting fuel cell performance with accessible carbon mesopores [J]. ACS Energy Letters，2018，3 (3)：618-621.

[5] Pathak A D，Chourasia A K，Sharma C S. Holistic development of rechargeable Metal-CO_2-Mars battery chemistry for Mars exploration [J]. Journal of Power Sources，2024，616：235131.

[6] Zhang S L，Sun L，Fan Q N，et al. Challenges and prospects of lithium-CO_2 batteries [J]. Nano Research Energy，2022，1：9120001.

[7] Aslam M K，Wang H R，Chen S，et al. Progress and perspectives of metal (Li，Na，Al，Zn and K) -CO_2 batteries [J]. Materials Today Energy，2023，31：101196.

[8] Minx J C，Lamb W F，Andrew R M，et al. A comprehensive dataset for global，regional and

national greenhouse gas emissions by sector 1970-2019 [J]. Earth System Science Data Discussions, 2021, 2021: 1-63.

[9] Singh G, Lee J, Karakoti A, et al. Emerging trends in porous materials for CO_2 capture and conversion [J]. Chemical Society Reviews, 2020, 49 (13): 4360-4404.

[10] Davis S J, Caldeira K, Matthews H D. Future CO_2 emissions and climate change from existing energy infrastructure [J]. Science, 2010, 329 (5997): 1330-1333.

[11] Meisen A, Shuai X S. Research and development issues in CO_2 capture [J]. Energy Conversion and Management, 1997, 38: S37-S42.

[12] Zhang Z E, Borhani T N, Olabi A G. Status and perspective of CO_2 absorption process [J]. Energy, 2020, 205: 118057.

[13] Li T X, An X F, Fu D. Review on nitrogen-doped porous carbon materials for CO_2 adsorption and separation: Recent advances and outlook [J]. Energy & Fuels, 2023, 37 (12): 8160-8179.

[14] Raeker T. Physical adsorption: Forces and phenomena (bruch, L. W.; cole, Milton W.; zaremba, Eugene) [J]. Journal of Chemical Education, 1998, 75 (12): 1557.

[15] Chen G N, Liu G Z, Pan Y, et al. Zeolites and metal-organic frameworks for gas separation: The possibility of translating adsorbents into membranes [J]. Chemical Society Reviews, 2023, 52 (14): 4586-4602.

[16] Sun C Z, Bai B F. Molecular sieving through a graphene nanopore: Non-equilibrium molecular dynamics simulation [J]. Science Bulletin, 2017, 62 (8): 554-562.

[17] An X F, Yang J H, Qi G X, et al. Functional molecular engineering hierarchical pore-interface based on thermodynamic-kinetic synergy strategy for efficient CO_2 capture and separation [J]. Fuel, 2023, 332: 126243.

[18] Saleh T A. Chapter 2-Adsorption technology and surface science [J]. Interface Science and Technology, 2022, 34: 39-64.

[19] Shu Q D, Legrand L, Kuntke P, et al. Electrochemical regeneration of spent alkaline absorbent from direct air capture [J]. Environmental Science & Technology, 2020, 54 (14): 8990-8998.

[20] Li H G, Zick M E, Trisukhon T, et al. Capturing carbon dioxide from air with charged-sorbents [J]. Nature, 2024, 630 (8017): 654-659.

[21] Cai J S, Chen J E, Zeng P M, et al. Molecular mechanisms of CO_2 adsorption in diamine-cross-linked graphene oxide [J]. Chemistry of Materials, 2019, 31 (10): 3729-3735.

[22] Du J X, Yang W, Xu L L, et al. Review on post-combustion CO_2 capture by amine blended solvents and aqueous ammonia [J]. Chemical Engineering Journal, 2024, 488: 150954.

[23] Dusselier M, Davis M E. Small-pore zeolites: Synthesis and catalysis [J]. Chemical Reviews, 2018, 118 (11): 5265-5329.

[24] de Aquino T F, Estevam S T, Viola V O, et al. CO_2 adsorption capacity of zeolites synthesized from coal fly ashes [J]. Fuel, 2020, 276: 118143.

[25] Xiang Z L, Liu C Y, Chen C H, et al. Synthesis of stable single-crystalline carbon dioxide

clathrate powder by pressure swing crystallization [J]. Cell Reports Physical Science, 2023, 4 (5): 101383.

[26] Pal N, Agarwal M. Advances in materials process and separation mechanism of the membrane towards hydrogen separation [J]. International Journal of Hydrogen Energy, 2021, 46 (53): 27062-27087.

[27] Zito P F, Caravella A, Brunetti A, et al. Discrimination among gas translation, surface and Knudsen diffusion in permeation through zeolite membranes [J]. Journal of Membrane Science, 2018, 564: 166-173.

[28] Schuldt K, Lillepärg J, Pohlmann J, et al. Permeance of condensable gases in rubbery polymer membranes at high pressure [J]. Membranes, 2024, 14 (3): 66.

[29] Wang Y H, Jiang H F, Guo Z Y, et al. Advances in organic microporous membranes for CO_2 separation [J]. Energy & Environmental Science, 2023, 16 (1): 53-75.

[30] Luo L X, Yan X H, Shen S Y, et al. Electrochemical CO_2 separation by a shorted membrane [J]. Joule, 2022, 6 (4): 720-722.

[31] Fu L Y, Shi X J, Wu H L, et al. Progress and perspectives in the development of inorganic-carbonate dual-phase membrane for CO_2 separation [J]. Processes, 2024, 12 (2): 240.

[32] Ge L, Rabiee H, Li M R, et al. Electrochemical CO_2 reduction in membrane-electrode assemblies [J]. Chem, 2022, 8 (3): 663-692.

[33] Gallagher K G, Goebel S, Greszler T, et al. Quantifying the promise of lithium-air batteries for electric vehicles [J]. Energy & Environmental Science, 2014, 7 (5): 1555-1563.

[34] Park M, Sun H, Lee H, et al. Lithium-air batteries: Survey on the current status and perspectives towards automotive applications from a battery industry standpoint [J]. Advanced Energy Materials, 2012, 2 (7): 780-800.

[35] Zou J S, Liang G M, Zhang F L, et al. Revisiting the role of discharge products in Li-CO_2 batteries [J]. Advanced Materials, 2023, 35 (49): 2210671.

[36] Ahmadiparidari A, Warburton R E, Majidi L, et al. A long-cycle-life lithium-CO_2 battery with carbon neutrality [J]. Advanced Materials, 2019, 31 (40): 1902518.

[37] Li X, Yang S X, Feng N N, et al. Progress in research on Li-CO_2 batteries: Mechanism, catalyst and performance [J]. Chinese Journal of Catalysis, 2016, 37 (7): 1016-1024.

[38] Chourasia A K, Pathak A D, Bongu C, et al. In situ/operando characterization techniques: The guiding tool for the development of Li-CO_2 battery [J]. Small Methods, 2022, 6 (12): 2200930.

[39] Pang L, Zhao Z W, Liu T F, et al. Unlock CO_2 reduction reaction pathways in aprotic Li-CO_2 batteries with in situ isotope-labeled spectroscopy and theoretical calculations [J]. Journal of the American Chemical Society, 2024, 146 (26): 17917-17923.

[40] Zhang K, Li J X, Zhai W J, et al. Boosting cycling stability and rate capability of Li-CO_2 batteries via synergistic photoelectric effect and plasmonic interaction [J]. Angewandte Chemie International Edition, 2022, 61 (17): e202201718.

[41] Cui W G, Hu T L, Bu X H. Metal-organic framework materials for the separation and purification of light hydrocarbons [J]. Advanced Materials, 2020, 32 (3): 1806445.

[42] Fattah I M R, Farhan Z A, Kontoleon K J, et al. RETRACTED ARTICLE: Hollow fiber membrane contactor based carbon dioxide absorption-stripping: A review [J]. Macromolecular Research, 2023, 31 (4): 299-325.

[43] Pan Q, Ma X P, Wang H J, et al. Approaching splendid catalysts for Li-CO_2 battery from the theory to practical designing: A review [J]. Advanced Materials, 2024, 36 (38): 2406905.

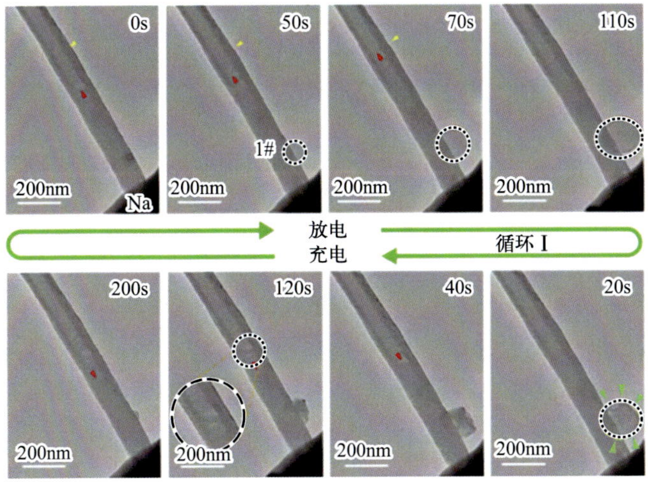

(a) Pt@NCNT在Na-CO_2纳米电池放电-充电电化学过程的形态演变

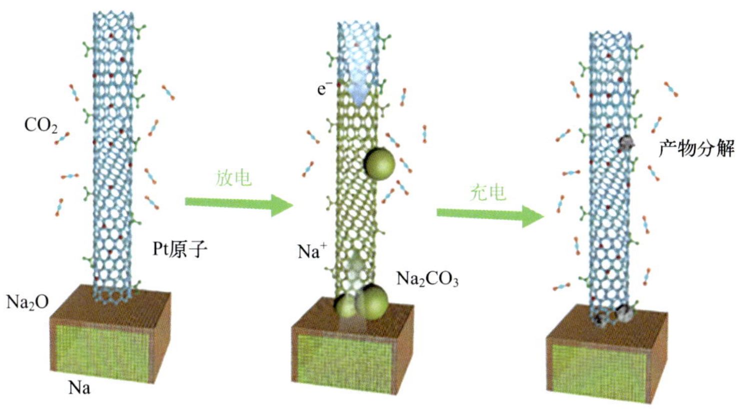

(b) Pt@NCNT在Na-CO_2纳米电池放电-充电电化学过程的示意图

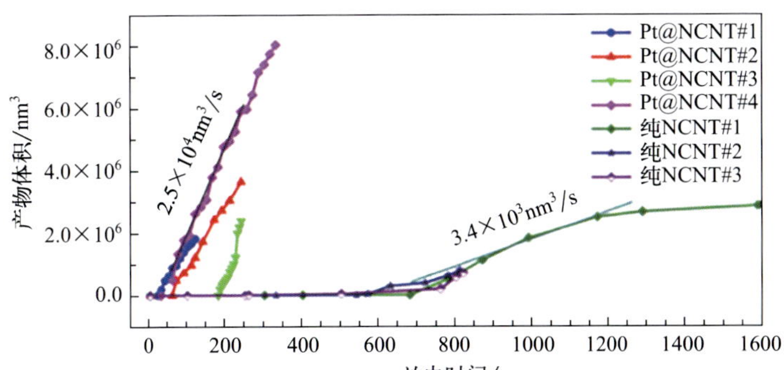

(c) 放电产物Na_2CO_3的增长率

图 6-6　Pt@NCNT 在 Na-CO_2 纳米电池放电-充电过程的形态演变、电化学过程示意图及放电产物 Na_2CO_3 的增长率

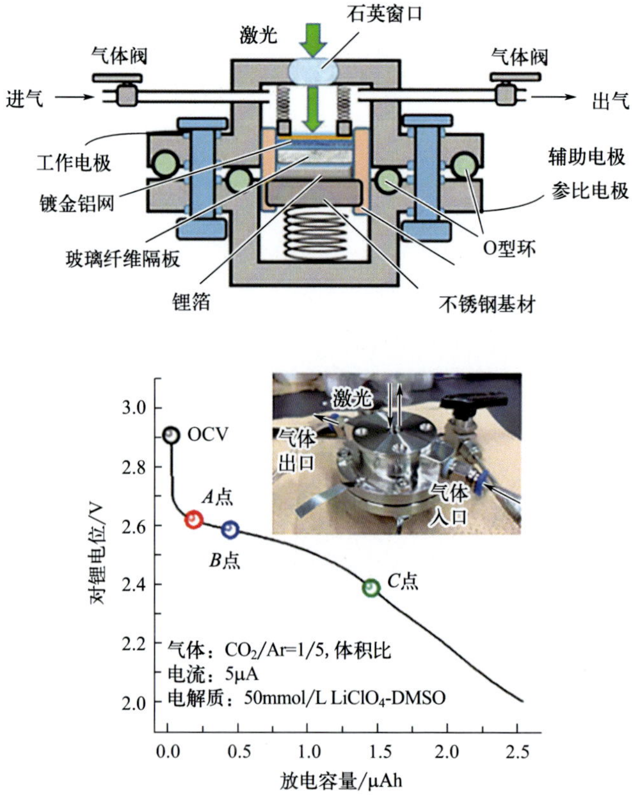

(a) 原位拉曼池示意图及实物图

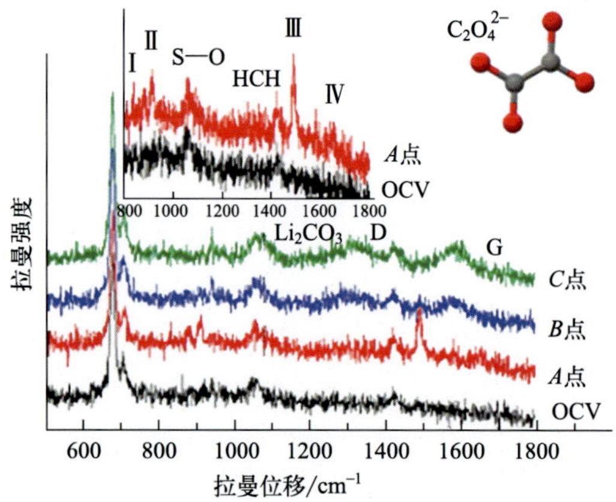

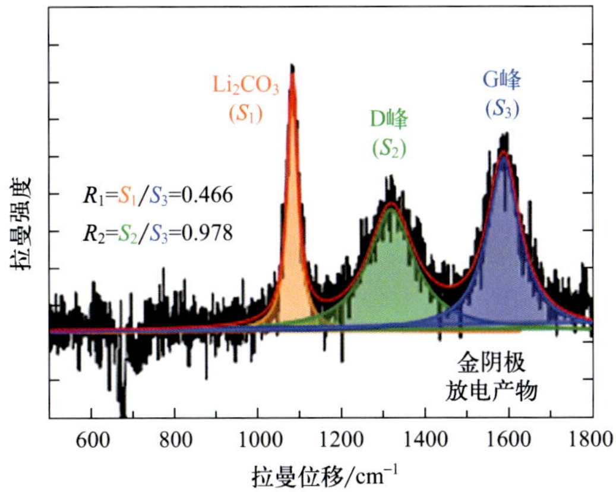

(b) 金正极表面产物原位拉曼光谱及拉曼峰

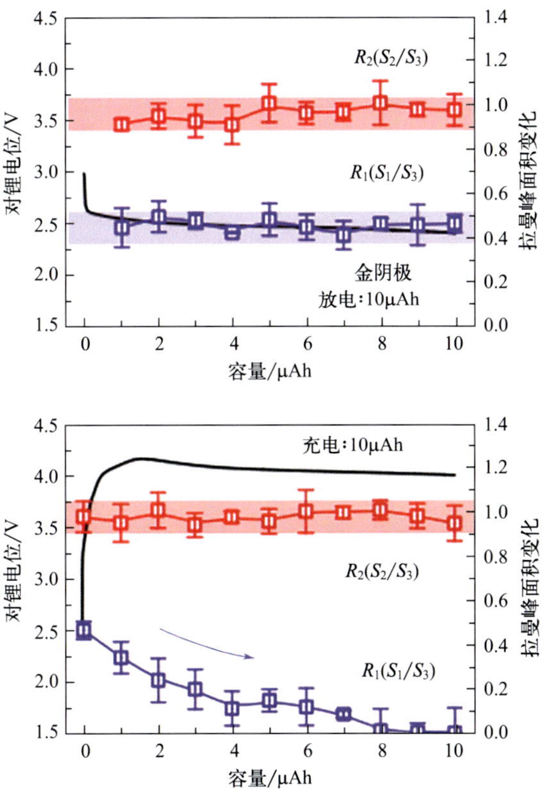

(c) 放电和充电过程R_1和R_2随容量变化情况

图 6-7

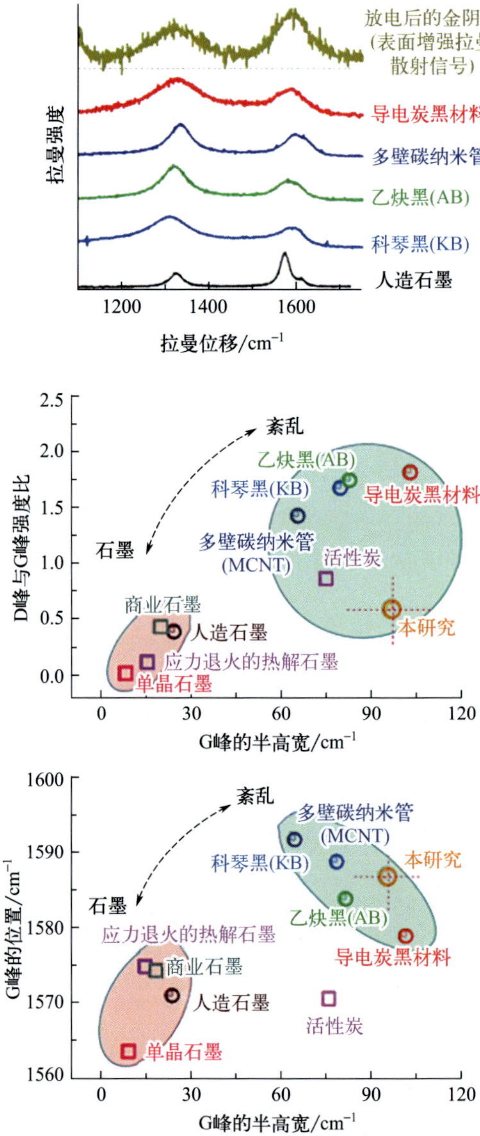

(d) 放电产物和不同碳种的拉曼光谱、I_D/I_G比值、G峰位置和峰的半高宽关系

图 6-7　$Li\text{-}CO_2$ 电池原位拉曼分析

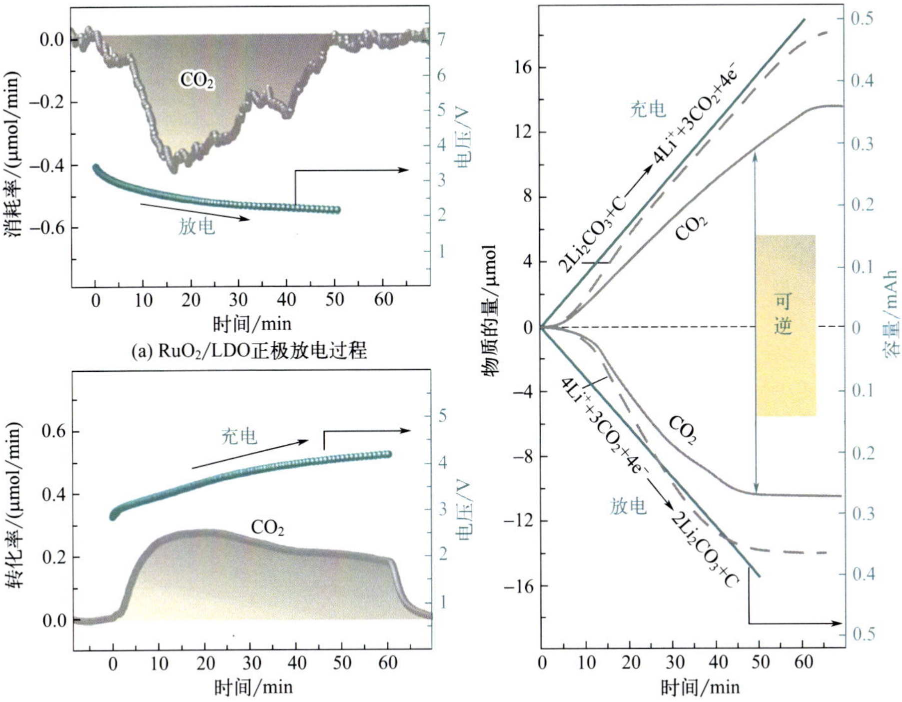

(a) RuO_2/LDO正极放电过程

(b) RuO_2/LDO正极充电过程

(c) 放电-充电过程中CO_2的累积量

图 6-14　Li-CO_2 电池中 RuO_2/LDO 正极放电-充电过程 DEMS 曲线和 CO_2 的累积量

(灰色实线表示实际值，蓝色实线表示理论值，灰色点划线表示电荷累积量)

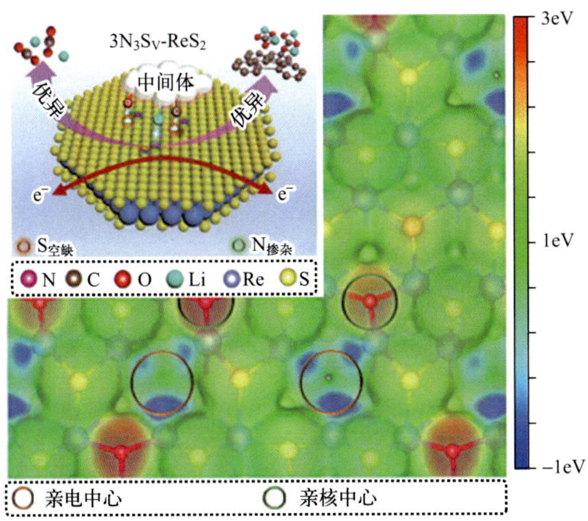

(a) N_3S_V-ReS_2亲核N掺杂和亲电S空穴双中心电荷分布图

图 6-21

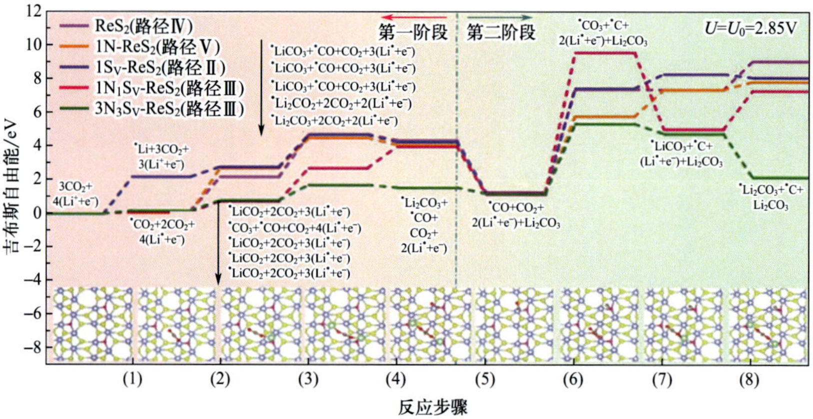

(b) N_3S_V-ReS_2催化CRR路径(U表示电压；U_0表示理论电压)

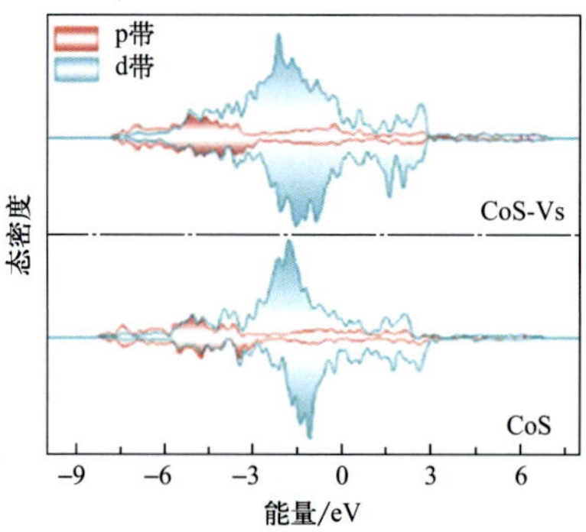

(c) CoS和CoS-Vs的d带p带中心和局域态密度

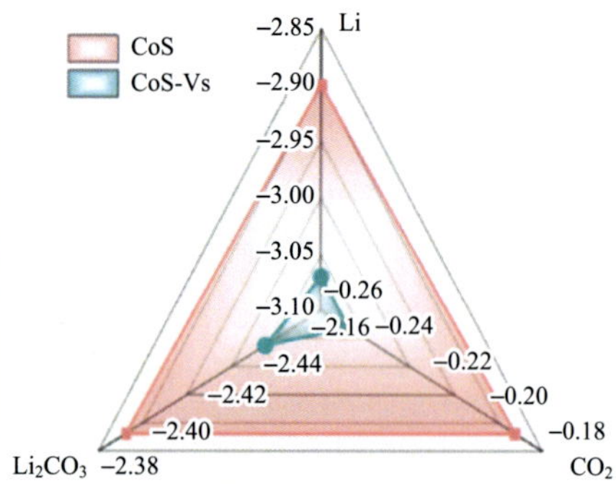

(d) CoS和CoS-Vs对Li、CO_2和Li_2CO_3吸附能

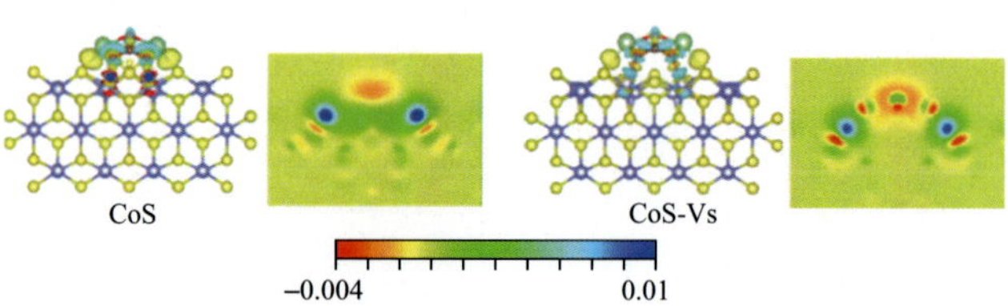

(e) CoS和CoS-Vs吸附Li_2CO_3的差分电荷密度

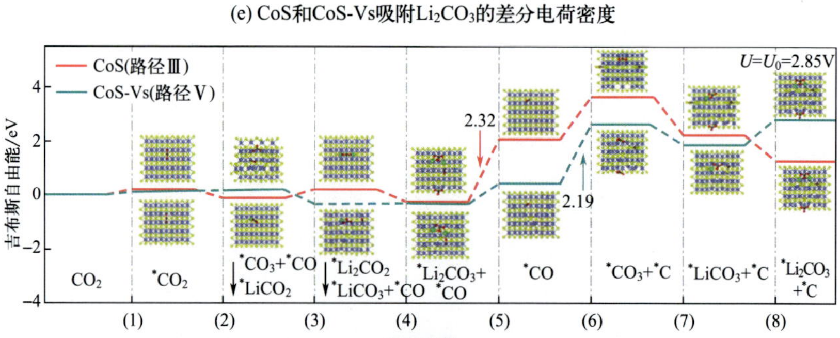

(f) CoS和CoS-Vs催化CO_2RR路径

图 6-21 N_3S_V-ReS_2 及 CoS 和 CoS-Vs 催化 CRR 路径与关键特性分析